数字艺术精品课程培训教材

中文版 Photoshop 平面设计基础培训教程

数字艺术教育研究室 刘丰源 编著

人民邮电出版社
北京

图书在版编目（CIP）数据

中文版Photoshop平面设计基础培训教程 / 数字艺术教育研究室，刘丰源编著. -- 北京 : 人民邮电出版社，2022.7
ISBN 978-7-115-57918-8

Ⅰ. ①中… Ⅱ. ①数… ②刘… Ⅲ. ①平面设计－图像处理软件－教材 Ⅳ. ①TP391.413

中国版本图书馆CIP数据核字(2021)第241020号

内 容 提 要

本书全面系统地介绍了Photoshop的基本操作方法和平面设计技巧，内容包括平面设计的基础知识、Photoshop软件的基础知识、图标设计、字体设计、标志设计、卡片设计、Banner设计、宣传单设计、广告设计、海报设计、书籍封面设计、宣传册设计、包装设计、网页设计、UI设计、H5设计和VI设计等。

本书以平面设计的典型应用为主线，通过多个精彩实用的案例，全面细致地讲解如何利用Photoshop来完成专业的平面设计项目，使读者在掌握软件功能和平面设计技巧的基础上，开拓设计思路，提高设计能力。

本书可作为院校和培训机构平面设计课程的教材，也可以供Photoshop的初学者及有一定平面设计经验的读者自学参考。

◆ 编　　著　数字艺术教育研究室　刘丰源
　责任编辑　张丹丹
　责任印制　马振武

◆ 人民邮电出版社出版发行　　北京市丰台区成寿寺路11号
　邮编　100164　　电子邮件　315@ptpress.com.cn
　网址　https://www.ptpress.com.cn
　北京九州迅驰传媒文化有限公司印刷

◆ 开本：787×1092　1/16
　印张：14　　　　2022年7月第1版
　字数：370千字　　2025年4月北京第15次印刷

定价：59.90元

读者服务热线：(010)81055410　印装质量热线：(010)81055316
反盗版热线：(010)81055315

前 言

软件简介

Photoshop 是由 Adobe 公司开发的图形图像处理软件，它在图像处理、视觉创意、数字绘画、平面设计、包装设计、界面设计、产品设计、效果图处理等领域都有广泛的应用，深受图形图像处理爱好者和平面设计人员的喜爱，已经成为这一领域非常流行的软件之一。

如何使用本书

01 精选平面设计基础知识，快速了解平面设计

1.1 平面设计的基本概念

1922 年，美国人威廉·阿迪逊·德威金斯最早提出并使用了“平面设计（Graphic Design）”一词。20 世纪 70 年代，设计艺术得到了充分的发展，“平面设计”成为国际设计界认可的术语。

平面设计是一个涉及经济学、信息学、心理学和设计学等领域的创造性视觉艺术学科。它通过二维空间进行表现，通过图形、文字、色彩等元素的编排和设计来进行视觉沟通和信息传达。平面设计师可以利用专业知识和技术来完成创作计划。

平面设计
基本概念

1.2 平面设计的项目分类

目前，常见的平面设计项目可以归纳为九大类：广告设计、书籍设计、期刊设计、包装设计、网页设计、标志设计、VI 设计、UI 设计和 H5 设计。

1.2.1 广告设计

现代社会中，信息传递的速度日益加快，传播方式多种多样。广告凭借各种信息传递媒介充满了人们日常生活的方方面面，已成为社会生活中不可缺少的一部分。与此同时，广告艺术也凭借异彩纷呈的表现形式、丰富多彩的内容信息及快捷便利的传播条件，强有力地冲击着我们的视听神经。

广告的英文为 advertisement，是从拉丁文 adverture 演化而来的，其含义是“吸引人注意”。通俗意义上讲，广告即广而告之。广告包含两方面的含义：从广义上讲，广告是指向公众通知某一件事并最终达到广而告之的目的；从狭义上讲，广告主要是指广告主为了某种特定的需要，通过一定形式的媒介，耗费一定的费用，公开而广泛地向公众传递某种信息的宣传手段。

广告设计是指运用图像、文字、色彩、版面、图形等元素，结合广告媒体的使用特征，进行平面艺术创意的一种设计活动或过程。

平面广告主要包括 DM（Direct Mail，直邮）广告、POP 广告、杂志广告、报纸广告、招贴广告、网络广告和户外广告等。广告设计的效果如图 1-1 所示。

图1-1

平面设计
分类介绍+图解

02 精选软件基础知识，快速上手Photoshop

图2-11

菜单栏：菜单栏中共包含 11 个菜单。利用菜单命令可以完成编辑图像、调整色彩和添加滤镜效果等操作。

属性栏：属性栏是工具箱中各个工具的功能扩展。通过在属性栏中设置不同的选项，可以快速完成多样化的操作。

工具箱：工具箱中包含了多个工具。利用不同的工具可以完成图像的绘制、编辑等操作。

状态栏：状态栏可以提供当前文件的显示比例、文档大小、当前工具和暂存盘大小等信息。

控制面板：控制面板是 Photoshop 工作界面的重要组成部分。通过不同的功能面板，可以完成在图像中填充颜色、设置图层和添加样式等操作。

软件基础知识
讲解+图解

03 典型案例步骤详解，边做边学软件功能，熟悉设计思路

3.1 制作时钟图标

精选典型案例

【案例知识要点】使用椭圆工具、“减去顶层形状”命令和图层样式绘制表盘，使用圆角矩形工具、矩形工具和“创建剪贴蒙版”命令绘制指针与刻度，使用钢笔工具、图层蒙版和渐变工具制作投影，最终效果如图 3-1 所示。

【效果所在位置】Ch03\ 效果 \ 制作时钟图标.psd。

了解知识要点
+效果所在位置

图3-1

（1）按 Ctrl+N 组合键，弹出“新建文档”对话框，设置宽度为 1024 像素，高度为 1024 像素，分辨率为 72 像素 / 英寸，颜色模式为 RGB，背景内容为蓝色（55、191、207），单击“创建”按钮，新建一个文件。

（2）选择椭圆工具 ○.，在属性栏的“选择工具模式”选项中选择“形状”，将“填充”颜色设为白色，“描边”颜色设为“无”。按住 Shift 键的同时，在图像窗口中绘制一个圆形，效果如图 3-2 所示，在“图层”控制面板中生成新的形状图层“椭圆 1”。

（3）按 Ctrl+J 组合键，复制图层，在“图层”控制面板中生成新的图层“椭圆 1 拷贝”，如图 3-3 所示。在属性栏中将其“填充”颜色设为橘红色（237、62、58），效果如图 3-4 所示。

文字+图片
步骤详解

图3-2　图3-3　图3-4

04 课堂练习+课后习题，拓展应用能力

3.2 课堂练习——制作画板图标

更多商业案例

【练习知识要点】使用椭圆工具和图层样式绘制颜料盘，使用钢笔工具、矩形工具、"创建剪贴蒙版"命令和图层样式绘制画笔，使用钢笔工具、图层蒙版和渐变工具制作投影，最终效果如图 3–39 所示。

【效果所在位置】Ch03\效果\制作画板图标.psd。

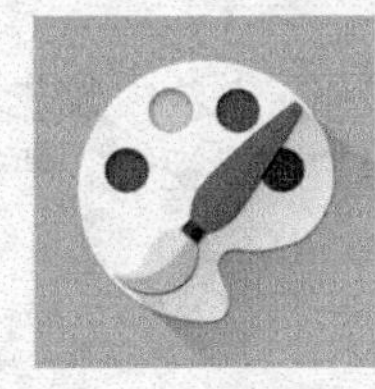

图3–39

3.3 课后习题——制作记事本图标

巩固本章所学知识

【习题知识要点】使用椭圆工具、矩形工具、圆角矩形工具和图层样式绘制记事本、使用矩形工具、多边形工具、"创建剪贴蒙版"命令和图层样式绘制铅笔，使用钢笔工具、图层蒙版和渐变工具制作投影，最终效果如图 3–40 所示。

【效果所在位置】Ch03\效果\制作记事本图标.psd。

图3–40

教学指导

本书的参考学时为 64 学时，其中实训环节为 30 学时，各章的参考学时可以参见下面的学时分配表。

章 序	课程内容	学时分配	
		讲 授	实 训
第1章	平面设计的基础知识	1	
第2章	Photoshop软件的基础知识	3	
第3章	图标设计	2	2
第4章	字体设计	2	2
第5章	标志设计	2	2
第6章	卡片设计	2	2
第7章	Banner设计	2	2
第8章	宣传单设计	2	2
第9章	广告设计	2	2
第10章	海报设计	2	2
第11章	书籍封面设计	2	2
第12章	宣传册设计	2	2
第13章	包装设计	2	2
第14章	网页设计	2	2
第15章	UI设计	2	2
第16章	H5设计	2	2
第17章	VI设计	2	2
学时总计		34	30

配套资源

学习资源 案例素材文件 最终效果文件 在线教学视频

教师资源 教学大纲 授课计划 电子教案 PPT课件

教学案例 实训项目 教学视频

这些学习资源文件均可在线获取，扫描“资源获取”二维码，关注“数艺设”的微信公众号，即可得到资源文件获取方式，并且可以通过该方式获得“在线视频”的观看地址。如需资源获取技术支持，请致函 szys@ptpress.com.cn。

资源获取

教辅资源表

素材类型	数量	素材类型	数量
教学大纲	1套	典型案例	15个
电子教案	17个	课堂练习	15个
PPT课件	17个	课后习题	15个

与我们联系

我们的联系邮箱是 szys@ptpress.com.cn。如果您对本书有任何疑问或建议，请您发邮件给我们，并请在邮件标题中注明本书书名及 ISBN，以便我们更高效地做出反馈。

如果您有兴趣出版图书、录制教学课程，或者参与技术审校等工作，可以发邮件给我们。如果学校、培训机构或企业想批量购买本书或“数艺设”出版的其他图书，也可以发邮件联系我们。

如果您在网上发现针对“数艺设”出品图书的各种形式的盗版行为，包括对图书全部或部分内容的非授权传播，请您将怀疑有侵权行为的链接通过邮件发给我们。您的这一举动是对作者权益的保护，也是我们持续为您提供有价值的内容的动力之源。

关于“数艺设”

人民邮电出版社有限公司旗下品牌“数艺设”，专注于专业艺术设计类图书出版，为艺术设计从业者提供专业的图书、视频电子书、课程等教育产品。出版领域涉及平面、三维、影视、摄影与后期等数字艺术门类，字体设计、品牌设计、色彩设计等设计理论与应用门类，UI 设计、电商设计、新媒体设计、游戏设计、交互设计、原型设计等互联网设计门类，环艺设计手绘、插画设计手绘、工业设计手绘等设计手绘门类。更多服务请访问“数艺设”社区平台 www.shuyishe.com。我们将提供及时、准确、专业的学习服务。

目 录

第 1 章　平面设计的基础知识 …………11

1.1　平面设计的基本概念 …………12

1.2　平面设计的项目分类 …………12

1.2.1　广告设计 …………12

1.2.2　书籍设计 …………12

1.2.3　期刊设计 …………13

1.2.4　包装设计 …………14

1.2.5　网页设计 …………14

1.2.6　标志设计 …………15

1.2.7　VI 设计 …………15

1.2.8　UI 设计 …………16

1.2.9　H5 设计 …………17

1.3　平面设计的基本要素 …………17

1.3.1　图形 …………18

1.3.2　文字 …………18

1.3.3　色彩 …………18

1.4　平面设计的常用软件 …………19

1.4.1　Photoshop …………19

1.4.2　Illustrator …………20

1.4.3　InDesign …………20

1.4.4　CorelDRAW …………21

1.5　平面设计的工作流程 …………21

1.5.1　信息交流 …………21

1.5.2　调研分析 …………22

1.5.3　草稿讨论 …………22

1.5.4　签订合同 …………22

1.5.5　提案讨论 …………22

1.5.6　修改完善 …………22

1.5.7　验收完成 …………22

1.5.8　后期制作 …………22

第 2 章　Photoshop 软件的基础知识 …23

2.1　位图和矢量图 …………24

2.1.1　位图 …………24

2.1.2　矢量图 …………24

2.2　分辨率 …………25

2.2.1　图像分辨率 …………25

2.2.2　屏幕分辨率 …………26

2.2.3　输出分辨率 …………26

2.3　色彩模式 …………26

2.3.1　CMYK 模式 …………26

2.3.2　RGB 模式 …………26

2.3.3　灰度模式 …………27

2.3.4　Lab 模式 …………27

2.4　文件格式 …………27

2.4.1　PSD 格式和 PDD 格式 …………27

2.4.2　AI 格式 …………28

2.4.3　CDR 格式 …………28

2.4.4　INDD 格式和 INDB 格式 …………28

2.4.5　TIFF 格式和 TIF 格式 …………28

2.4.6　JPEG 格式 …………28

2.5　工作界面 …………28

2.5.1　菜单栏 …………29

2.5.2　工具箱 …………33

2.5.3　属性栏 …………35

2.5.4　状态栏 …………35

2.5.5　控制面板 …………35

2.6　文件操作 …………37

2.6.1　新建文件 …………37

2.6.2　打开文件 …………38

2.6.3　保存文件 …………38

2.6.4　关闭文件 …………39

2.7　图像显示 …………39

2.7.1　100% 显示图像 …………39

2.7.2　放大显示图像 …………40

2.7.3　缩小显示图像 …………41

2.7.4　全屏显示图像 …………41

2.7.5　图像窗口的显示 …………41

2.7.6　观察图像 …………44

2.8 标尺、参考线和网格线的设置 ……44
2.8.1 标尺的设置 ……44
2.8.2 参考线的设置 ……46
2.8.3 网格线的设置 ……46
2.9 图像和画布尺寸的调整 ……47
2.9.1 图像尺寸的调整 ……48
2.9.2 画布尺寸的调整 ……49
2.10 颜色设置 ……50
2.10.1 使用“拾色器”对话框设置颜色 ……51
2.10.2 使用“颜色”控制面板设置颜色 ……52
2.10.3 使用“色板”控制面板设置颜色 ……52
2.11 图层操作 ……54
2.11.1 “图层”控制面板 ……54
2.11.2 面板菜单 ……55
2.11.3 新建图层 ……55
2.11.4 复制图层 ……56
2.11.5 删除图层 ……56
2.11.6 显示和隐藏图层 ……57
2.11.7 选择、链接和排列图层 ……57
2.11.8 合并图层 ……57
2.11.9 图层组 ……58
2.12 恢复操作 ……58
2.12.1 恢复到上一步的操作 ……58
2.12.2 中断操作 ……58
2.12.3 恢复到操作过程的任意步骤 ……59

第 3 章 图标设计 ……60

3.1 制作时钟图标 ……61
3.2 课堂练习——制作画板图标 ……67
3.3 课后习题——制作记事本图标 ……68

第 4 章 字体设计 ……69

4.1 制作立体字 ……70
4.2 课堂练习——制作水晶字 ……72
4.3 课后习题——制作霓虹字 ……73

第 5 章 标志设计 ……74

5.1 制作恩嘉蓓教育标志 ……75
5.2 课堂练习——制作糖时标志 ……78
5.3 课后习题——制作猫图鹰旅行社标志 ……79

第 6 章 卡片设计 ……80

6.1 制作英语课程体验卡 ……81
6.1.1 制作卡片正面 ……81
6.1.2 制作卡片背面 ……87
6.2 课堂练习——制作蛋糕代金券 ……89
6.3 课后习题——制作中秋贺卡 ……89

第 7 章 Banner 设计 ……90

7.1 制作化妆品 App 主页 Banner ……91
7.2 课堂练习——制作时尚彩妆类电商 Banner ……97
7.3 课后习题——制作生活家具类网站 Banner ……97

第 8 章 宣传单设计 ……98

8.1 制作餐厅招牌面宣传单 ……99
8.2 课堂练习——制作摄像旅拍宣传单 ……103
8.3 课后习题——制作健身俱乐部宣传单 ……103

第 9 章 广告设计 ……104

9.1 制作旅游出行宣传广告 ……105
9.1.1 制作背景图 ……105
9.1.2 添加文字内容及装饰图形 ……109
9.2 课堂练习——制作奶茶新品宣传广告 ……112
9.3 课后习题——制作汽车销售宣传广告 ……113

第 10 章　海报设计 114
10.1　制作春之韵巡演海报 115
10.1.1　制作海报底图 115
10.1.2　添加标题及宣传性文字 118
10.2　课堂练习——制作招聘运营海报 120
10.3　课后习题——制作旅游公众号运营海报 121
第 11 章　书籍封面设计 122
11.1　制作花卉书籍封面 123
11.1.1　制作封面 123
11.1.2　制作封底 128
11.1.3　制作书脊 130
11.2　课堂练习——制作摄影书籍封面 131
11.3　课后习题——制作美食书籍封面 131
第 12 章　宣传册设计 132
12.1　制作房地产宣传册封面 133
12.1.1　制作封面 133
12.1.2　制作封底 136
12.2　课堂练习——制作房地产宣传册内页 1 140
12.3　课后习题——制作房地产宣传册内页 2 141
第 13 章　包装设计 142
13.1　制作洗发水包装 143
13.1.1　制作背景效果 143
13.1.2　制作包装主图 146
13.1.3　添加宣传文字 150
13.2　课堂练习——制作土豆片软包装 152
13.3　课后习题——制作果汁包装 153
第 14 章　网页设计 154
14.1　制作家具电商网站首页 155
14.1.1　制作 Banner 和导航条 155
14.1.2　制作网页内容 158
14.1.3　制作底部信息 161
14.2　课堂练习——制作家具电商网站详情页 163
14.3　课后习题——制作家具电商网站列表页 164
第 15 章　UI 设计 165
15.1　社交类 App 界面设计 166
15.1.1　制作闪屏页 166
15.1.2　制作登录页 172
15.1.3　制作个人中心页 176
15.2　课堂练习——美食类 App 界面设计 184
15.3　课后习题——医疗类 App 界面设计 185
第 16 章　H5 设计 186
16.1　金融理财行业节日祝福 H5 页面设计 187
16.1.1　制作首页 187
16.1.2　制作“尊享一生”页 190
16.1.3　制作“步步高升”页 193
16.2　课堂练习——文化传媒行业活动推广 H5 页面设计 195
16.3　课后习题——汽车工业行业活动邀请 H5 页面设计 195
第 17 章　VI 设计 196
17.1　制作天鸿达科技 VI 手册 197
17.1.1　制作标志组合规范 197

17.1.2 制作标志墨稿与反白应用规范……200
17.1.3 制作标准色……204
17.1.4 制作公司名片……207
17.1.5 制作信纸……212
17.1.6 制作信封……215
17.2 课堂练习——制作龙祥科技 VI 手册……223
17.3 课后习题——制作鲸鱼汉堡企业 VI 手册……224

第1章 平面设计的基础知识

本章介绍

本章主要介绍平面设计的基础知识，其中包括平面设计的概念、项目分类、基本要素、常用软件和工作流程等内容。作为一个平面设计师，只有掌握了平面设计的基础知识，才能更好地完成平面设计任务。

学习目标

- 了解平面设计的概念和基本要素。
- 了解平面设计的常用软件。
- 掌握平面设计的项目分类和工作流程。

1.1 平面设计的基本概念

1922年，美国人威廉·阿迪逊·德威金斯最早提出并使用了“平面设计（Graphic Design）”一词。20世纪70年代，设计艺术得到了充分的发展，“平面设计”成为国际设计界认可的术语。

平面设计是一个涉及经济学、信息学、心理学和设计学等领域的创造性视觉艺术学科。它通过二维空间进行表现，通过图形、文字、色彩等元素的编排和设计来进行视觉沟通和信息传达。平面设计师可以利用专业知识和技术来完成创作计划。

1.2 平面设计的项目分类

目前，常见的平面设计项目可以归纳为九大类：广告设计、书籍设计、期刊设计、包装设计、网页设计、标志设计、VI设计、UI设计和H5设计。

1.2.1 广告设计

现代社会中，信息传递的速度日益加快，传播方式多种多样。广告凭借各种信息传递媒介充满了人们日常生活的方方面面，已成为社会生活中不可缺少的一部分。与此同时，广告艺术也凭借异彩纷呈的表现形式、丰富多彩的内容信息及快捷便利的传播条件，强有力地冲击着我们的视听神经。

广告的英文为advertisement，是从拉丁文adverture演化而来的，其含义是“吸引人注意”。通俗意义上讲，广告即广而告之。广告包含两方面的含义：从广义上讲，广告是指向公众通知某一件事并最终达到广而告之的目的；从狭义上讲，广告主要是指广告主为了某种特定的需要，通过一定形式的媒介，耗费一定的费用，公开而广泛地向公众传递某种信息的宣传手段。

广告设计是指运用图像、文字、色彩、版面、图形等元素，结合广告媒体的使用特征，进行平面艺术创意的一种设计活动或过程。

平面广告主要包括DM（Direct Mail，直邮）广告、POP广告、杂志广告、报纸广告、招贴广告、网络广告和户外广告等。广告设计的效果如图1-1所示。

图1-1

1.2.2 书籍设计

书籍是人类思想交流、知识传播、经验宣传、文化积累的重要依托，承载着古今中外的智慧结晶，而书籍设计的艺术领域更是丰富多彩。

书籍设计（Book Design）又称书籍装帧设计，是指书籍的整体策划及造型设计。策划和设计过程包含了印前、印中、印后对书的形态与传达效果的分析。书籍设计的内容很多，包括开本、封面、扉页、字体、版面、插图、护封、纸张、印刷、装订和材料的艺术设计，属于平面设计范畴。

关于书籍的分类，有许多种方法，标准不同，分类也就不同。一般按书籍的内容来分类，可分为文学艺术类、少儿动漫类、生活休闲类、人文科学类、科学技术类、经营管理类和医疗教育类等。书籍设计的效果如图 1-2 所示。

图1-2

1.2.3 期刊设计

作为定期出版物，期刊也是大众类印刷媒体之一。这种媒体形式最早出现在德国，但在当时，期刊与报纸并无太大区别。随着科技的发展和人们生活水平的不断提高，期刊与报纸越来越不一样，其内容也越来越偏重专题、质量和深度，而非时效性。

期刊的读者群体有其特定性和固定性，所以，期刊媒体对特定的人群更具有针对性。正是由于这种特点，期刊内容的传播相对比较精准。同时，由于期刊大多为月刊和半月刊，注重内容质量的打造，所以比报纸的保存时间要长很多。

在设计期刊时，主要参照其样本和开本进行版面划分，设计的艺术风格、设计元素和设计色彩都要和刊物本身的定位相呼应。由于期刊一般会选用质量较好的纸张进行印刷，因此，图片细腻，印刷质量高，画面中图像的印刷工艺精美，还原效果好，视觉形象较为清晰。

期刊类媒体分为消费者期刊杂志、专业性期刊和行业性期刊杂志等不同类别。具体包括财经期刊、IT 期刊、动漫期刊、家居期刊、健康期刊、教育期刊、旅游期刊、美食期刊、汽车期刊、人物期刊、时尚期刊和数码期刊等。期刊设计的效果如图 1-3 所示。

图1-3

1.2.4 包装设计

包装设计是艺术设计与科学技术相结合的设计，是技术、艺术、设计、材料、经济、管理、心理、市场等多功能综合要素的体现，是多学科融会贯通的一门综合性学科。

包装设计的广义概念，是指包装的整体策划工程，其主要内容包括包装方法的设计、包装材料的设计、视觉传达设计、包装机械的设计与应用、包装试验、包装成本的设计及包装的管理等。

包装设计的狭义概念，是指选用适合商品的包装材料，运用巧妙的制造工艺手段，为商品进行的容器结构功能化设计和形象化视觉造型设计，使之具备整合容纳、保护产品、方便储运、优化形象、传达属性和促进销售的功能。

包装设计按商品类型分类，可以分为日用品包装、食品包装、烟酒包装、化妆品包装、医药包装、文体包装、工艺品包装、化学品包装、五金家电包装、纺织品包装、儿童玩具包装和土特产包装等。包装设计的效果如图 1-4 所示。

图1-4

1.2.5 网页设计

网页设计是指根据网站所要表达的主旨，对网站信息进行整合归纳，并进行版面编排和美化设计。通过网页设计，可以让网页信息更有条理，页面更具有美感，从而提高网页的信息传达效率。网页设计者要掌握平面设计的基础理论和设计技巧，熟悉网页配色、网站风格、网页制作技术等网页设计知识，才能制作出符合项目设计需求的艺术化和人性化的网页。

根据网页的不同属性，可将网页分为商业性网页、综合性网页、娱乐性网页、文化性网页、行业性网页和区域性网页等。网页设计的效果如图 1-5 所示。

图1-5

1.2.6　标志设计

标志是具有象征意义的视觉符号。它借助图形和文字的巧妙设计组合，艺术性地传递出某种信息，表达某种特殊的含义。标志设计是指将具体的事物和抽象的精神通过特定的图形和符号固定下来，使人们在看到标志时，自然地产生联想，从而对企业产生认同。对于一个企业而言，标志渗透到了企业运营的各个环节，如日常经营活动、广告宣传、对外交流和文化建设等。作为企业的无形资产，标志的价值随同企业的增值不断累积。

标志按功能分类，可以分为政府标志、机构标志、城市标志、商业标志、纪念标志、文化标志、环境标志和交通标志等。标志设计的效果如图 1-6 所示。

图1-6

1.2.7　VI 设计

VI（Visual Identity）即视觉识别，是指以建立企业的理念识别为基础，将企业理念、企业使命、企业价值观和企业经营概念变为静态的具体识别符号，并进行具体化、视觉化的传播。企业视觉识别具体指通过各种媒体将企业形象、标志、产品包装等有计划地传递给公众，树立企业整体统一的识别形象。

VI 是 CI 中项目最多、层面最广、效果最直接的向社会传递信息的部分，具有较强的传播力和感染力，也很容易被公众所接受，短期内获得的影响比较明显。社会公众可以通过 VI 一目了然地掌握企业的信息，产生认同感。成功的 VI 设计能使企业及产品在市场中获得较强的竞争力。

VI 主要由两大部分组成，即基础识别部分和应用识别部分。其中，基础识别部分主要包括企业标志设计、标准字体与印刷专用字体设计、色彩系统设计、辅助图形和品牌角色（吉祥物）等。应用识别部分包括办公系统、标识系统、广告系统、旗帜系统、服饰系统、交通系统和展示系统等。VI 设计效果如图 1-7 所示。

图1-7

1.2.8　UI 设计

UI 即 User Interface（用户界面），UI 设计是指对软件的人机交互、操作逻辑、界面外观的整体设计。

UI 设计早期专注于工具的技法表现，现在要求 UI 设计师参与整个商业链条，兼顾商业目标和用户体验，可以说，UI 设计从设计风格、技术实现到应用领域都发生了巨大的变化。

UI 设计的风格经历了由拟物化设计到扁平化设计的转变，现在扁平化风格依然为主流，但加入了 Material Design 语言（材料设计语言，是由 Google 推出的全新设计语言），使设计更为醒目且细腻。

UI 设计的应用领域已由原先的 PC 端和移动端扩展到可穿戴设备、无人驾驶汽车和 AI 机器人等。今后无论技术如何进步，设计风格如何转变，甚至应用领域如何不同，UI 设计都将参与产品设计的整个链条，实现人性化、包容化和多元化的目标。UI 设计效果如图 1-8 所示。

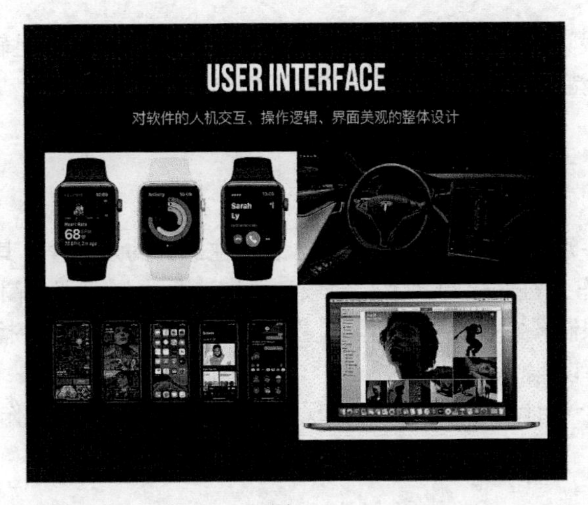

图1-8

1.2.9 H5 设计

H5 指的是移动端基于 HTML 5 技术的交互式动态网页，是用于移动互联网的一种新型营销工具，通过移动平台进行传播。

H5 具有跨平台、多媒体、强互动及易传播的特点。H5 的应用形式多样，常见的应用领域有品牌宣传、产品展示、活动推广、知识分享、新闻热点、会议邀请、企业招聘和培训招生等。

H5 可分为营销宣传、知识新闻、游戏互动及网站应用 4 类。H5 设计效果如图 1-9 所示。

（a）弘一：弘一高手招募令，有功夫你就来！应用于企业招聘

（b）腾讯：穿越未来来看你

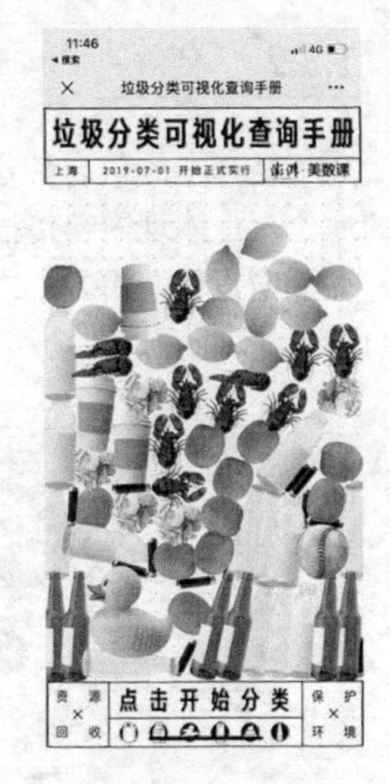

（c）澎湃新闻：垃圾分类可视化查询手册

图1-9

1.3 平面设计的基本要素

平面设计的基本要素主要包括图形、文字及色彩，将这 3 个要素进行合理、巧妙的组合，便可

创作出一幅完整的平面设计作品。每个要素在平面设计作品中都起着举足轻重的作用，3 个要素之间的相互影响和各种变化都会使平面设计作品产生更加丰富的视觉效果。

1.3.1 图形

通常，人们在观看一幅平面设计作品的时候，首先注意到的是图片，其次是标题，最后才是正文。如果说标题和正文作为符号化的文字受地域和语言背景限制，那么图形信息的传递则不受国家、民族、种族语言的限制，它是一种通行于世界的语言，具有广泛的传播性。因此，图形创意策划的选择直接关系到平面设计作品的成败。

图形的设计也是整个设计内容最直观的体现，它最大限度地展示了作品的主题和内涵，如图 1-10 所示。

图1-10

1.3.2 文字

文字是基本的信息传递符号。在平面设计中，相对于图形而言，文字的设计安排也占有相当重要的地位，是体现内容传播功能的直接形式。

在平面设计作品中，文字的字体造型和构图编排直接影响到作品的效果和视觉表现力，如图 1-11 所示。

图1-11

1.3.3 色彩

平面设计作品给人的整体感受取决于作品画面的整体色彩。色彩是平面设计的基本要素之一，色彩的色调与搭配受宣传主题、企业形象和推广地域等因素的共同影响。因此，在平面设计中要考虑消费者对颜色的一些固定心理感受及相关的地域文化，如图 1-12 所示。

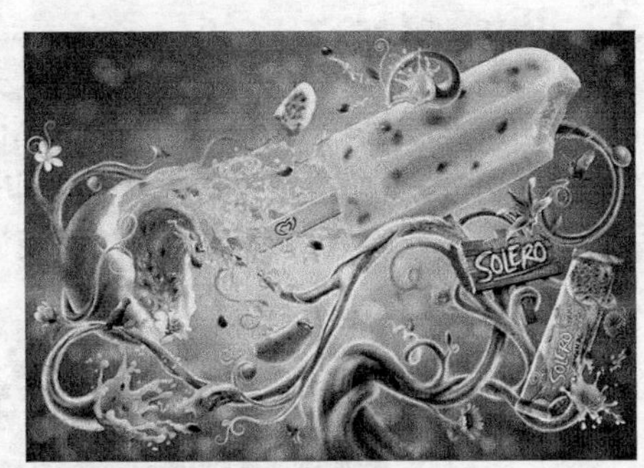

图1-12

1.4 平面设计的常用软件

目前在平面设计工作中，经常使用的主流软件有 Photoshop、Illustrator、InDesign 和 CorelDRAW，这 4 款软件都有自己的功能和特色。要想根据创意制作出完美的平面设计作品，就需要熟练使用这 4 款软件，并清楚地知道每款软件的优势，将其巧妙地结合使用。

1.4.1 Photoshop

Photoshop 是 Adobe 公司出品的图像处理软件，是集编辑修饰、制作处理、创意编排、图像输入与输出于一体的图形图像处理软件，深受平面设计人员、数字艺术和摄影爱好者的喜爱。Photoshop 通过版本升级，功能不断完善，是非常受欢迎的图像处理软件。Photoshop CC 2019 软件的启动界面如图 1-13 所示。

图1-13

Photoshop 的主要功能包括绘制和编辑选区、绘制和修饰图像、绘制图形及路径、调整图像的色彩和色调、图层的应用、文字的应用、通道和蒙版的应用、滤镜及动作的应用等。这些功能可以全面地辅助平面设计作品的创作。

Photoshop 适合完成的平面设计任务有图像抠像、图像调色、图像特效、文字特效和插图设计等。

1.4.2 Illustrator

Illustrator 是 Adobe 公司推出的专业矢量绘图工具，是适用于出版、多媒体和在线图像的矢量插画软件。Adobe Illustrator 的应用人群主要包括印刷出版线稿的设计者和专业插画家、网页或在线内容的制作者。Illustrator CC 2019 软件的启动界面如图 1–14 所示。

图1–14

Illustrator 的主要功能包括图形的绘制和编辑、路径的绘制和编辑、图像对象的组织、颜色填充与描边编辑、文本的编辑、图表的编辑、图层和蒙版的使用、混合与封套效果的使用、滤镜效果的使用、样式外观与效果的使用等。这些功能可以全面地辅助平面设计作品的创作。

Illustrator 适合完成的平面设计任务包括插图设计、标志设计、字体设计、图表设计、单页设计排版和折页设计排版等。

1.4.3 InDesign

InDesign 是 Adobe 公司开发的专业排版设计软件，它功能强大、易学易用，能够使读者通过内置的创意工具和精确的排版控制为打印或数字出版物设计出极具吸引力的页面版式，深受版式编排人员和平面设计师的喜爱，已经成为图文排版领域非常流行的软件。InDesign CC 2019 软件的启动界面如图 1–15 所示。

图1–15

InDesign 的主要功能包括绘制和编辑图形对象、绘制与编辑路径、编辑描边与填充、编辑文本、处理图像、版式编排、处理表格与图层、页面编排、编辑书籍和目录等。这些功能可以全面地辅助平面设计作品的创意设计与排版制作。

InDesign 适合完成的平面设计任务包括图表设计、单页排版、折页排版、广告设计、报纸设计、杂志设计和书籍设计等。

1.4.4　CorelDRAW

CorelDRAW 是 Corel 公司开发的集矢量图形设计、印刷排版、文字编辑处理和图形输出于一体的平面设计软件，深受平面设计师、插画师和版式编排人员的喜爱。CorelDRAW X8 软件的启动界面如图 1-16 所示。

图1-16

CorelDRAW 的主要功能包括绘制和编辑图形、绘制和编辑曲线、编辑轮廓线与填充颜色、排列和组合对象、编辑文本、编辑位图和应用特殊效果等。这些功能可以全面地辅助平面设计作品的创作。

CorelDRAW 适合完成的平面设计任务包括标志设计、图表设计、模型绘制、插图设计、单页设计排版、折页设计排版和分色输出等。

1.5　平面设计的工作流程

平面设计的工作流程是一个有明确目标、有正确理念、有负责态度、有周密计划、有清晰步骤、有具体方法的工作过程。只有掌握了平面设计的工作流程，才能制作出好的设计作品。

1.5.1　信息交流

客户提出设计项目的构想和工作要求，并提供与项目相关的文本和图片资料，包括公司介绍、项目描述和基本要求等。

1.5.2 调研分析

设计师根据客户提出的设计构想和要求，以及客户提供的相关文本和图片资料，对客户的设计需求进行分析，并对客户所属行业或同类型的设计产品进行市场调研。

1.5.3 草稿讨论

根据已经做好的分析和调研，设计师组织设计团队，并依据创意构想设计出项目的创意草稿并制作出样稿。拜访客户，双方就设计的草稿内容进行沟通讨论；就双方的设想，根据需要补充相关资料，达成设计构想上的共识。

1.5.4 签订合同

就设计草稿达成共识后，双方确认设计的具体细节、设计报价和完成时间，并签订《设计协议书》，客户支付项目预付款，设计工作正式展开。

1.5.5 提案讨论

设计师团队根据前期的市场调研和客户需求，结合双方草稿讨论的意见，开始设计方案的策划、设计和制作工作。设计师一般要完成3个设计方案，然后提交给客户选择，并与客户开会讨论提案，客户根据提案作品，提出修改建议。

1.5.6 修改完善

根据提案会议的讨论内容和修改意见，设计师团队对客户基本满意的方案进行修改调整，进一步完善整体设计，并提交客户进行确认。等客户再次反馈意见后，设计师对客户提出的细节修改进行更细致的调整，使方案顺利完成。

1.5.7 验收完成

在设计项目完成后，和客户一起对完成的设计项目进行验收，并由客户在设计合格确认书上签字。客户按协议书规定支付项目设计余款，设计方将项目制作文件提交客户，整个项目执行完成。

1.5.8 后期制作

在设计项目完成后，客户可能需要设计方进行设计项目的印刷、包装等后期制作工作。如果设计方承接了后期制作工作，需要和客户签订详细的后期制作合同，并执行好后期的制作工作，提供令客户满意的印刷和包装成品。

第2章 Photoshop 软件的基础知识

本章介绍

本章主要介绍 Photoshop 软件的基础知识，其中包括位图和矢量图、分辨率、图像的色彩模式和文件格式、工作界面、文件操作、图像的显示效果、参考线的设置、图像和画布尺寸的调整、绘图颜色的设置和图层的基本操作等内容。通过对本章的学习，读者可以快速掌握 Photoshop 软件的基础知识和操作技巧，从而更好地完成平面设计作品的创意设计与制作。

学习目标

- 了解位图、矢量图和分辨率的相关知识。
- 熟悉图像的不同色彩模式。
- 熟悉软件常用的文件格式。
- 了解软件的工作界面和参考线的设置方法。
- 熟练掌握文件的操作方法，以及图像和画布尺寸的调整方法。
- 掌握图像的显示效果和颜色的设置方法。
- 熟练掌握图层的基本操作方法和恢复操作的应用。

2.1 位图和矢量图

图像文件可以分为两大类：位图和矢量图。在绘图或处理图像的过程中，这两种类型的图像可以交叉使用。

2.1.1 位图

位图也叫点阵图，它是由许多单独的小方块组成的，这些小方块被称为像素。每个像素都有特定的位置和颜色值，位图的显示效果与像素是紧密联系在一起的，不同排列和着色的像素组合在一起，就构成了一幅色彩丰富的图像。像素越多，图像的分辨率越高，相应地，图像文件的数据量也会越大。

一幅位图的原始效果如图 2–1 所示，使用放大工具放大后，可以清晰地看到像素的形状与颜色，如图 2–2 所示。

图2–1

图2–2

位图与分辨率有关，如果在屏幕上以较大的倍数放大显示图像，或以低于创建时的分辨率打印图像，图像就会出现锯齿状的边缘，并且会丢失细节。

2.1.2 矢量图

矢量图也叫向量图，它是以数学的方式来记录图像内容的。矢量图中的各种图形元素被称为对象，每一个对象都是独立的个体，都具有大小、颜色、形状和轮廓等属性。

矢量图与分辨率无关，可以将它设置为任意大小，其清晰度不变，也不会出现锯齿状的边缘。在任何分辨率下显示或打印矢量图，都不会损失细节。一幅矢量图的原始效果如图 2–3 所示，使用放大工具放大后，其清晰度不变，如图 2–4 所示。

图2–3

图2–4

矢量图所占的存储空间较小，但这种图形的缺点是不易制作色调丰富的图像，而且绘制出来的图形无法像位图那样精确地描绘各种绚丽的景象。

2.2 分辨率

分辨率是用于描述图像文件信息的术语，可分为图像分辨率、屏幕分辨率和输出分辨率。下面将分别进行讲解。

2.2.1 图像分辨率

在 Photoshop 中，图像的分辨率是指图像中每单位长度上的像素数目，其单位为像素 / 英寸或像素 / 厘米。

在相同尺寸的两幅图像中，高分辨率的图像包含的像素比低分辨率的图像包含的像素多。例如，一幅尺寸为 1 英寸 ×1 英寸的图像，其分辨率为 72 像素 / 英寸，这幅图像包含 5184（72×72 = 5184）个像素；同样尺寸，分辨率为 300 像素 / 英寸的图像包含 90000 个像素。相同尺寸下，分辨率为 72 像素 / 英寸的图像效果如图 2–5 所示，分辨率为 10 像素 / 英寸的图像效果如图 2–6 所示。由此可见，在相同尺寸下，高分辨率的图像更能清晰地表现图像内容。（注：1 英寸≈ 2.54 厘米）

图2–5

图2–6

提示 如果一幅图像所包含的像素是固定的，增加图像尺寸后，会降低图像的分辨率。

2.2.2 屏幕分辨率

屏幕分辨率是显示器上每单位长度显示的像素数目。屏幕分辨率取决于显示器大小及其像素设置。计算机显示器的分辨率一般约为 72 像素 / 英寸。在 Photoshop 中，图像像素被直接转换成显示器像素，当图像分辨率高于显示器分辨率时，屏幕中显示的图像尺寸比实际尺寸要大。

2.2.3 输出分辨率

输出分辨率是照排机或打印机等输出设备产生的每英寸的油墨点数（dpi）。打印机的分辨率为 300 像素 / 英寸时，可以使图像获得比较好的效果。

2.3 色彩模式

Photoshop 提供了多种色彩模式，这些色彩模式正是作品能够在屏幕和印刷品上成功表现的重要保障。在这些色彩模式中，经常使用的有 CMYK 模式、RGB 模式、Lab 模式及 HSB 模式。另外，还有索引模式、灰度模式、位图模式、双色调模式和多通道模式等。这些模式可以在模式菜单下选取，每种色彩模式都有不同的色域，并且各个模式之间可以相互转换。下面将介绍主要的色彩模式。

2.3.1 CMYK 模式

CMYK 代表了印刷上用的 4 种油墨颜色：C 代表青色，M 代表洋红色，Y 代表黄色，K 代表黑色。CMYK 颜色控制面板如图 2-7 所示。

CMYK 模式在印刷时应用了色彩学中的减法混合原理，因此是一种减色模式，它是图片、插图和其他 Photoshop 作品中较常用的一种印刷方式。因为在印刷中通常都要进行四色分色，出四色胶片，然后再进行印刷。

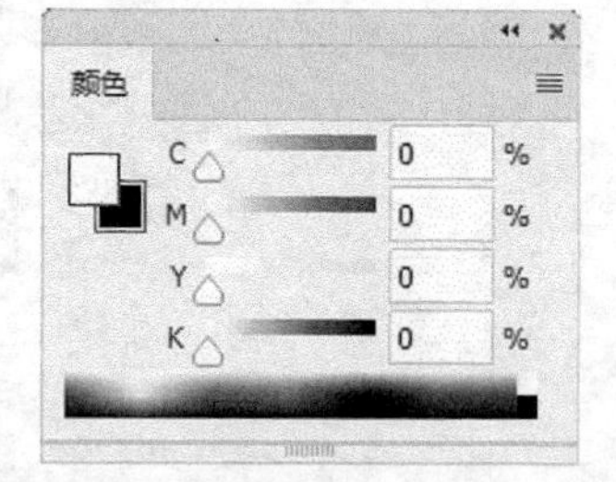

图2-7

2.3.2 RGB 模式

与 CMYK 模式不同的是，RGB 模式是一种加色模式，它通过把红、绿、蓝 3 种色光相叠加而形成更多的颜色。RGB 是色光的色彩模式，一幅 24bit 的 RGB 图像有 3 个色彩信息的通道：红色（R）、绿色（G）和蓝色（B）。RGB 颜色控制面板如图 2-8 所示。

每个通道都有 8bit 的色彩信息，即一个 0 ~ 255 的亮度值色域。也就是说，每一种色彩都有 256 个亮度水平级。3 种色彩相叠加，可以有 256×256×256=16777216 种可能的颜色，这么多种颜色足以表现出绚丽多彩的世界。

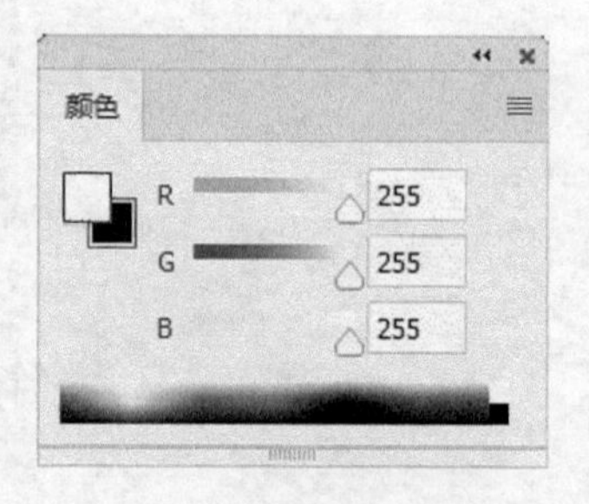

图2-8

在 Photoshop 中编辑图像时，建议选择 RGB 模式。

2.3.3 灰度模式

灰度图又叫 8bit 深度图。每个像素用 8 个二进制位表示，能产生 2^8（即 256）级灰色调。当一个彩色文件被转换为灰度模式的文件时，所有的颜色信息都将从文件中丢失。尽管 Photoshop 允许将一个灰度模式的文件转换为彩色模式的文件，但不可能将原来的颜色完全还原。所以，当要把图像转换为灰度模式时，应先做好图像的备份。

与黑白照片一样，一个灰度模式的图像只有明暗值，没有色相和饱和度这两种颜色信息。0% 代表白，100% 代表黑，其中的 K 值用于衡量黑色油墨用量。灰度模式的颜色控制面板如图 2-9 所示。

2.3.4 Lab 模式

Lab 模式是 Photoshop 中的一种国际色彩标准模式，它由 3 个通道组成：一个通道是透明度，即 L；另外两个是色彩通道，即色相与饱和度，分别用 a 和 b 表示。a 通道包括的颜色是从深绿到灰，再到亮粉红色；b 通道包括的颜色是从亮蓝色到灰，再到焦黄色。Lab 颜色控制面板如图 2-10 所示。

Lab 模式在理论上包括了人眼可见的所有色彩，它弥补了 CMYK 模式和 RGB 模式的不足。在这种模式下，图像的处理速度比在 CMYK 模式下快数倍，与 RGB 模式的速度相仿。而且在把 Lab 模式转换为 CMYK 模式的过程中，所有的色彩不会丢失或被替换。

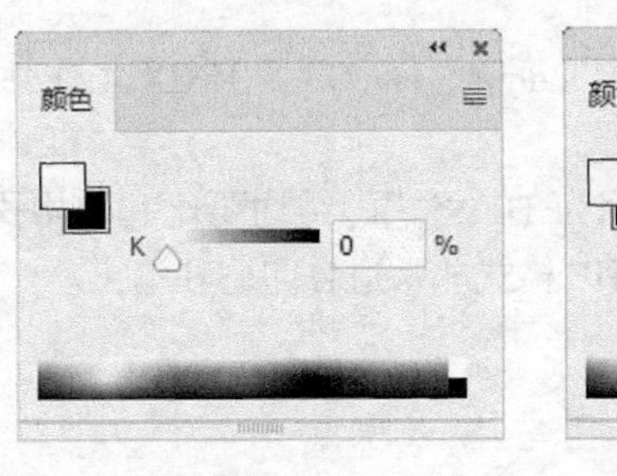

图2-9

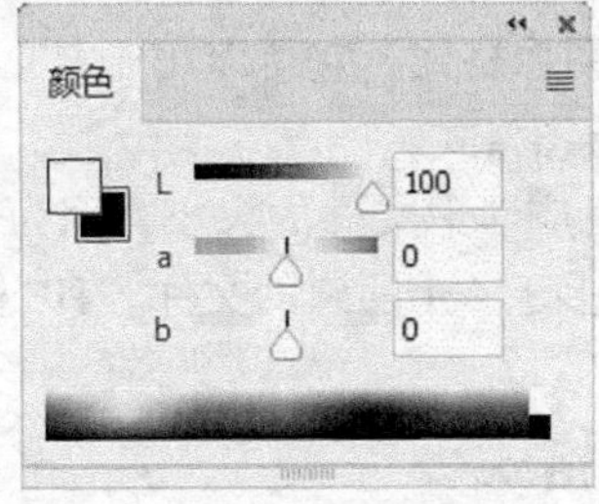

图2-10

2.4 文件格式

当用 Photoshop 制作或处理好一幅图像后，就要进行存储。这时，选择一种合适的文件格式就显得十分重要。Photoshop 有 20 多种文件格式。在这些文件格式中，既有 Photoshop 的专用格式，也有用于应用程序交换的文件格式，还有一些比较特殊的格式。下面将介绍几种常用的文件格式。

2.4.1 PSD 格式和 PDD 格式

PSD 格式和 PDD 格式是 Photoshop 软件自身的专用文件格式，能够保存图像数据的细小部分，如图层、蒙版、通道等 Photoshop 对图像进行特殊处理的信息。在没有最终决定图像存储的格式前，最好先以这两种格式存储。另外，Photoshop 打开和存储这两种格式的文件较其他格式更快。但是，这两种格式也有缺点，它们所存储的图像文件特别大，占用的磁盘空间较多。

2.4.2 AI 格式

AI 格式是 Illustrator 软件的专用格式。它的兼容度比较高，可以在 CorelDRAW 中打开，也可以将 CDR 格式的文件导出为 AI 格式。

2.4.3 CDR 格式

CDR 格式是 CorelDRAW 的专用图形文件格式。由于 CorelDRAW 是矢量图形绘制软件，所以 CDR 格式可以记录文件的属性、位置和分页等。但它只能在 CorelDRAW 应用程序中使用，在其他图像编辑软件中无法打开。

2.4.4 INDD 格式和 INDB 格式

INDD 格式是 InDesign 软件的专用文件格式。由于 InDesign 是专业的排版软件，所以 INDD 格式可以记录排版文件的版面编排、文字处理等内容。但它在兼容性上比较差，一般不为其他软件所用。INDB 格式是 InDesign 的书籍格式，它就像一个容器，可以把多个 INDD 文件集合在一起。

2.4.5 TIFF 格式和 TIF 格式

TIFF 格式是标签图像格式。它可以用于 Windows、macOS 及 UNIX 工作站三大平台，是这三大平台上使用很广泛的绘图格式。

用 TIF 格式存储时应考虑文件的大小，因为 TIF 格式的结构要比其他格式更复杂。TIF 格式支持 24 个通道，能存储多于 4 个通道的文件。TIF 格式非常适合印刷和输出。

2.4.6 JPEG 格式

JPEG 格式既是 Photoshop 支持的一种文件格式，也是一种压缩方案。与 TIFF 文件格式采用的无损压缩相比，JPEG 格式的压缩比例更大。但它使用的有损压缩会丢失部分数据。用户可以在存储前选择图像的最好质量，这样可以控制数据的损失程度。

2.5 工作界面

熟悉工作界面是学习 Photoshop 的基础。熟练掌握工作界面的内容，有助于读者日后得心应手地驾驭 Photoshop。Photoshop 的工作界面主要由菜单栏、属性栏、工具箱、状态栏和控制面板组成，如图 2-11 所示。

菜单栏
属性栏
工具箱
状态栏
控制面板

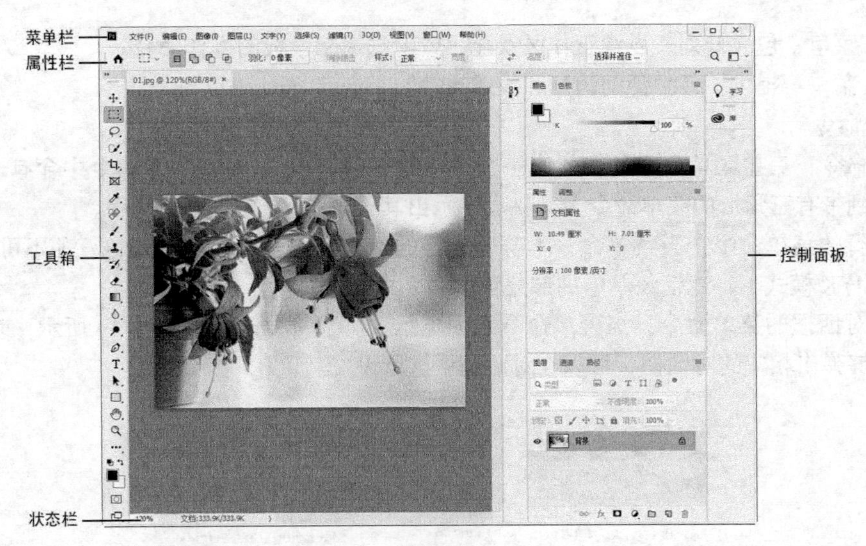

图2-11

菜单栏：菜单栏中共包含 11 个菜单。利用菜单命令可以完成编辑图像、调整色彩和添加滤镜效果等操作。

属性栏：属性栏是工具箱中各个工具的功能扩展。通过在属性栏中设置不同的选项，可以快速完成多样化的操作。

工具箱：工具箱中包含了多个工具。利用不同的工具可以完成图像的绘制、编辑等操作。

状态栏：状态栏可以提供当前文件的显示比例、文档大小、当前工具和暂存盘大小等信息。

控制面板：控制面板是 Photoshop 工作界面的重要组成部分。通过不同的功能面板，可以完成在图像中填充颜色、设置图层和添加样式等操作。

2.5.1　菜单栏

1. 菜单分类

Photoshop 的菜单依次为“文件”菜单、“编辑”菜单、“图像”菜单、“图层”菜单、“文字”菜单、“选择”菜单、“滤镜”菜单、“3D”菜单、“视图”菜单、“窗口”菜单及“帮助”菜单，如图 2-12 所示。

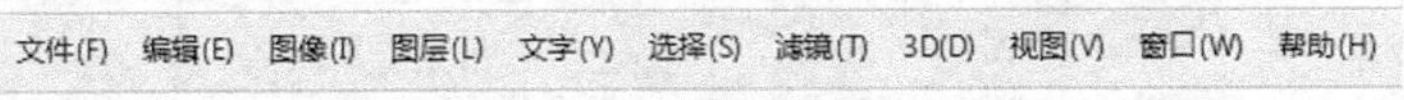

文件(F) 编辑(E) 图像(I) 图层(L) 文字(Y) 选择(S) 滤镜(T) 3D(D) 视图(V) 窗口(W) 帮助(H)

图2-12

“文件”菜单：包含新建、打开、存储和置入等文件的操作命令。

“编辑”菜单：包含还原、剪切、复制、填充和描边等文件的编辑命令。

“图像”菜单：包含修改图像模式、调整图像颜色和改变图像大小等编辑图像的命令。

“图层”菜单：包含图层的新建、编辑和调整命令。

“文字”菜单：包含文字的创建、编辑和调整命令。

“选择”菜单：包含选区的创建、选取、修改、存储和载入等命令。

“滤镜”菜单：包含对图像进行各种艺术化处理的命令。

“3D”菜单：包含创建 3D 模型、编辑 3D 属性、调整纹理及编辑光线等命令。

“视图”菜单：包含对图像视图的校样、显示和辅助信息的设置等命令。

"窗口"菜单：包含排列、设置工作区及显示或隐藏控制面板的操作命令。

"帮助"菜单：提供了各种帮助信息和技术支持。

2. 菜单命令

子菜单命令：有些菜单命令的右侧有一个黑色的三角形▸，表示该菜单命令中含有子菜单。把鼠标指针移到带有三角形的菜单命令上，就会显示出其子菜单，如图 2-13 所示。

不可执行的菜单命令：当菜单命令不符合运行的条件时，就会显示为灰色，即不可执行状态。例如，在 CMYK 模式下，滤镜菜单中的部分菜单命令将变为灰色，不能使用。

可弹出对话框的菜单命令：当菜单命令后面显示"…"符号时，如图 2-14 所示，表示单击此菜单命令能够弹出相应的对话框，可以在对话框中进行设置。

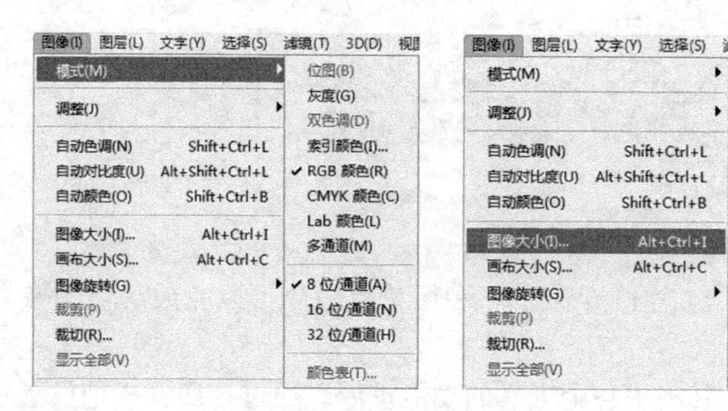

图2-13　　图2-14

3. 显示或隐藏菜单命令

可以根据操作需要显示或隐藏指定的菜单命令。选择"窗口 > 工作区 > 键盘快捷键和菜单"命令，弹出"键盘快捷键和菜单"对话框，如图 2-15 所示。

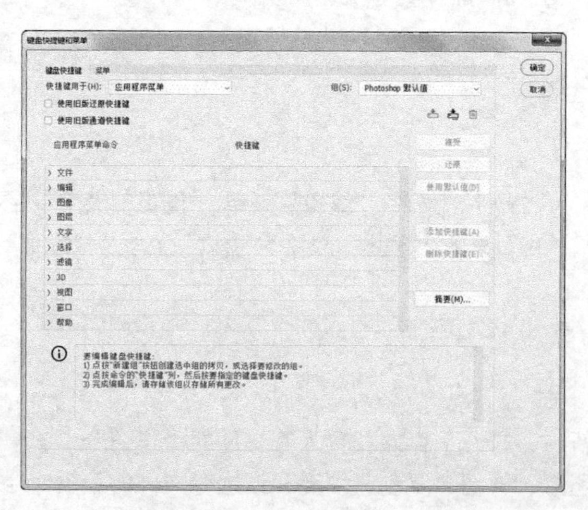

图2-15

选择"菜单"选项卡，单击"应用程序菜单命令"栏中命令左侧的三角形按钮›，将展开详细的菜单命令，如图 2-16 所示。单击"可见性"栏中的眼睛图标，可将其相对应的菜单命令隐藏，如图 2-17 所示。单击"可见性"栏中的　图标，可以再次显示菜单命令。

设置完成后，单击"存储对当前菜单组的所有更改"按钮，可以保存当前的设置。也可以单击"根据当前菜单组创建一个新组"按钮，将当前的修改创建为一个新组。隐藏菜单命令前后的菜单效果如图 2–18 和图 2–19 所示。

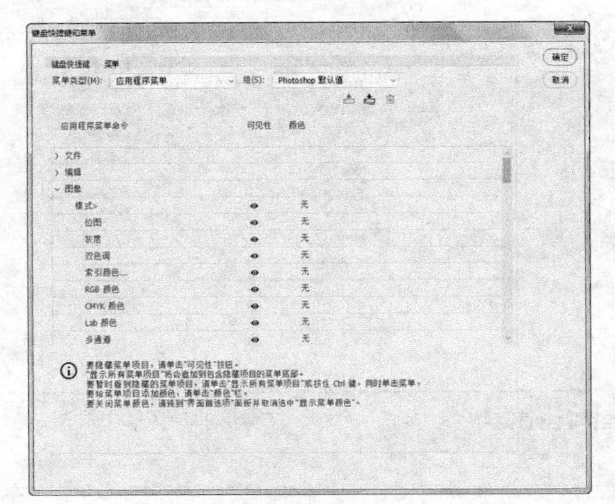

图2–16

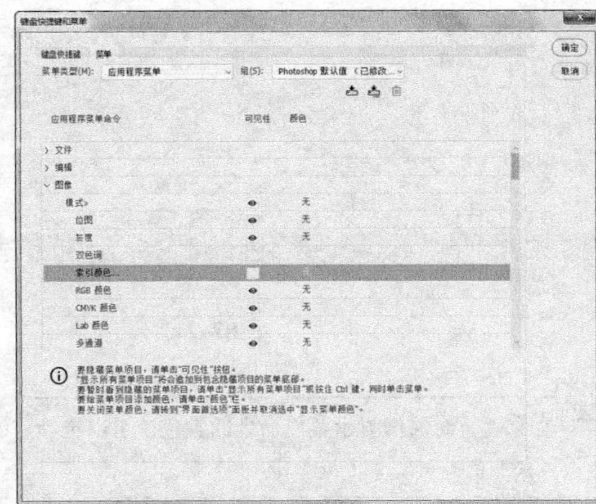

图2–17

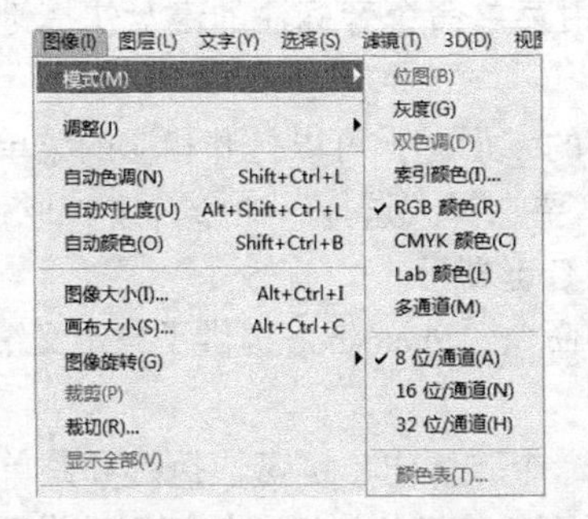

图2–18

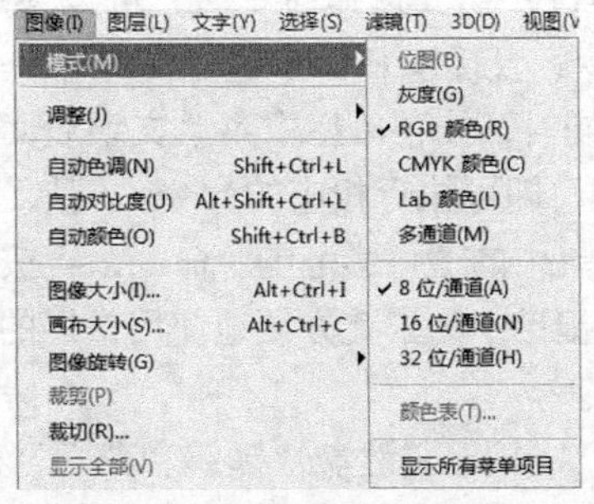

图2–19

4. 突出显示菜单命令

如果想要突出显示某个菜单命令，可以为其设置颜色。选择“窗口 > 工作区 > 键盘快捷键和菜单”命令，弹出“键盘快捷键和菜单”对话框，在要突出显示的菜单命令后面单击“无”按钮，在弹出的下拉列表中可以选择需要的颜色标注命令，如图 2–20 所示。可以为不同的菜单命令设置不同的颜色，如图 2–21 所示。设置好颜色后，菜单命令的效果如图 2–22 所示。

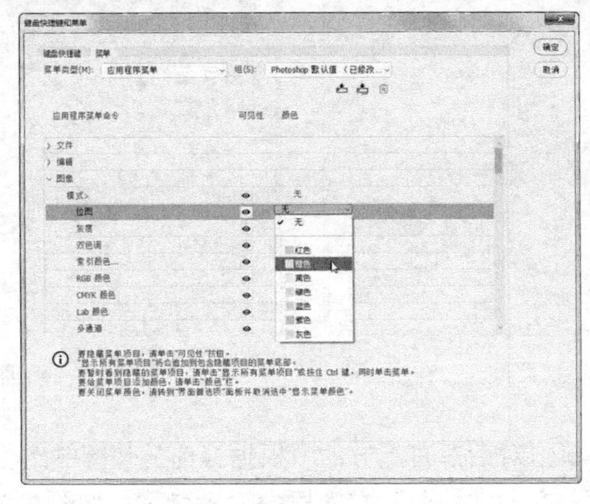

图2–20

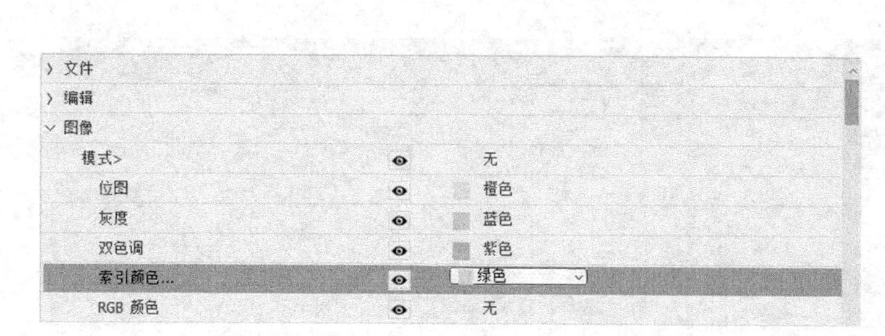

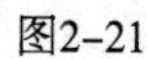
图2-21

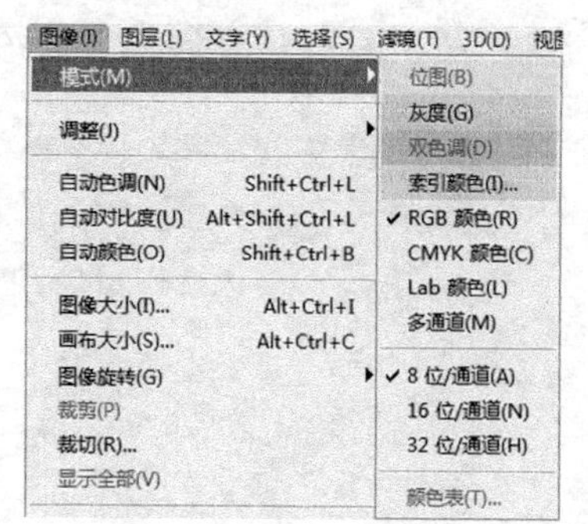

图2-22

提示

如果要暂时取消显示菜单命令的颜色，可以选择“编辑 > 首选项 > 界面”命令，在弹出的对话框中取消勾选“显示菜单颜色”复选框。

5. 键盘快捷键

使用键盘快捷键：当要选择命令时，可以使用菜单命令旁标注的键盘快捷键。例如，要选择“文件 > 打开”命令，直接按 Ctrl+O 组合键即可。

按住 Alt 键的同时，按菜单栏中菜单文字后面的字母键，可以打开相应的菜单，再按菜单命令中带括号的字母键，即可执行相应的命令。例如，要选择“选择”命令，按 Alt+S 组合键即可弹出菜单，要想选择菜单中的“色彩范围”命令，再按 C 键即可。

自定义键盘快捷键：为了更方便地使用常用的命令，Photoshop 提供了自定义键盘快捷键和保存键盘快捷键的功能。

选择“窗口 > 工作区 > 键盘快捷键和菜单”命令，弹出“键盘快捷键和菜单”对话框，选择“键盘快捷键”选项卡，如图 2-23 所示。对话框下面的信息栏说明了快捷键的设置方法。在“快捷键用于”选项中可以选择需要设置快捷键的菜单或工具，在“组”选项中可以选择要设置快捷键的组合，在下面的选项中可以选择需要设置的命令或工具，如图 2-24 所示。

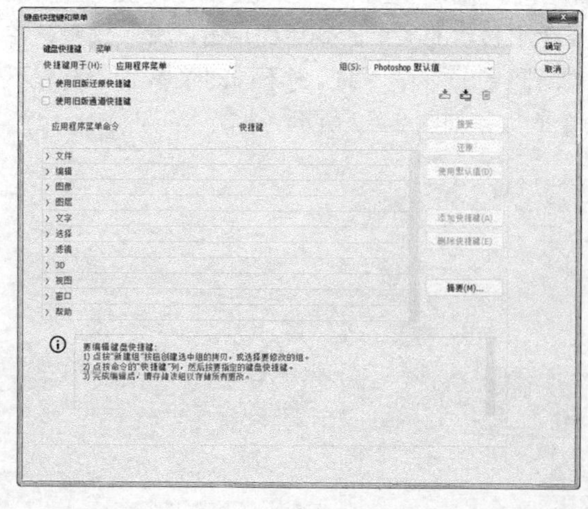

图2-23

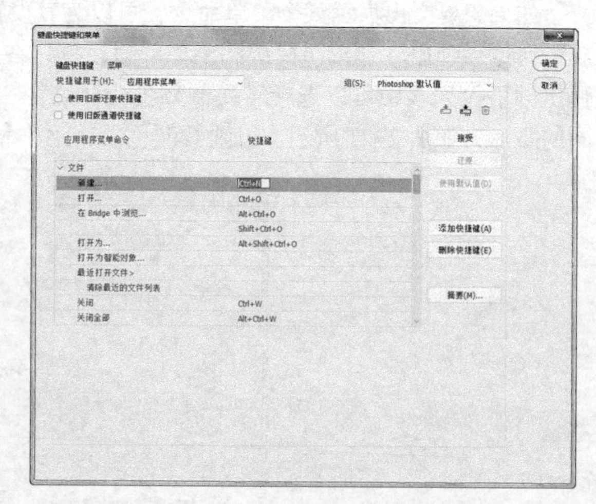

图2-24

设置好新的快捷键后，单击对话框右上方的“根据当前的快捷键组创建一组新的快捷键”按钮 ，弹出“另存为”对话框，在“文件名”文本框中输入名称，如图 2-25 所示，然后单击“保存”

按钮，保存新的快捷键设置。这时，在“组”选项中即可选择新的快捷键设置，如图 2-26 所示。

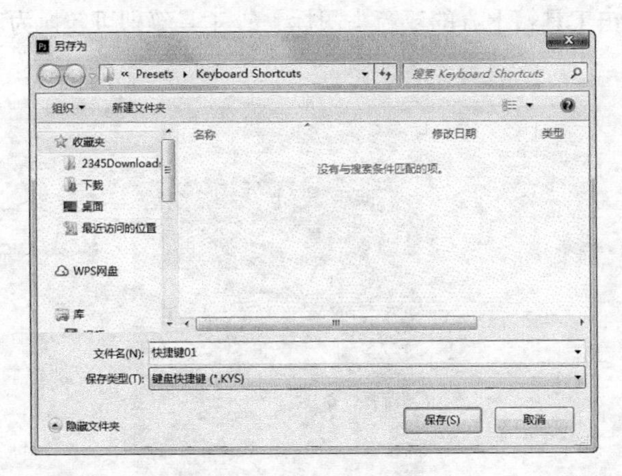

图2-25

图2-26

更改快捷键设置后，单击“存储对当前快捷键组的所有更改”按钮可以对设置进行存储，单击“确定”按钮，可以应用更改的快捷键设置。要将快捷键的设置删除，可以在对话框中单击“删除当前的快捷键组合”按钮，Photoshop 会自动还原为默认设置。

> **提示** 在为控制面板或应用程序菜单中的命令定义快捷键时，必须包括Ctrl键或一个功能键；在为工具箱中的工具定义快捷键时，必须使用A～Z的字母。

2.5.2 工具箱

Photoshop 的工具箱中有选择工具、绘图工具、填充工具、编辑工具、颜色选择工具、屏幕视图工具和快速蒙版工具等，如图 2-27 所示。想要了解某个工具的名称和功能，可以将鼠标指针放置在这个工具的上方，此时会出现一个演示框，上面会显示该工具的名称和功能，如图 2-28 所示。工具名称后面括号中的字母代表选择此工具的快捷键，只要在键盘上按该字母键，就可以快速切换到相应的工具。

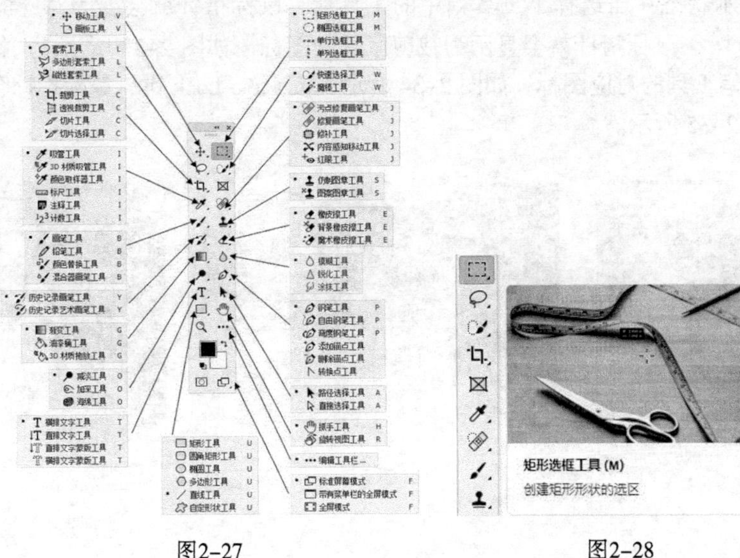

图2-27 图2-28

切换工具箱的显示状态：Photoshop 的工具箱可以根据需要在单栏与双栏之间自由切换。当工具箱显示为单栏时，如图 2–29 所示。单击工具箱上方的双箭头图标 ，工具箱即可转换为双栏显示，如图 2–30 所示。

图2–29

图2–30

显示隐藏的工具：在工具箱中，部分工具图标的右下方有一个黑色的小三角，表示该工具下还有隐藏的工具。在工具箱中有小三角的工具图标上按住鼠标左键，可以弹出隐藏的工具选项，如图 2–31 所示。将鼠标指针移动到需要的工具图标上单击，即可选择该工具。

恢复工具的默认设置：要想恢复工具的默认设置，可以选择该工具，然后在相应的工具属性栏中，用鼠标右键单击工具图标，在弹出的菜单中选择“复位工具”命令，如图 2–32 所示。

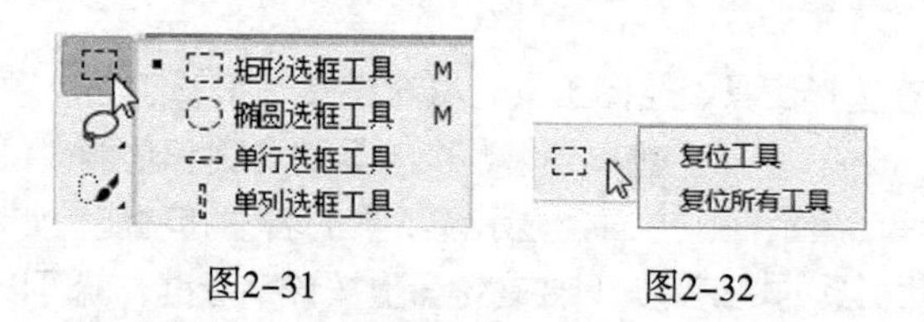

图2–31　　图2–32

鼠标指针的显示状态：当选择了工具箱中的工具后，鼠标指针就会变为对应的工具图标。例如，选择裁剪工具 ，鼠标指针就会显示为裁剪工具的图标，如图 2–33 所示；选择画笔工具 ，鼠标指针显示为画笔工具的对应图标，如图 2–34 所示；按 Caps Lock 键，鼠标指针会转换为精确的十字形图标，如图 2–35 所示。

图2–33

图2–34

图2–35

2.5.3 属性栏

当选择某个工具时，会出现相应的工具属性栏，通过属性栏可以对工具进行进一步的设置。例如，当选择魔棒工具时，工作界面的上方会出现相应的魔棒工具属性栏，可以应用属性栏中的选项对魔棒工具做进一步的设置，如图2-36所示。

图2-36

2.5.4 状态栏

打开一幅图像时，工作界面的下方会出现该图像的状态栏，如图2-37所示。状态栏的左侧显示当前图像缩放显示的百分数。在显示比例区的文本框中输入数值，可以改变当前图像的显示比例。

状态栏的中间部分显示当前图像的文件信息，单击状态栏右侧的三角形图标，在弹出的菜单中可以选择当前图像的相关信息，如图2-38所示。

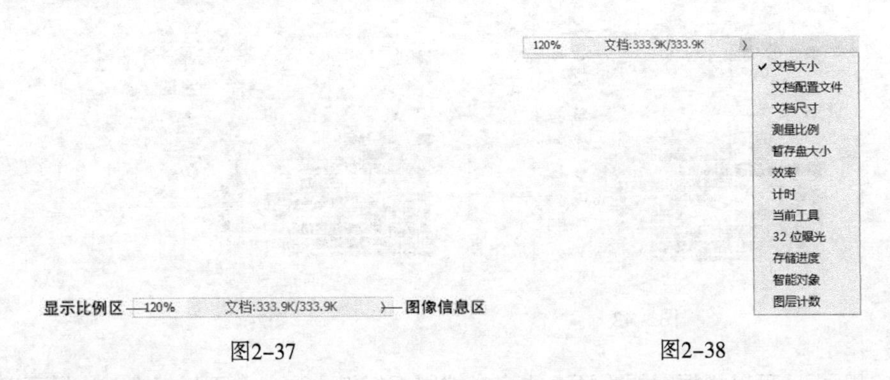

图2-37　　图2-38

2.5.5 控制面板

控制面板是Photoshop工作界面的一个重要组成部分。Photoshop为用户提供了多个控制面板。

收缩与展开控制面板：可以根据需要对控制面板进行收缩与展开。控制面板的展开状态如图2-39所示。单击控制面板上方的双箭头图标，可以将控制面板收缩，如图2-40所示。如果要展开某个控制面板，可以直接单击其标签，相应的控制面板就会自动弹出，如图2-41所示。

图2-39

图2-40

图2-41

拆分控制面板：若需要拆分出某个控制面板，可用鼠标选中该控制面板的选项卡并向工作区拖曳，如图 2-42 所示，选中的控制面板将被拆分出来，如图 2-43 所示。

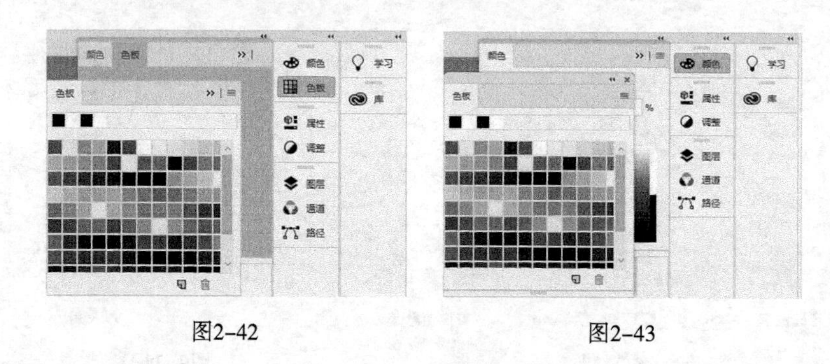

图2-42　　　　图2-43

组合控制面板：可以根据需要将两个或多个控制面板组合到一个面板组中，这样可以节省操作的空间。要组合控制面板，可以用鼠标选中外部控制面板的选项卡，将其拖曳到要组合的面板组中，面板组周围出现蓝色的边框，如图 2-44 所示。此时，释放鼠标，控制面板将被组合到面板组中，如图 2-45 所示。

控制面板菜单：单击控制面板右上方的≡图标，可以弹出控制面板的菜单，如图 2-46 所示。

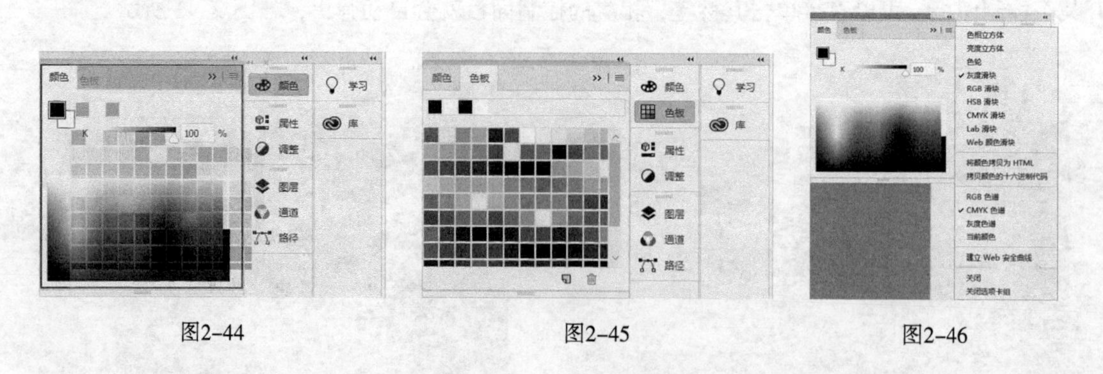

图2-44　　　　图2-45　　　　图2-46

隐藏与显示控制面板：按 Tab 键，可以隐藏工具箱和控制面板；再次按 Tab 键，可以显示出隐藏的部分。按 Shift+Tab 组合键，可以隐藏控制面板；再次按 Shift+Tab 组合键，可以显示出隐藏的部分。

提示

按F5键可以显示或隐藏“画笔设置”控制面板，按F6键可以显示或隐藏“颜色”控制面板，按F7键可以显示或隐藏“图层”控制面板，按F8键可以显示或隐藏“信息”控制面板，按Alt+F9组合键可以显示或隐藏“动作”控制面板。

自定义工作区：可以依据操作习惯自定义工作区，设计出个性化的Photoshop界面。

设置完工作区后，选择“窗口 > 工作区 > 新建工作区”命令，弹出“新建工作区”对话框，如图2–47所示。输入工作区的名称，单击“存储”按钮，即可将自定义的工作区进行存储。

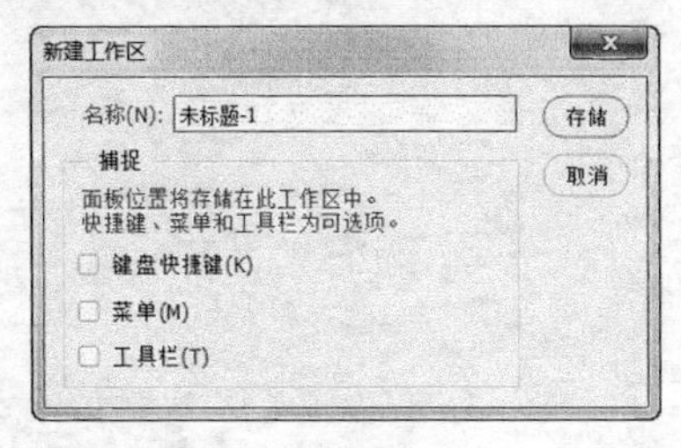

图2–47

如果要使用自定义的工作区，可以在“窗口 > 工作区”的子菜单中选择新保存的工作区名称。如果要恢复使用Photoshop默认的工作区，可以选择“窗口 > 工作区 > 复位基本功能”命令进行恢复。选择“窗口 > 工作区 > 删除工作区”命令，可以删除自定义的工作区。

2.6　文件操作

在学习设计和制作作品之前，首先要掌握文件的基本操作方法。下面将具体进行介绍。

2.6.1　新建文件

新建文件是使用Photoshop进行设计的第一步。新建文件的具体操作方法如下。

选择“文件 > 新建”命令，或按Ctrl+N组合键，弹出“新建文档”对话框，如图2–48所示。

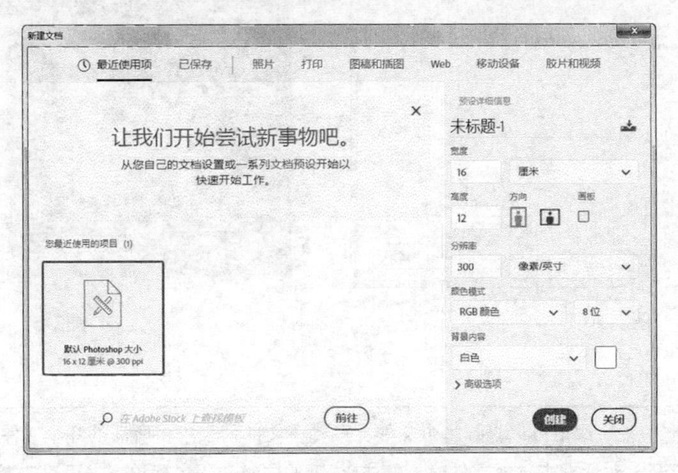

图2–48

根据需要单击上方的类别选项卡，选择需要的预设新建文档；或在右侧的选项中修改文件的名称、宽度、高度、分辨率和颜色模式等数值新建文档；单击图像名称右侧的按钮，可以新建文档预设。设置完成后单击“创建”按钮，即可新建文件，如图2–49所示。

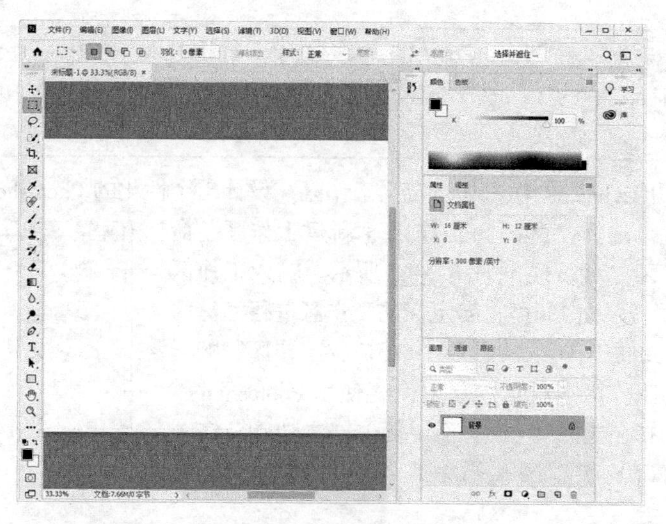

图2-49

2.6.2 打开文件

选择“文件 > 打开”命令，或按 Ctrl+O 组合键，弹出“打开”对话框，在对话框中搜索路径和文件，确认文件类型和名称，如图 2-50 所示，单击“打开”按钮，或直接双击文件，即可打开所指定的图像文件，如图 2-51 所示。

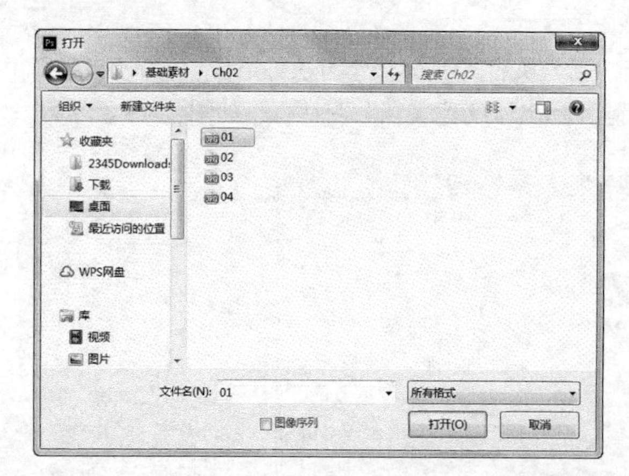

图2-50

图2-51

提示

在“打开”对话框中，一次也可以打开多个文件，只要在文件列表中将所需的几个文件选中，并单击“打开”按钮即可。在“打开”对话框中选择文件时，按住Ctrl键的同时，用鼠标单击，可以选择不连续的多个文件；按住Shift键的同时，用鼠标单击，可以选择连续的多个文件。

2.6.3 保存文件

选择“文件 > 存储”命令，或按 Ctrl+S 组合键，可以存储文件。当设计好的作品进行第一次存储时，选择“文件 > 存储”命令，将弹出“另存为”对话框，如图 2-52 所示。在对话框中输入文件名并选择保存类型后，单击“保存”按钮，即可将文件保存。

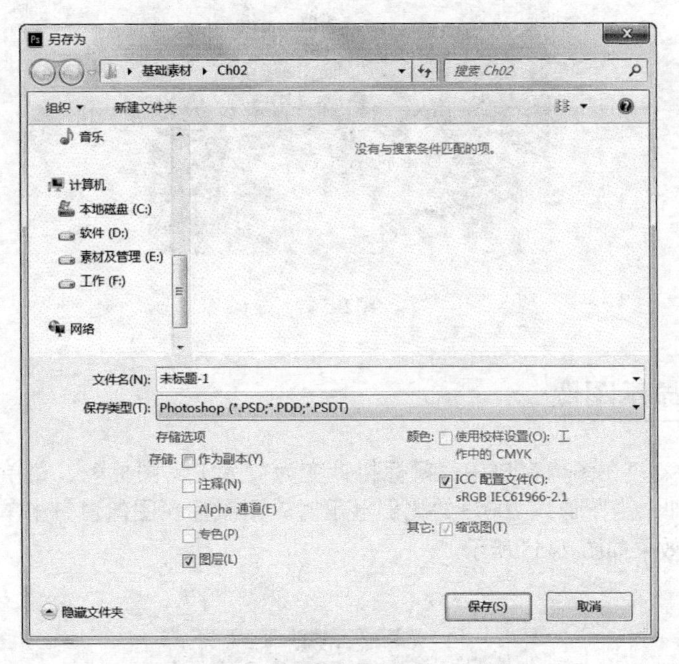

图2-52

提示 当对已经存储过的图像文件进行各种编辑操作后，选择“存储”命令，将不再弹出“另存为”对话框，计算机直接保存最终确认的结果，并覆盖原始文件。

2.6.4 关闭文件

选择“文件 > 关闭”命令，或按 Ctrl+W 组合键，可以关闭文件。关闭文件时，若当前文件被修改过或是新建的文件，则会弹出提示对话框，如图 2-53 所示，单击“是”按钮即可存储并关闭文件。

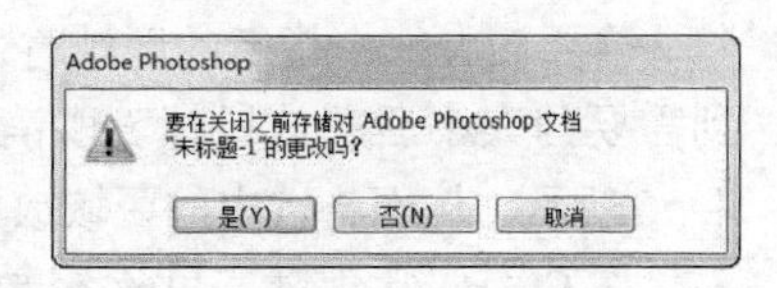

图2-53

2.7 图像显示

在 Photoshop 中，可以对图像显示进行多种调整，如放大显示图像、缩小显示图像等。

2.7.1 100% 显示图像

100% 显示图像的效果如图 2-54 所示。在此状态下可以对图像进行精确编辑。

图2-54

2.7.2 放大显示图像

选择缩放工具，在图像窗口中，鼠标指针变为放大工具图标，每单击一次鼠标，图像就会放大一级。例如，当图像以100%的比例显示时，用鼠标在图像窗口中单击一次，图像则以200%的比例显示，效果如图2-55所示。

图2-55

当要放大一个指定的区域时，在需要的区域按住鼠标左键，选中的区域就会放大显示，当放大到需要的大小后释放鼠标。取消勾选“细微缩放”复选框，可以在图像上框选出矩形选区，如图2-56所示，从而将选中的区域放大，如图2-57所示。

按Ctrl++组合键，可逐级放大图像。例如，可以将图像从100%的显示比例放大到200%、300%、400%。

图2-56

图2-57

2.7.3 缩小显示图像

缩小显示图像一方面可以用有限的屏幕空间显示出更多的图像，另一方面可以看到一个较大图像的全貌。

选择缩放工具，在图像窗口中，鼠标指针变为放大工具图标，按住 Alt 键，鼠标指针变为缩小工具图标。每单击一次，图像就会缩小显示一级。缩小显示前的效果如图 2–58 所示。按 Ctrl+– 组合键，可逐级缩小图像，如图 2–59 所示。

也可在缩放工具属性栏中单击“缩小工具”按钮，如图 2–60 所示，鼠标指针变为缩小工具图标，每单击一次，图像就会缩小显示一级。

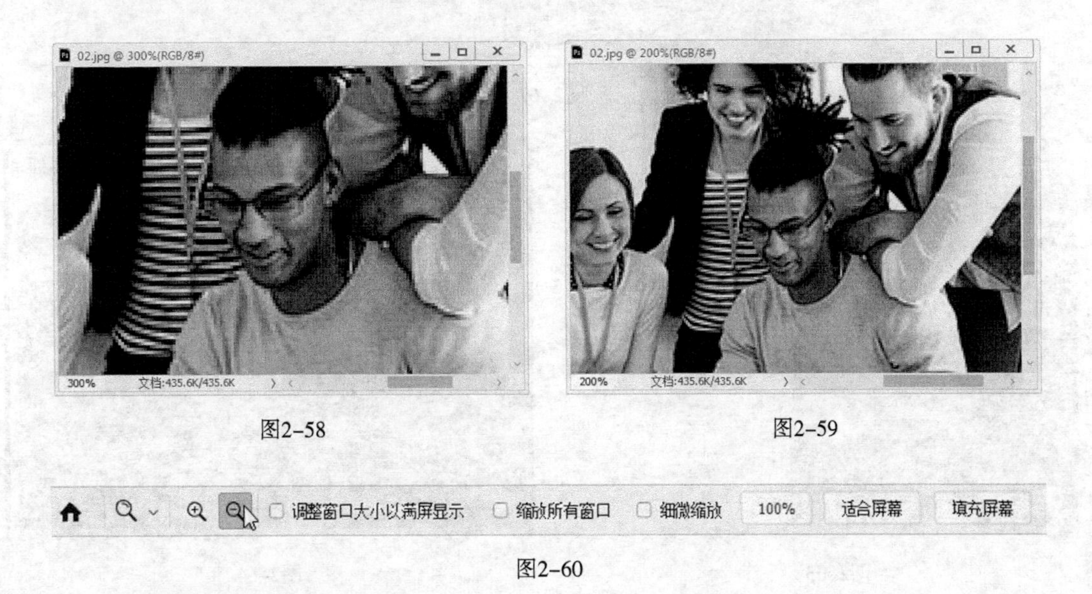

图2–58

图2–59

图2–60

2.7.4 全屏显示图像

若要将图像窗口缩放到适合工作区，可以在缩放工具的属性栏中单击“适合屏幕”按钮，如图 2–61 所示，效果如图 2–62 所示。单击“100%”按钮，图像将以实际大小显示。单击“填充屏幕”按钮，将缩放图像，使其填满整个工作区。

2.7.5 图像窗口的显示

当打开多个图像文件时，会出现多个图像文件窗口，这就需要对窗口进行布置和摆放。

同时打开多个图像文件，如图 2–63 所示。按 Tab 键，关闭操作界面中的工具箱和控制面板，如图 2–64 所示。

图2–61

图2-62

图2-63

图2-64

选择“窗口 > 排列 > 全部垂直拼贴”命令，图像窗口的排列效果如图 2-65 所示。选择“窗口 > 排列 > 全部水平拼贴”命令，图像窗口的排列效果如图 2-66 所示。

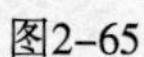

图2-65

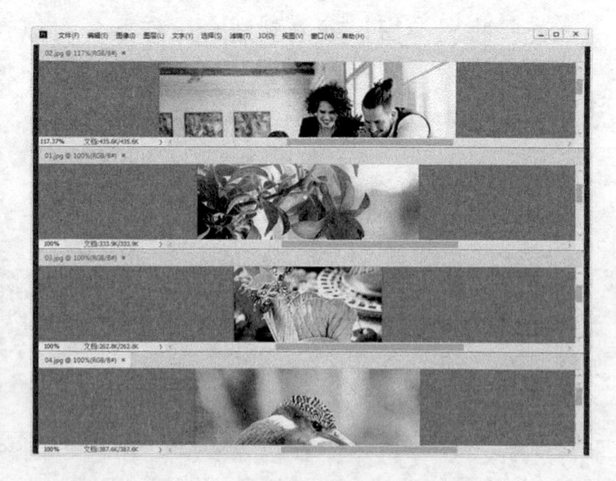

图2-66

选择“窗口 > 排列 > 双联水平”命令，图像窗口的排列效果如图 2-67 所示。选择“窗口 > 排列 > 双联垂直”命令，图像窗口的排列效果如图 2-68 所示。

选择“窗口 > 排列 > 三联水平”命令，图像窗口的排列效果如图 2-69 所示。选择“窗口 > 排

列 > 三联垂直”命令，图像窗口的排列效果如图 2–70 所示。

选择“窗口 > 排列 > 三联堆积”命令，图像窗口的排列效果如图 2–71 所示。选择“窗口 > 排列 > 四联”命令，图像窗口的排列效果如图 2–72 所示。

图2–67

图2–68

图2–69

图2–70

图2–71

图2–72

选择“窗口 > 排列 > 将所有内容合并到选项卡中”命令，图像窗口的排列效果如图 2–73 所示。选择“窗口 > 排列 > 在窗口中浮动”命令，图像窗口的排列效果如图 2–74 所示。

图2-73

图2-74

其他的窗口排列命令读者可自行练习使用，此处不再赘述。

2.7.6　观察图像

选择抓手工具，在图像窗口中，鼠标指针变为状，用鼠标拖曳图像，可以观察图像的每个部分，如图 2-75 所示。直接用鼠标拖曳图像周围的垂直和水平滚动条，也可观察图像的每个部分，如图 2-76 所示。如果正在使用其他的工具进行操作，按住空格键，可以快速切换到抓手工具。

图2-75

图2-76

2.8　标尺、参考线和网格线的设置

在 Photoshop 中处理图像时，经常会用到标尺、参考线和网格线，这样可以使图像处理更加精确。实际设计任务中的许多问题都需要使用标尺、参考线和网格线来解决。

2.8.1　标尺的设置

选择“编辑 > 首选项 > 单位与标尺”命令，弹出相应的对话框，如图 2-77 所示，可以对相关参数进行设置。

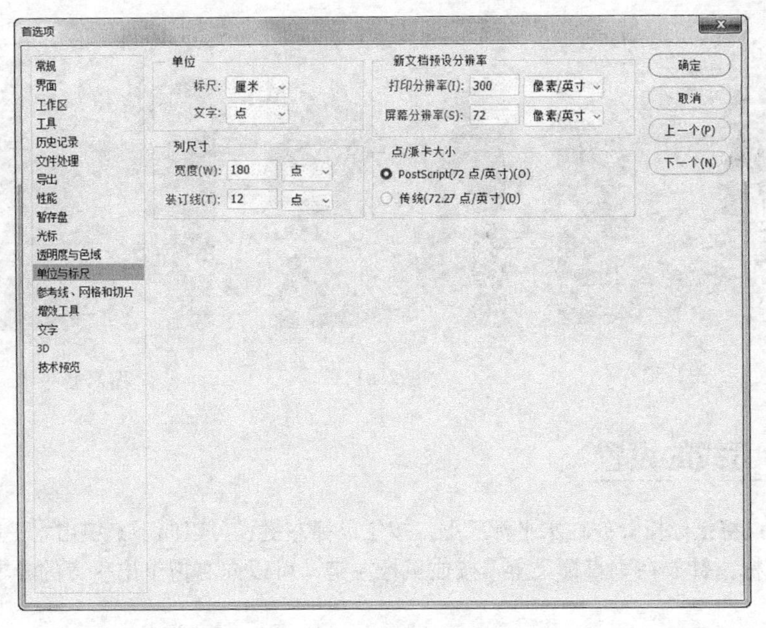

图2-77

单位：用于设置标尺和文字的显示单位，有不同的显示单位供用户选择。

新文档预设分辨率：用于设置新建文档的预设分辨率。

列尺寸：用于设置导入排版软件的图像所占据的列宽度和装订线的尺寸。

点 / 派卡大小：与输出有关的参数。

选择“视图 > 标尺”命令，可以将标尺显示或隐藏，如图 2–78 和图 2–79 所示。

图2–78

图2–79

将鼠标指针放在标尺的 x 轴和 y 轴的 0 点处，如图 2–80 所示。按住鼠标左键不放，向右下方拖曳鼠标到适当的位置，如图 2–81 所示，释放鼠标，标尺的 x 轴和 y 轴的 0 点就变为鼠标移动后的位置，如图 2–82 所示。

图2-80

图2-81

图2-82

2.8.2　参考线的设置

设置参考线：将鼠标指针放在水平标尺上，按住鼠标左键，可以向下拖曳出水平的参考线，如图 2-83 所示。将鼠标指针放在垂直标尺上，按住鼠标左键，可以向右拖曳出垂直的参考线，如图 2-84 所示。

图2-83

图2-84

显示或隐藏参考线：选择“视图 > 显示 > 参考线”命令，可以显示或隐藏参考线。此命令只有存在参考线时才能使用。

移动参考线：选择移动工具 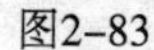，将鼠标指针放在参考线上，当指针变为÷状时，按住鼠标左键拖曳，可以移动参考线。

新建、锁定、清除参考线：选择“视图 > 新建参考线”命令，弹出“新建参考线”对话框，如图 2-85 所示，设定后单击“确定”按钮，图像中就会出现新建的参考线。选择“视图 > 锁定参考线”命令或按 Alt +Ctrl+; 组合键，可以将参考线锁定，参考线锁定后将不能移动。选择“视图 > 清除参考线”命令，可以将参考线清除。

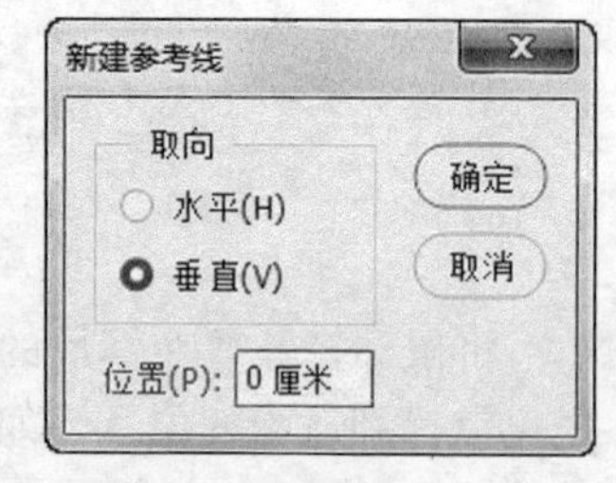

图2-85

2.8.3　网格线的设置

选择“编辑 > 首选项 > 参考线、网格和切片”命令，弹出相应的对话框，如图 2-86 所示。

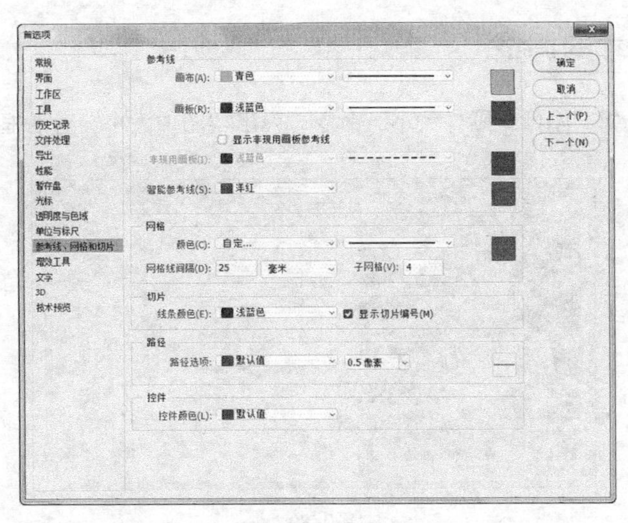

图2-86

参考线：用于设定参考线的颜色和样式。

网格：用于设定网格的颜色、样式、网格线间隔和子网格等。

切片：用于设定切片的颜色和显示切片的编号。

路径：用于设定路径的选定颜色。

控件：用于设定控件的颜色。

选择“视图 > 显示 > 网格”命令，可以显示或隐藏网格，如图 2-87 和图 2-88 所示。

图2-87

图2-88

提示

按Ctrl+R组合键，可以将标尺显示或隐藏。按Ctrl+；组合键，可以将参考线显示或隐藏。按Ctrl+’组合键，可以将网格显示或隐藏。

2.9 图像和画布尺寸的调整

根据制作过程中的不同需求，可以随时调整图像与画布的尺寸。

2.9.1 图像尺寸的调整

打开一幅图像，选择“图像 > 图像大小”命令，弹出“图像大小”对话框，如图 2-89 所示。

图2-89

图像大小：通过改变“宽度”“高度”“分辨率”选项的数值，可以改变图像文档的大小，图像的尺寸也相应改变。

缩放样式：单击此按钮，在弹出的菜单中选择“缩放样式”选项后，若在图像操作中添加了图层样式，可以在调整大小时自动缩放样式的大小。

尺寸：显示图像的宽度和高度值。单击尺寸右侧的按钮，可以改变计量单位。

调整为：选取预设以调整图像大小。

约束比例：启用该选项时，改变其中一项数值，另一项会成比例地同时改变。

分辨率：计量单位是像素 / 英寸（ppi）。每英寸的像素越多，分辨率越高。

重新采样：不勾选此复选框，尺寸的数值将不会改变，“宽度”“高度”“分辨率”选项左侧将出现锁链标志，改变其中一项的数值时，另外两项的数值会相应改变，如图 2-90 所示。

图2-90

在“图像大小”对话框中可以改变选项数值的计量单位（可以在选项右侧的下拉列表中进行选择），如图 2-91 所示。单击“调整为”选项右侧的选项，在弹出的下拉列表中选择“自动分辨率”命令，弹出“自动分辨率”对话框，系统将自动调整图像的分辨率和品质，如图 2-92 所示。

图2-91

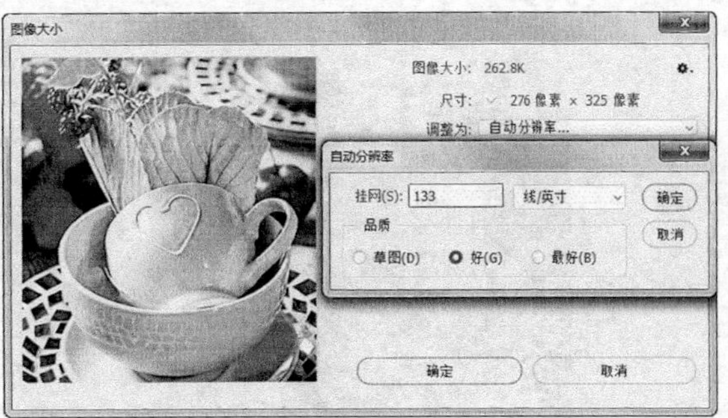

图2-92

2.9.2　画布尺寸的调整

图像画布尺寸的大小是指当前图像周围空间的大小。选择“图像 > 画布大小”命令，弹出“画布大小”对话框，如图 2-93 所示。

当前大小：显示的是当前文件的大小和尺寸。

新建大小：用于重新设定图像画布的大小和尺寸。

定位：用于调整图像在新画布中的位置，可偏左、居中或在右上角等，如图 2-94 所示。

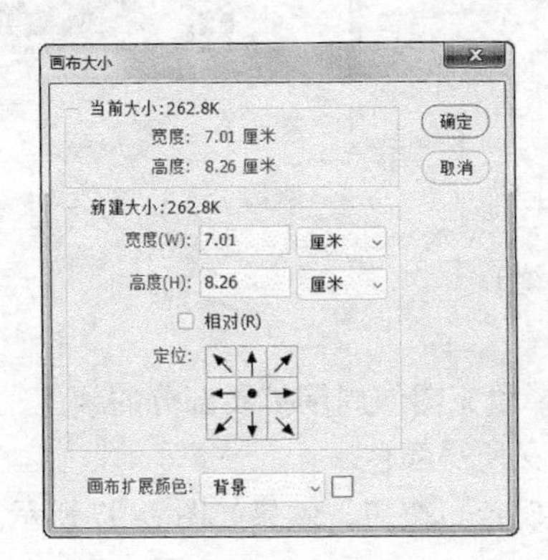

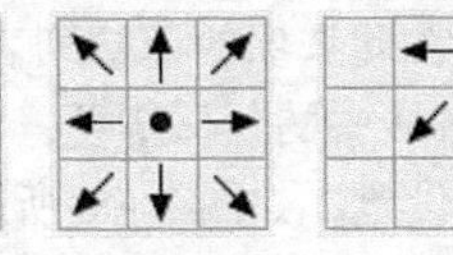

图2-93　　图2-94

设置不同的调整方式，图像调整后的效果如图 2-95 所示。

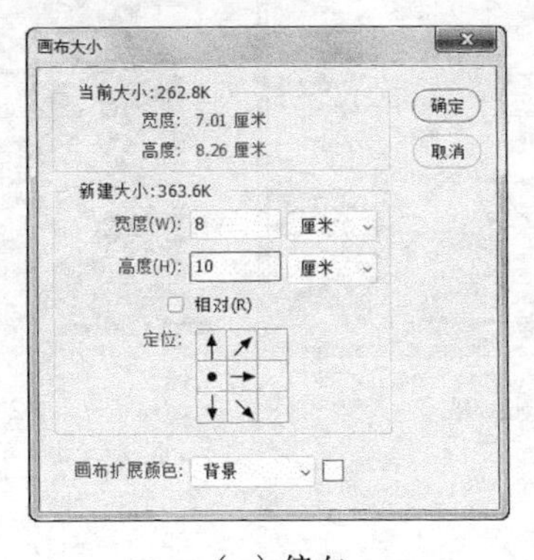

（a）偏左

图2-95

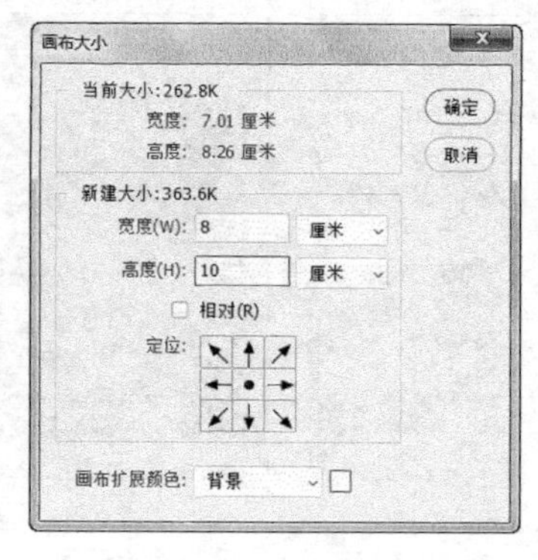

（b）居中

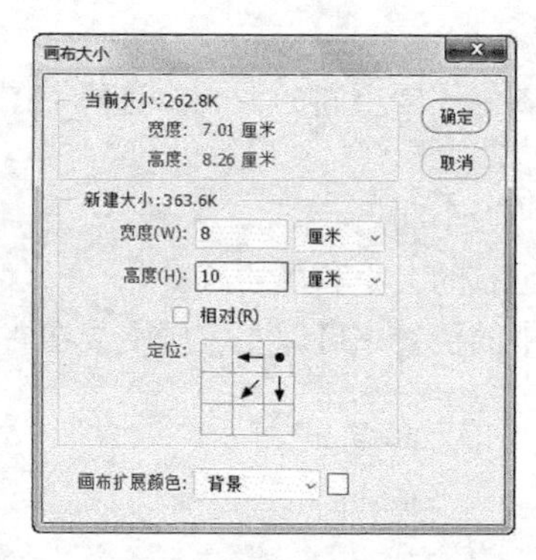

（c）右上角

图2–95（续）

画布扩展颜色：在此选项的下拉列表中可以选择填充图像周围扩展部分的颜色，可以选择前景色、背景色或 Photoshop 中的默认颜色，也可以自定义所需颜色。

在对话框中进行设置，如图 2–96 所示，单击“确定”按钮，效果如图 2–97 所示。

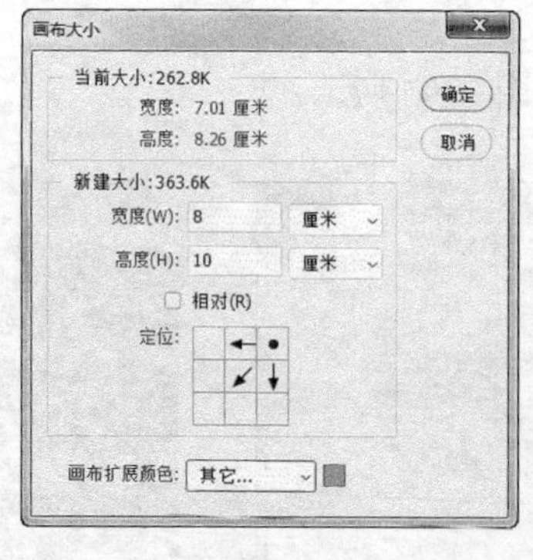

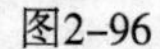
图2–96　　图2–97

2.10 颜色设置

在 Photoshop 中可以使用“拾色器”对话框、“颜色”控制面板和“色板”控制面板设置图像的颜色。

2.10.1 使用“拾色器”对话框设置颜色

单击工具箱中的“设置前景色 / 设置背景色”图标，弹出“拾色器”对话框，如图 2–98 所示，在色带上单击或拖曳两侧的三角形滑块，可以使色相发生变化。

左侧的颜色选择区：用于选择颜色的明度和饱和度，垂直方向表示明度的变化，水平方向表示饱和度的变化。

右上方的颜色框：用于显示所选择的颜色。

右下方的数值框：可以输入 HSB、RGB、Lab、CMYK 或十六进制的颜色值，以得到需要的颜色。

只有 Web 颜色：勾选此复选框，颜色选择区中会出现供网页使用的颜色，如图 2–99 所示。

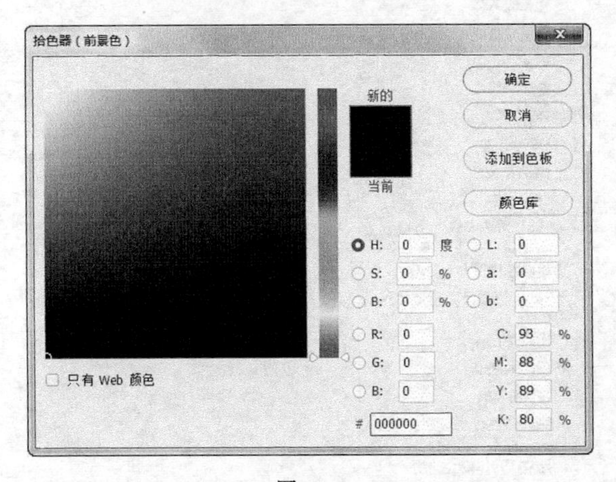

图2–98

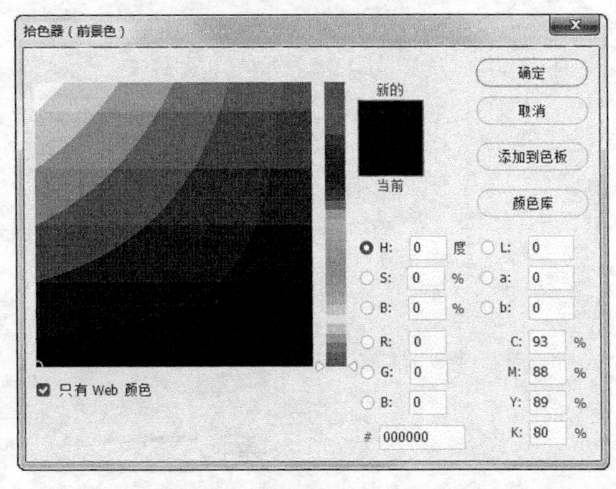

图2–99

在“拾色器”对话框中单击 颜色库 按钮，可以弹出“颜色库”对话框，如图 2–100 所示。在该对话框中，“色库”下拉列表中是一些常用的印刷颜色体系，如图 2–101 所示，其中“TRUMATCH”是为印刷设计提供服务的印刷颜色体系。

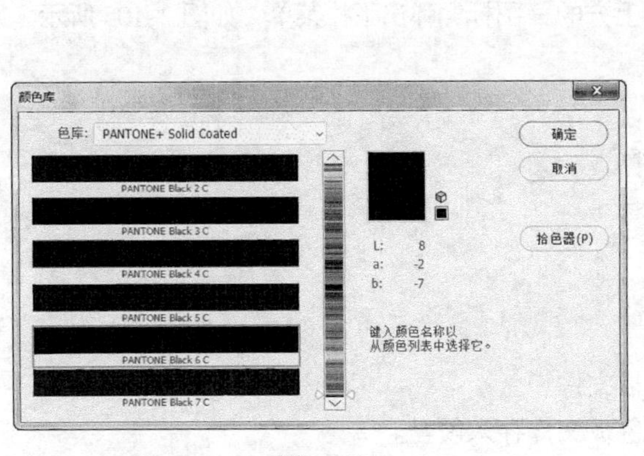

图2–100

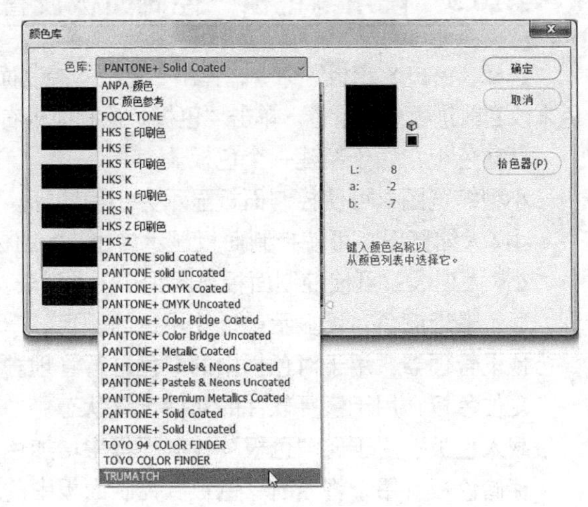

图2–101

在“颜色库”对话框中，单击或拖曳色带两侧的三角形滑块，可以使颜色选择区中颜色的色相发生变化；在颜色选择区中选择带有编码的颜色，对话框右上方的颜色框中会显示出所选择的颜色，颜色框下方是所选择颜色的 Lab 值。

2.10.2 使用“颜色”控制面板设置颜色

选择“窗口 > 颜色”命令，弹出“颜色”控制面板，如图 2–102 所示，在该面板中可以设置前景色和背景色。

单击左侧的“设置前景色 / 设置背景色”图标，先确定所要调整的是前景色还是背景色，再拖曳三角滑块或在色带中选择所需的颜色，也可以直接在颜色数值框中输入数值调整颜色。

单击“颜色”控制面板右上方的≡图标，弹出下拉菜单，如图 2–103 所示，此菜单用于设置“颜色”控制面板中显示的颜色模式。

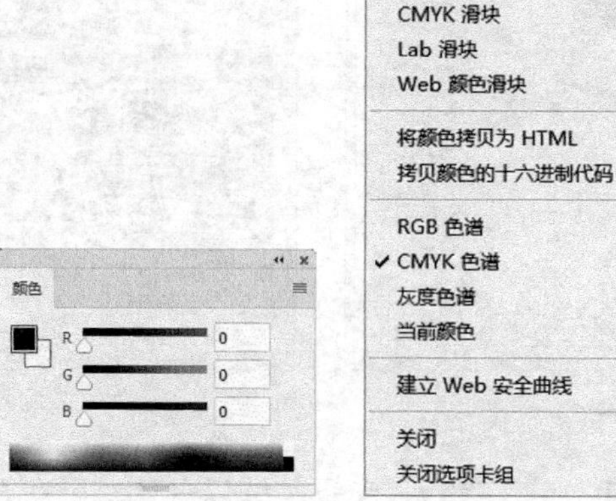

图2–102　　图2–103

2.10.3 使用“色板”控制面板设置颜色

选择“窗口 > 色板”命令，弹出“色板”控制面板，如图 2–104 所示，在该面板中可以选取一种颜色来改变前景色或背景色。单击“色板”控制面板右上方的≡图标，弹出下拉菜单，如图 2–105 所示。

新建色板：用于新建一个色板。

小型缩览图：可使控制面板显示为小型图标。

小 / 大缩览图：可使控制面板显示为小 / 大图标。

小 / 大列表：可使控制面板显示为小 / 大列表。

显示最近颜色：可显示最近使用过的颜色。

预设管理器：用于对色板中的颜色进行管理。

复位色板：用于恢复软件的初始设置状态。

载入色板：用于向“色板”控制面板中增加色板文件。

存储色板：用于将当前“色板”控制面板中的色板文件存入硬盘。

存储色板以供交换：用于将当前“色板”控制面板中的色板文件存入硬盘并供交换使用。

替换色板：用于替换“色板”控制面板中现有的色板文件。

“ANPA 颜色”及其下面的选项都是软件预置的颜色库。

在“色板”控制面板中，将鼠标指针移到空白处，指针变为油漆桶形状，如图 2–106 所示，此时单击可弹出“色板名称”对话框，如图 2-107 所示，单击“确定”按钮，即可将当前的前景色添加到“色板”控制面板中，如图 2-108 所示。

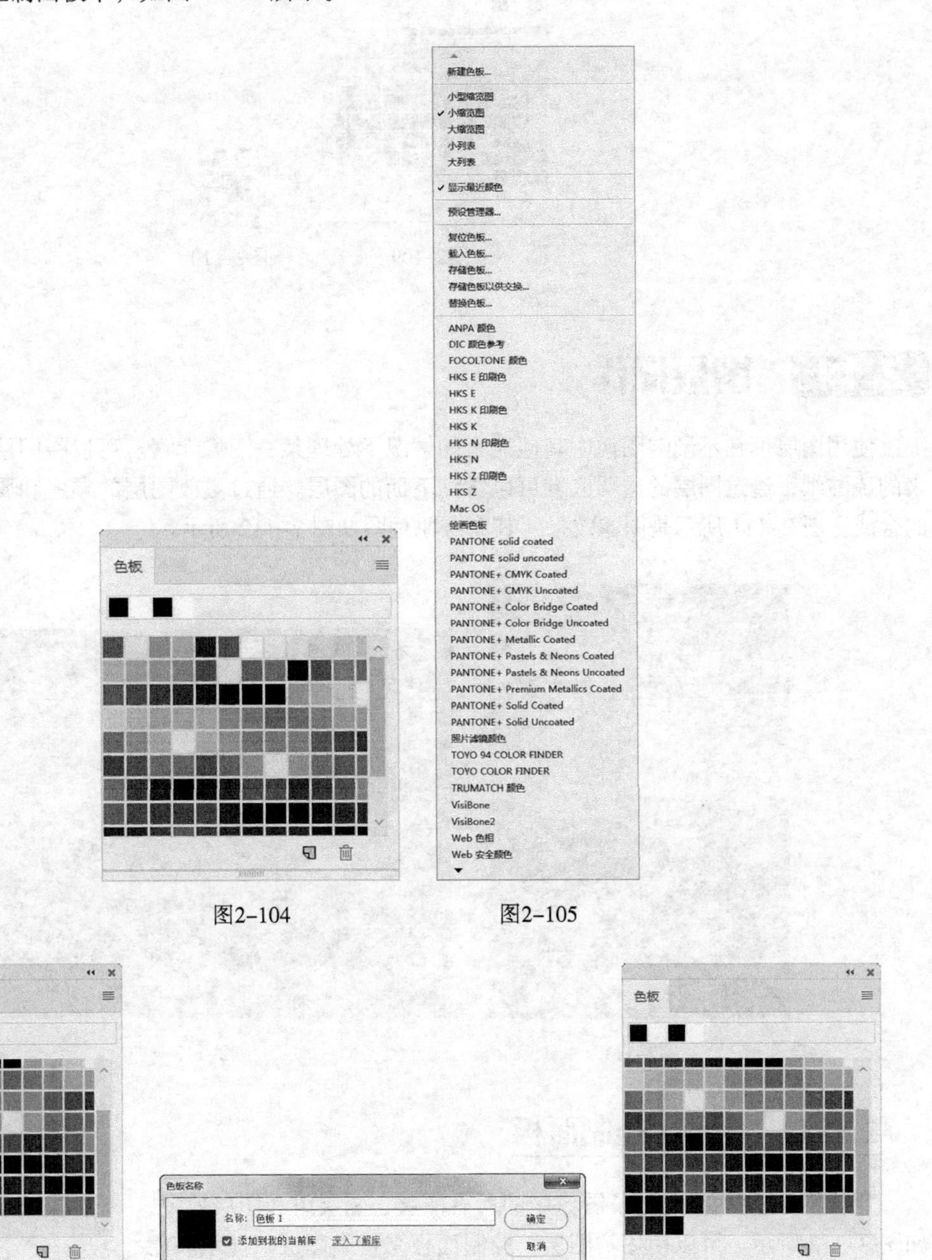

图2-104　图2-105

图2-106　图2-107　图2-108

在“色板”控制面板中，将鼠标指针移到色标上，指针变为吸管形状，如图 2-109 所示，此时单击，可以把吸取的颜色设置为前景色，如图 2-110 所示。

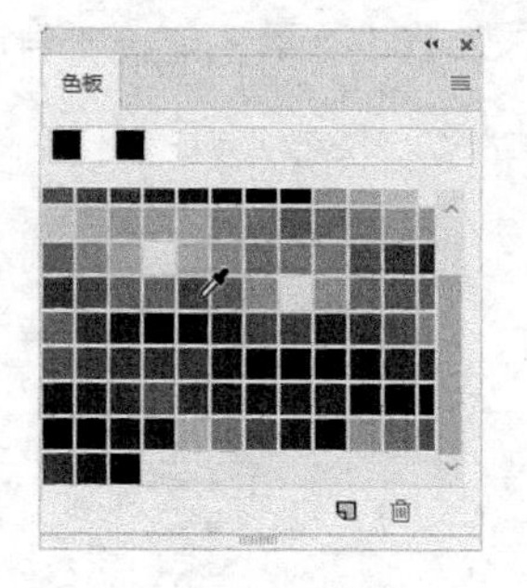

图2-109

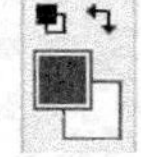

图2-110

2.11 图层操作

使用图层可在不影响图像中其他元素的情况下处理某一图像元素。可以将图层看作一张张叠起来的硫酸纸，透过图层的透明区域可以看到下面的图层。通过更改图层的顺序和属性可以改变图像的合成。图 2–111 所示是图像效果，其图层原理图如图 2–112 所示。

图2–111

图2–112

2.11.1 “图层”控制面板

“图层”控制面板列出了图像中的所有图层、图层组和图层效果，如图 2–113 所示。可以使用“图层”控制面板来搜索图层、显示和隐藏图层、创建新图层及处理图层组。还可以在“图层”控制面板的下拉菜单中设置其他选项。

图2–113

在“类型”框中可以选取图层的搜索方式，共有 9 种。类型：通过单击“像素图层过滤器”按钮、“调整图层过滤器”按钮、“文字图层过滤器”按钮、“形状图层过滤器”按钮和“智能对象过滤器”按钮来搜索需要的图层类型。名称：可以通过在右侧的框中输入图层名称来搜索图层。效果：通过图层应用的图层样式来搜索图层。模式：通过图层设定的混合模式来搜索图层。属性：通过图层的可见性、锁定、链接、混合和蒙版等属性来搜索图层。颜色：通过不同的图层颜色来搜索图层。智能对象：通过图层中不同智能对象的链接方式来搜索图层。选定：通过选定的图层来搜索图层。画板：通过画板来搜索图层。

图层的混合模式 正常 ：用于设定图层的混合模式，共包含27种。

不透明度：用于设定图层的不透明度。

填充：用于设定图层的填充不透明度。

眼睛图标 ：用于显示或隐藏图层中的内容。

锁链图标 ：表示图层与图层之间的链接关系。

图标T：表示此图层为可编辑的文字层。

图标fx：表示为图层添加了样式。

“图层”控制面板的上方有5个工具按钮，如图2-114所示。

锁定：

图2-114

“锁定透明像素”按钮 ：用于锁定当前图层中的透明区域，使透明区域不能被编辑。

“锁定图像像素”按钮 ：使当前图层和透明区域不能被编辑。

“锁定位置”按钮 ：使当前图层不能被移动。

“防止在画板和画框内外自动嵌套”按钮 ：锁定画板在画布上的位置，防止在画板内部或外部自动嵌套。

“锁定全部”按钮 ：使当前图层或序列完全被锁定。

“图层”控制面板的下方有7个工具按钮，如图2-115所示。

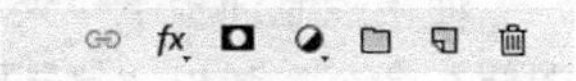

图2-115

“链接图层”按钮 ：使所选图层和当前图层成为一组，当对一个链接图层进行操作时，将影响一组链接图层。

“添加图层样式”按钮 ：用于为当前图层添加图层样式效果。

“添加图层蒙版”按钮 ：用于在当前图层上创建一个蒙版。在图层蒙版中，黑色代表隐藏图像，白色代表显示图像。可以使用画笔等绘图工具对蒙版进行绘制，还可以将蒙版转换成选择区域。

“创建新的填充或调整图层”按钮 ：可对图层进行颜色填充和效果调整。

“创建新组”按钮 ：用于新建一个文件夹，可在其中放入图层。

“创建新图层”按钮 ：用于在当前图层的上方创建一个新图层。

“删除图层”按钮 ：可以将不需要的图层拖曳到此处进行删除。

2.11.2 面板菜单

单击“图层”控制面板右上方的≡按钮，弹出下拉菜单，如图2-116所示。

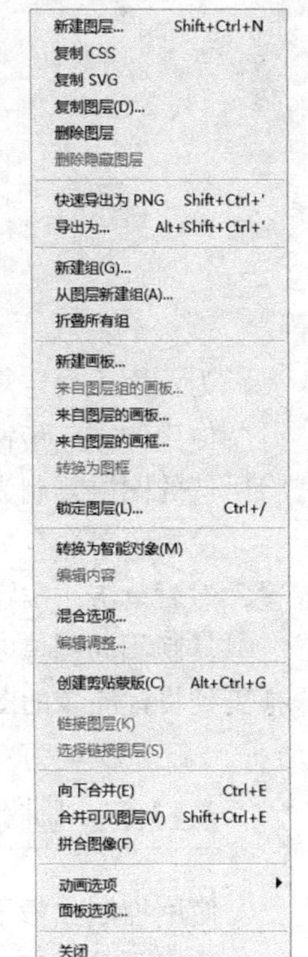

图2-116

2.11.3 新建图层

使用控制面板下拉菜单：单击“图层”控制面板右上方的≡按钮，弹出下拉菜单，选择“新建图层”命令，弹出“新建图层”对话框，如图2-117所示。在对话框中进行设置后，单击“确定”按钮，可以新建一个图层。

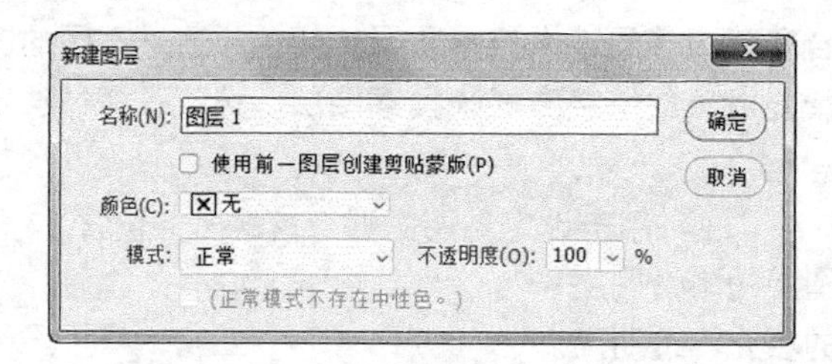

图2-117

名称：用于设定新图层的名称。颜色：用于设定新图层的颜色。模式：用于设定当前图层的合成模式。不透明度：用于设定当前图层的不透明度。

使用控制面板按钮：单击“图层”控制面板下方的“创建新图层”按钮，可以创建一个新图层。按住 Alt 键的同时，单击“创建新图层”按钮，将弹出“新建图层”对话框，可以对新建图层进行设置。

使用“图层”菜单命令或快捷键：选择“图层 > 新建 > 图层”命令，或按 Shift+Ctrl+N 组合键，弹出“新建图层”对话框，在对话框中进行设置后，单击“确定”按钮，可以创建一个新图层。

2.11.4 复制图层

使用控制面板下拉菜单：单击“图层”控制面板右上方的≡按钮，弹出下拉菜单，选择“复制图层”命令，弹出“复制图层”对话框，如图 2-118 所示。

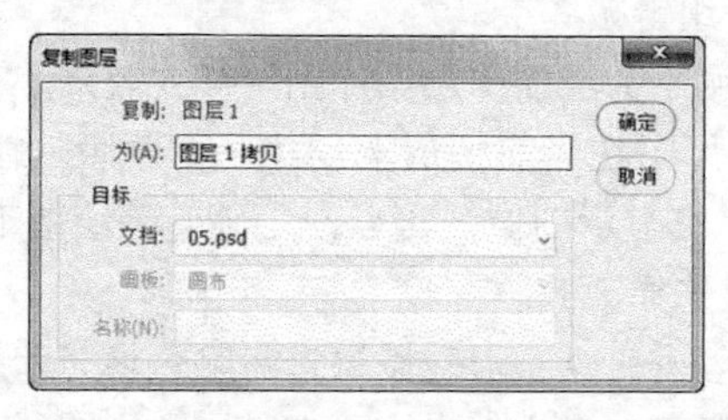

图2-118

为：用于设定复制图层的名称。文档：用于设定复制图层的文件来源。

使用控制面板按钮：将需要复制的图层拖曳到控制面板下方的“创建新图层”按钮上，可以将所选的图层复制为一个新图层。

使用菜单命令：选择“图层 > 复制图层”命令，弹出“复制图层”对话框，在对话框中进行设置，然后单击“确定”按钮，可以复制图层。

复制不同图像之间的图层：打开目标图像和需要复制的图像，将需要复制的图像中的图层直接拖曳到目标图像的图层中，也可以复制图层。

2.11.5 删除图层

使用控制面板下拉菜单：单击“图层”控制面板右上方的≡按钮，弹出下拉菜单，选择“删除图层”命令，弹出提示对话框，如图 2-119 所示，单击“是”按钮，可以删除图层。

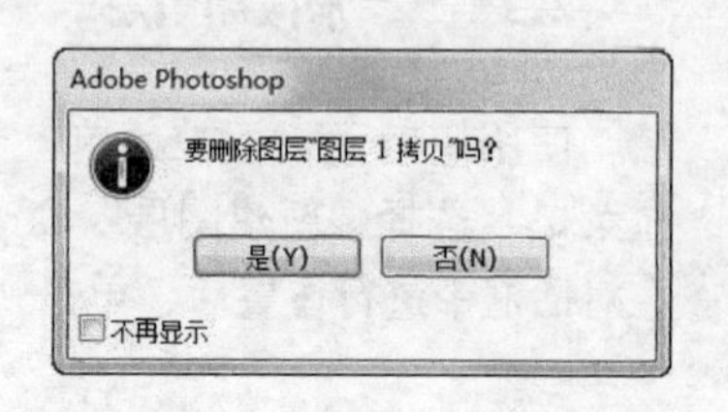

图2-119

使用控制面板按钮：选中要删除的图层，单击“图层”控制面板下方的“删除图层”按钮，即可删除图层。也可以将需要删除的图层直接拖曳到“删除图层”按钮上进行删除。

使用菜单命令：选择“图层 > 删除 > 图层”命令，即可删除图层。

2.11.6 显示和隐藏图层

单击“图层”控制面板中任意图层左侧的眼睛图标，可以隐藏或显示这个图层。

按住 Alt 键的同时，单击“图层”控制面板中任意图层左侧的眼睛图标，图层控制面板中将只显示这个图层，其他图层被隐藏。

2.11.7 选择、链接和排列图层

选择图层：单击“图层”控制面板中的任意一个图层，可以选择这个图层。

选择移动工具，用鼠标右键单击窗口中的图像，弹出一个图层选项菜单，可以在菜单中选择所需要的图层。

链接图层：当要同时对多个图层中的图像进行操作时，可以将多个图层进行链接，方便操作。选中要链接的图层，如图 2-120 所示，单击“图层”控制面板下方的“链接图层”按钮，选中的图层被链接，如图 2-121 所示。再次单击“链接图层”按钮，可取消链接。

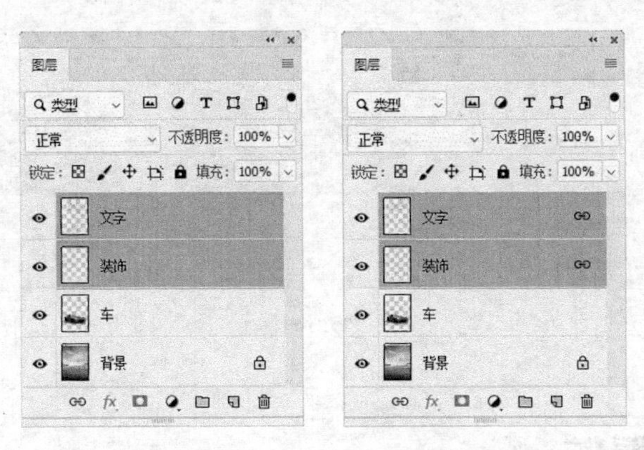

图2-120　　图2-121

排列图层：选择“图层”控制面板中的任意图层，拖曳鼠标可将其调整到其他图层的上方或下方。

选择“图层 > 排列”命令，弹出“排列”命令的子菜单，可以从中选择需要的排列方式。

提示

按Ctrl+ [组合键，可以将当前图层向下移动一层；按Ctrl+] 组合键，可以将当前图层向上移动一层；按Shift+Ctrl+ [组合键，可以将当前图层移动到除了背景图层以外的所有图层的下方；按Shift +Ctrl+] 组合键，可以将当前图层移动到所有图层的上方。背景图层不能随意移动，可以将其转换为普通图层后再移动。

2.11.8 合并图层

“向下合并”命令用于向下合并图层。单击“图层”控制面板右上方的≡按钮，在弹出的菜单中选择“向下合并”命令，或按 Ctrl+E 组合键，即可完成操作。

“合并可见图层”命令用于合并所有可见图层。单击“图层”控制面板右上方的≡按钮，在弹出的菜单中选择“合并可见图层”命令，或按 Shift+Ctrl+E 组合键，即可完成操作。

“拼合图像”命令用于合并所有的图层。单击“图层”控制面板右上方的≡按钮，在弹出的菜单中选择“拼合图像”命令，即可完成操作。

2.11.9 图层组

当编辑多层图像时，为了方便操作，可以将多个图层建立在一个图层组中。单击“图层”控制面板右上方的≡按钮，在弹出的菜单中选择“新建组”命令，弹出“新建组”对话框，单击“确定”按钮，新建一个图层组，如图 2-122 所示。选中要放置到组中的多个图层，如图 2-123 所示，将其拖曳到图层组中，如图 2-124 所示。

提示

单击“图层”控制面板下方的“创建新组”按钮 ，或选择“图层 > 新建 > 组”命令，可以新建图层组。还可以选中要放置在图层组中的所有图层，按Ctrl+G组合键，自动生成新的图层组。

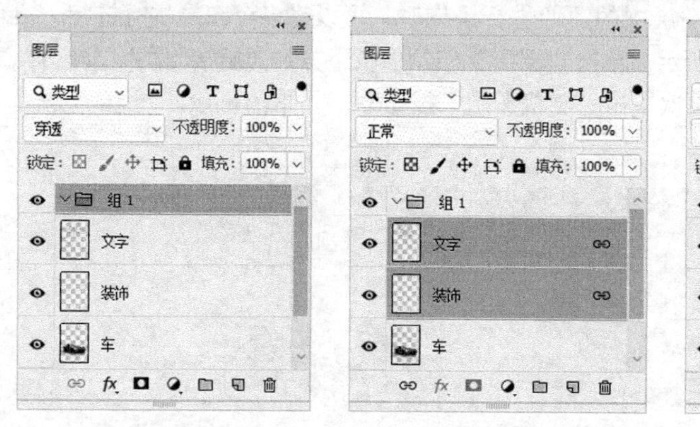

图2-122 图2-123

图2-124

2.12 恢复操作

在绘制和编辑图像的过程中，有时会操作错误或对制作的一系列效果不满意。当希望恢复到前一步或原来的图像效果时，可以使用恢复操作命令。

2.12.1 恢复到上一步的操作

在编辑图像的过程中可以随时将操作返回到上一步，也可以将图像还原到恢复前的效果。选择“编辑 > 还原”命令，或按 Ctrl+Z 组合键，可以恢复到图像的上一步操作。如果想把图像还原到恢复前的效果，再按 Ctrl+Z 组合键即可。

2.12.2 中断操作

在 Photoshop 中处理图像时，如果想中断正在进行的操作，可以按 Esc 键。

2.12.3 恢复到操作过程的任意步骤

“历史记录”控制面板可以将进行过多次处理操作的图像恢复到任一步操作时的状态，即所谓的“多次恢复功能”。选择“窗口 > 历史记录”命令，弹出“历史记录”控制面板，如图 2-125 所示。

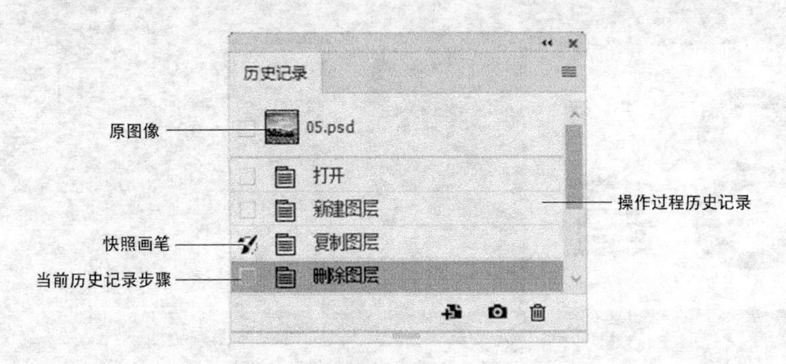

图2-125

控制面板下方的按钮从左至右依次为“从当前状态创建新文档”按钮 、“创建新快照”按钮 和“删除当前状态”按钮 。

单击控制面板右上方的 按钮，弹出下拉菜单，如图 2-126 所示。

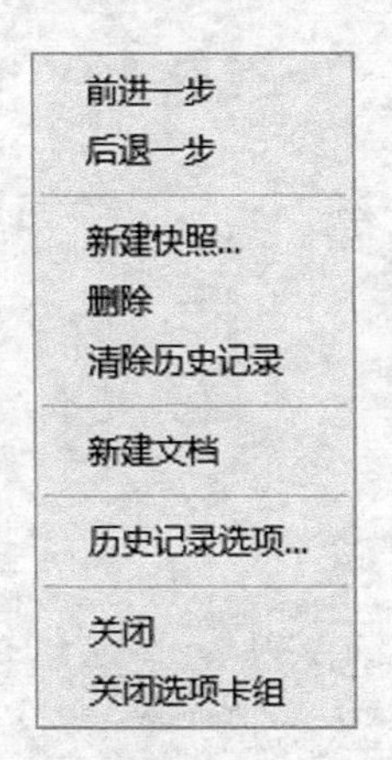

图2-126

前进一步：用于将操作记录向下移动一步。

后退一步：用于将操作记录向上移动一步。

新建快照：根据当前的操作记录建立新的快照。

删除：用于删除控制面板中的操作记录。

清除历史记录：用于清除控制面板中除最后一条记录外的所有记录。

新建文档：用于由当前状态或者快照建立新的文件。

历史记录选项：用于设置“历史记录”控制面板。

关闭和关闭选项卡组：分别用于关闭“历史记录”控制面板和“历史记录”控制面板所在的选项卡组。

第3章 图标设计

本章介绍

图标设计是 UI 设计中的一个重要组成部分，图标可以帮助用户更好地理解产品的功能，是营造产品用户体验的关键一环。本章以时钟图标设计为例，讲解图标的设计方法与制作技巧。

学习目标

- 了解图标的设计方法。
- 掌握图标的制作技巧。

3.1 制作时钟图标

【案例知识要点】使用椭圆工具、“减去顶层形状”命令和图层样式绘制表盘，使用圆角矩形工具、矩形工具和“创建剪贴蒙版”命令绘制指针与刻度，使用钢笔工具、图层蒙版和渐变工具制作投影，最终效果如图 3-1 所示。

【效果所在位置】Ch03\ 效果 \ 制作时钟图标.psd。

图3-1

（1）按 Ctrl+N 组合键，弹出“新建文档”对话框，设置宽度为 1024 像素，高度为 1024 像素，分辨率为 72 像素 / 英寸，颜色模式为 RGB，背景内容为蓝色（55、191、207），单击“创建”按钮，新建一个文件。

（2）选择椭圆工具 ○，在属性栏的“选择工具模式”选项中选择“形状”，将“填充”颜色设为白色，“描边”颜色设为“无”。按住 Shift 键的同时，在图像窗口中绘制一个圆形，效果如图 3-2 所示，在“图层”控制面板中生成新的形状图层“椭圆 1”。

（3）按 Ctrl+J 组合键，复制图层，在“图层”控制面板中生成新的图层“椭圆 1 拷贝”，如图 3-3 所示。在属性栏中将其“填充”颜色设为橘红色（237、62、58），效果如图 3-4 所示。

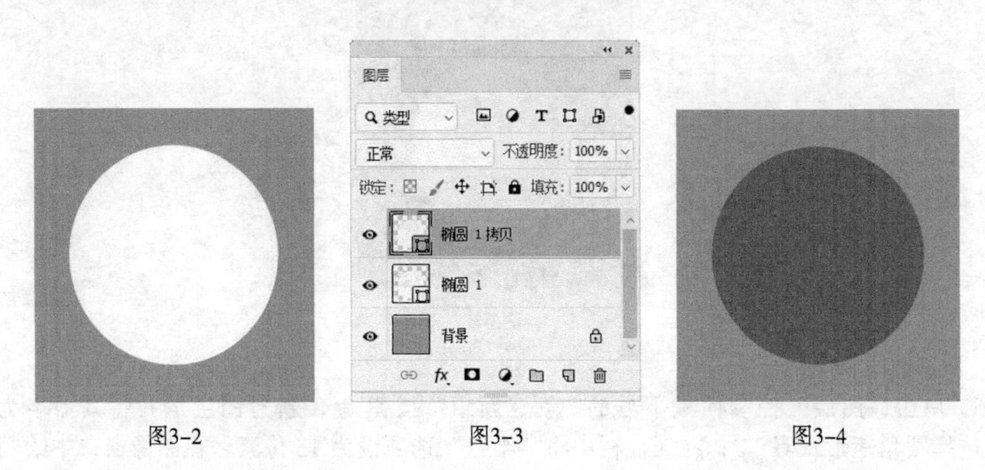

图3-2 图3-3 图3-4

（4）在属性栏中单击“路径操作”按钮 □，在弹出的菜单中选择“减去顶层形状”命令，如图 3-5 所示。按住 Alt+Shift 组合键的同时，在图像窗口中以大圆中心为圆心绘制小圆，路径相减效果如图 3-6 所示。

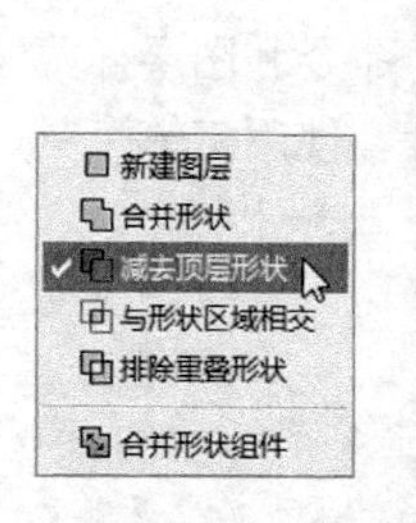

图3-5

图3-6

（5）单击“图层”控制面板下方的“添加图层样式”按钮 fx，在弹出的菜单中选择“斜面和浮雕”命令，在弹出的对话框中进行设置，如图 3-7 所示。选择“投影”选项，切换到相应的对话框，设置如图 3-8 所示，单击“确定”按钮，效果如图 3-9 所示。

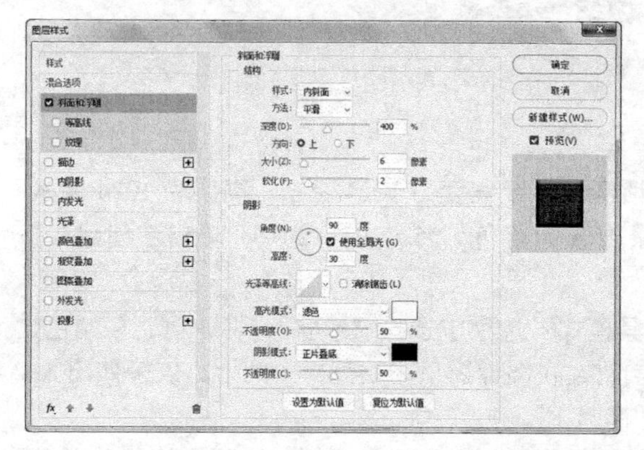

图3-7

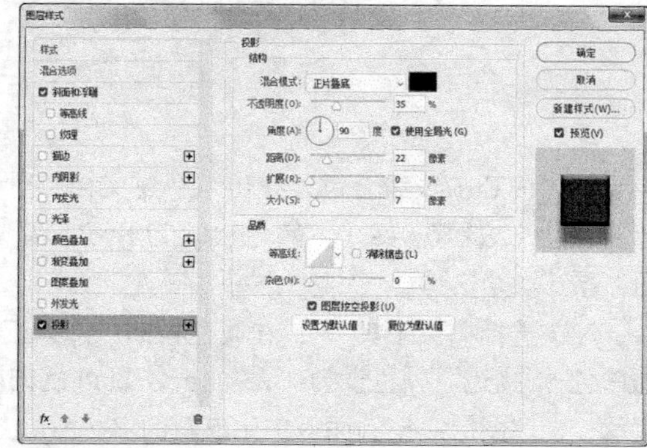

图3-8

图3-9

（6）单击“图层”控制面板下方的“创建新组”按钮 ，新建图层组并将其命名为“指针”。选择圆角矩形工具 ，在属性栏中将“半径”选项设为 15 像素，在图像窗口中绘制一个圆角矩形。在属性栏中将“填充”颜色设为蓝色（55、191、207），“描边”颜色设为“无”，效果如图 3-10 所示，在“图层”控制面板中生成新的形状图层并将其命名为“分针”，如图 3-11 所示。

图3-10

图3-11

（7）单击“图层”控制面板下方的“添加图层样式”按钮 fx，在弹出的菜单中选择“投影”命令，在弹出的对话框中进行设置，如图 3-12 所示，单击“确定”按钮，效果如图 3-13 所示。

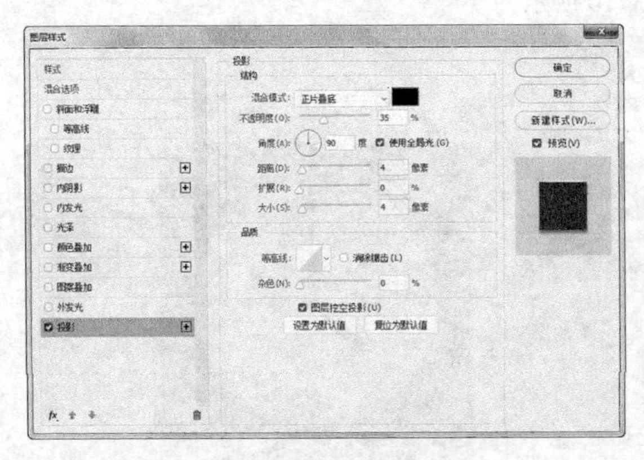

图3-12

图3-13

（8）选择矩形工具 □，在属性栏中单击“路径操作”按钮 ⧉，在弹出的菜单中选择“新建图层”命令，如图 3-14 所示。在图像窗口中绘制一个矩形。在属性栏中将“填充”颜色设为深蓝色（15、142、157），“描边”颜色设为“无”，效果如图 3-15 所示，在“图层”控制面板中生成新的形状图层“矩形 1”。

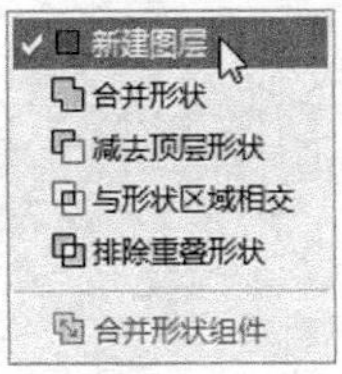

图3-14

图3-15

（9）按 Alt+Ctrl+G 组合键，为“矩形 1”图层创建剪贴蒙版，如图 3-16 所示，效果如图 3-17 所示。

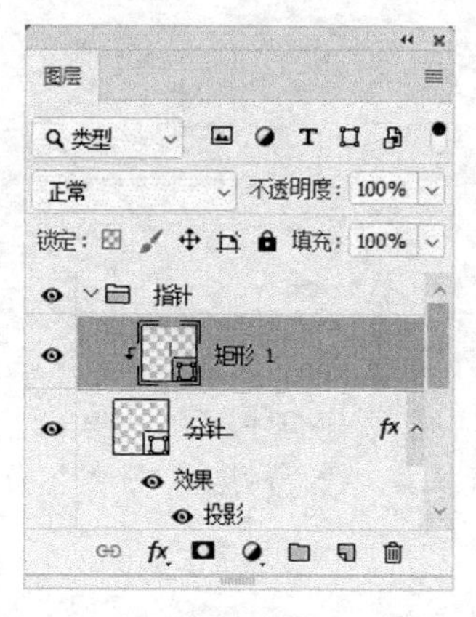

图3-16

图3-17

（10）用相同的方法绘制时针、秒针和刻度，在“图层”控制面板中分别生成新的形状图层并进行编组，如图 3-18 所示，效果如图 3-19 所示。

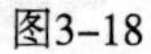

图3-18

图3-19

（11）选择椭圆工具 ，按住 Shift 键的同时，在图像窗口中绘制一个圆形。在属性栏中将“填充”颜色设为粉红色（255、145、144），“描边”颜色设为“无”，效果如图 3-20 所示，在“图层”控制面板中生成新的形状图层“椭圆 2”。

（12）单击“图层”控制面板下方的“添加图层样式”按钮 fx，在弹出的菜单中选择“斜面和浮雕”命令，在弹出的对话框中进行设置，如图 3-21 所示。选择“投影”选项，切换到相应的对话框，设置如图 3-22 所示，单击“确定”按钮，效果如图 3-23 所示。

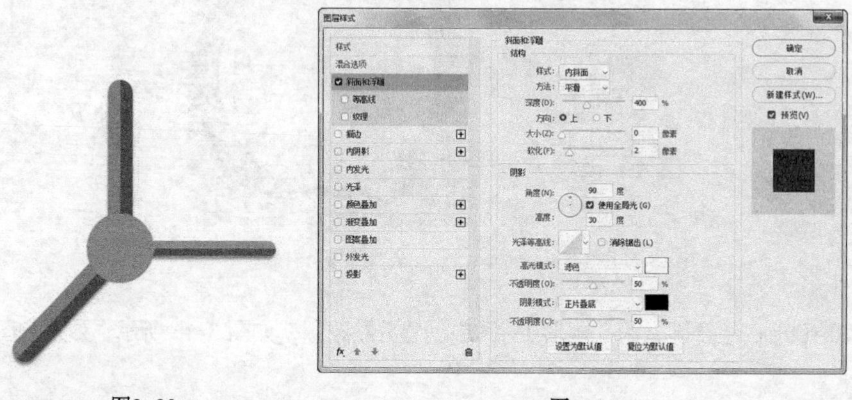

图3-20　　图3-21

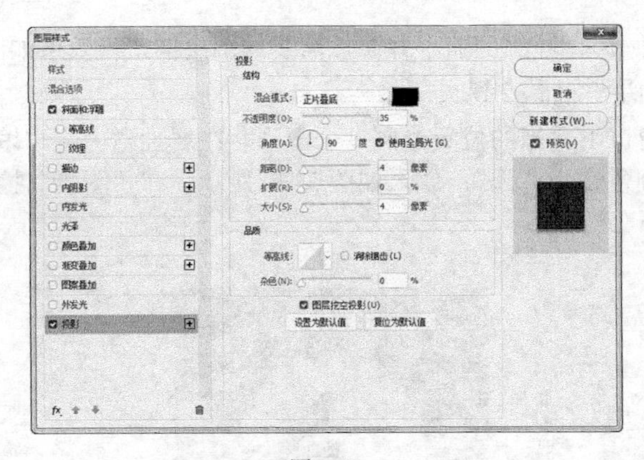

图3-22

图3-23

（13）按 Ctrl+J 组合键，复制“椭圆 2”图层，在“图层”控制面板中生成新的图层“椭圆 2 拷贝”，如图 3-24 所示。按 Ctrl+T 组合键，圆形周围出现变换框，按住 Alt+Shift 组合键的同时，向内拖曳右上角的控制手柄，等比例缩小圆形，按 Enter 键确认操作，效果如图 3-25 所示。

（14）在“图层”控制面板中，删除“椭圆 2 拷贝”图层的图层样式。在属性栏中将“填充”颜色设为橘红色（237、62、58），效果如图 3-26 所示。

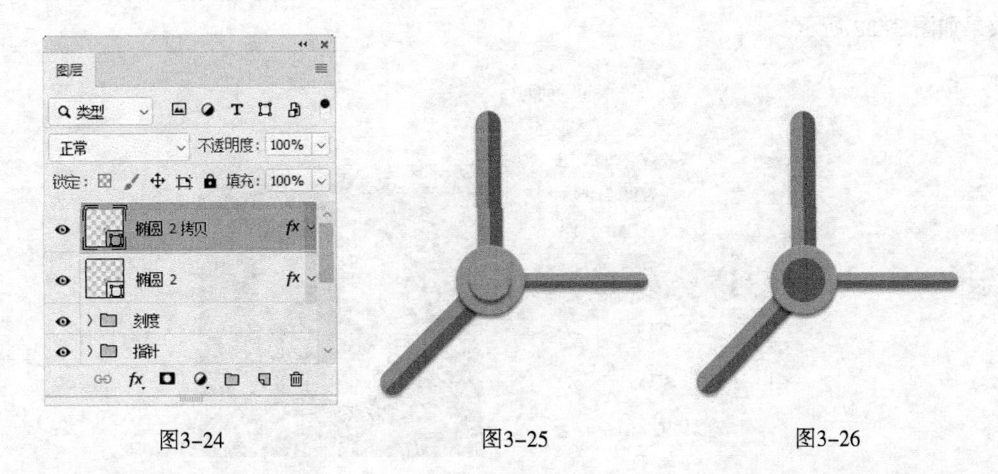

图3-24　　图3-25　　图3-26

（15）单击“图层”控制面板下方的“添加图层样式”按钮 fx，在弹出的菜单中选择“内阴影”命令，在弹出的对话框中进行设置，如图 3-27 所示，单击“确定”按钮，效果如图 3-28 所示。

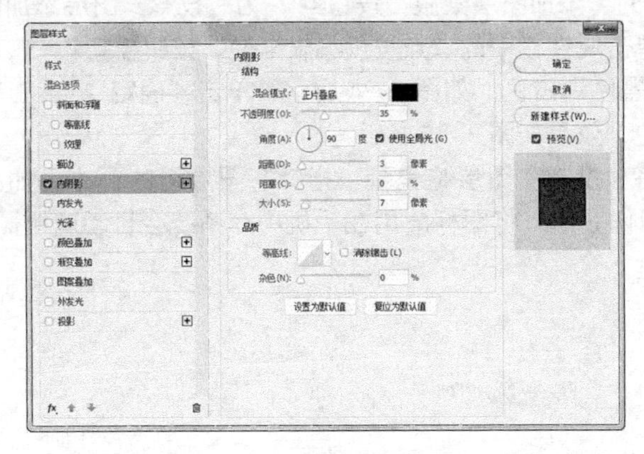

图3-27

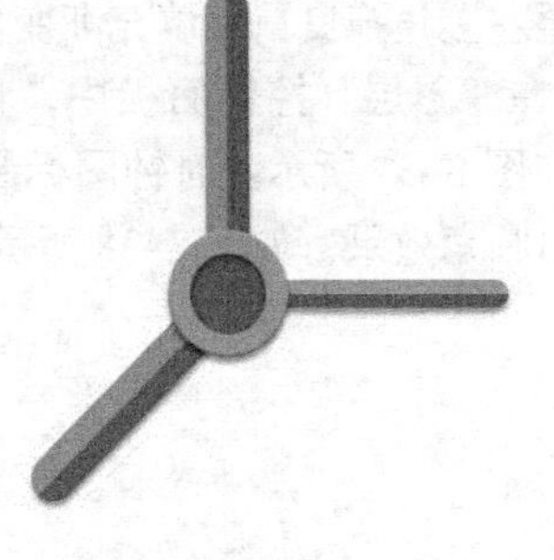

图3-28

（16）使用上述方法再次复制一个圆形，等比例缩小并添加需要的图层样式，效果如图 3-29 所示，在“图层”控制面板中生成新的图层“椭圆 2 拷贝 2”。

（17）选择钢笔工具 ，在图像窗口中适当的位置绘制一个图形。在属性栏中将“填充”颜色设为淡黑色（29、29、29），“描边”颜色设为“无”，效果如图 3-30 所示，在“图层”控制面板中生成新的形状图层并将其命名为“投影”。

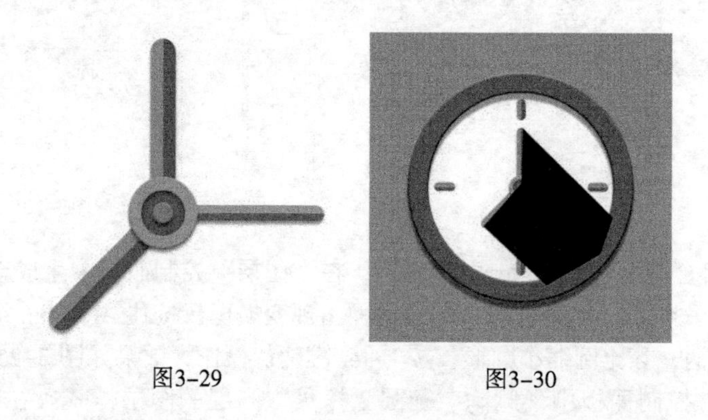

图3-29　　　　图3-30

（18）在“图层”控制面板中，将“投影”图层的“不透明度”选项设为60%，如图 3-31 所示，效果如图 3-32 所示。

图3-31　　　　图3-32

（19）单击“图层”控制面板下方的“添加图层蒙版”按钮 ，为“投影”图层添加图层蒙版，如图 3-33 所示。选择渐变工具 ，单击属性栏中的“点按可编辑渐变”按钮 ，弹出“渐变编辑器”对话框，将渐变色设为从黑色到白色，如图 3-34 所示，单击“确定”按钮。在图形上从右下角至左上角拖曳鼠标填充渐变色，效果如图 3-35 所示。

（20）在“图层”控制面板中，将“投影”图层拖曳到“指针”图层组的下方，如图 3-36 所示，效果如图 3-37 所示。时钟图标制作完成。将图标应用在手机中，系统会自动应用圆角遮罩图标，呈现出圆角效果，如图 3-38 所示。

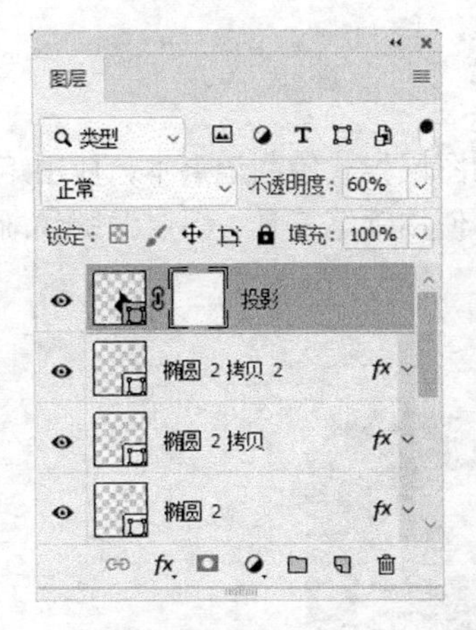

图3-33

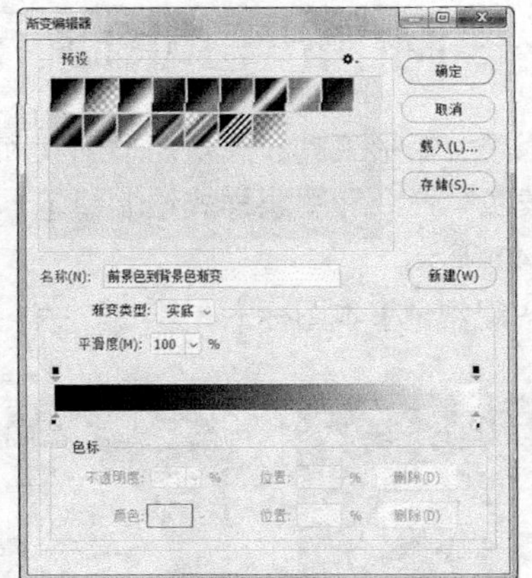

图3-34

图3-35

图3-36

图3-37

图3-38

3.2 课堂练习——制作画板图标

【练习知识要点】使用椭圆工具和图层样式绘制颜料盘，使用钢笔工具、矩形工具、“创建剪贴蒙版”命令和图层样式绘制画笔，使用钢笔工具、图层蒙版和渐变工具制作投影，最终效果如图 3-39 所示。

【效果所在位置】Ch03\ 效果 \ 制作画板图标.psd。

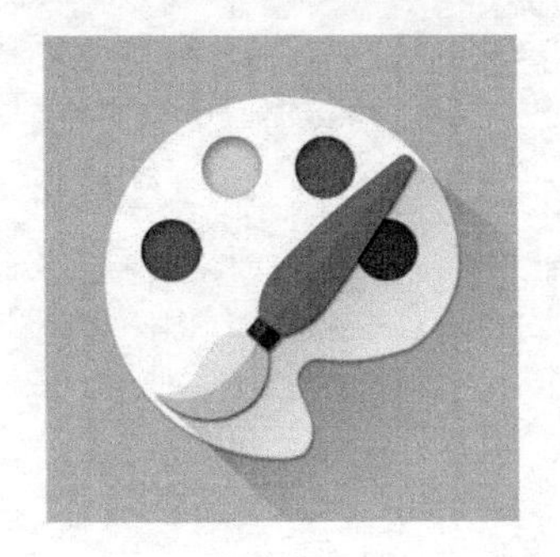

图3-39

3.3 课后习题——制作记事本图标

【习题知识要点】使用椭圆工具、矩形工具、圆角矩形工具和图层样式绘制记事本，使用矩形工具、多边形工具、“创建剪贴蒙版”命令和图层样式绘制铅笔，使用钢笔工具、图层蒙版和渐变工具制作投影，最终效果如图 3-40 所示。

【效果所在位置】Ch03\ 效果 \ 制作记事本图标.psd。

图3-40

第4章 字体设计

本章介绍

字体设计作为艺术设计的重要组成部分和视觉信息传达的重要手段之一，已经被广泛应用到多种视觉媒介设计领域中。字体设计是对基础文字进行结构、笔画变化和装饰的设计。通过字体设计产生的新字体，要能表达文字的核心内容，将艺术想象力和艺术设计手法充分结合。本章以立体字设计为例，讲解文字的设计方法和制作技巧。

学习目标

- 了解字体的设计方法。
- 掌握字体的制作技巧。

4.1 制作立体字

【案例知识要点】使用横排文字工具和“创建文字变形”命令制作文字变形效果，使用椭圆工具绘制图形，使用图层样式为文字添加特殊效果，最终效果如图 4–1 所示。

【效果所在位置】Ch04\ 效果 \ 制作立体字.psd。

图4–1

（1）按 Ctrl+O 组合键，打开本书学习资源中的“Ch04\ 素材 \ 制作立体字 \01”文件，如图 4–2 所示。

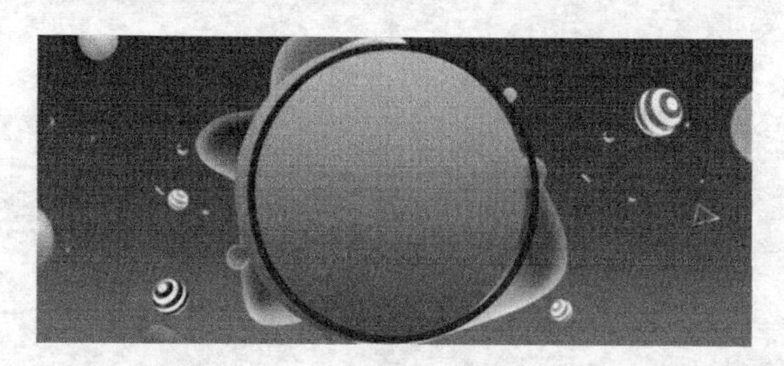

图4–2

（2）将前景色设为黄色（255、229、2）。选择横排文字工具 T，输入需要的文字并选取文字，在属性栏中选择合适的字体并设置文字大小，单击“居中对齐文本”按钮，效果如图 4–3 所示，在“图层”控制面板中生成新的文字图层。

（3）选取文字，按 Alt+ ←组合键，调整文字间距，再按 Alt+ ↑组合键，调整行距。分别选取文字“爱”“宝”“课”“堂”，在属性栏中设置文字大小，效果如图 4–4 所示。

图4–3

图4–4

（4）单击属性栏中的“创建文字变形”按钮，在弹出的对话框中进行设置，如图 4–5 所示，单击“确定”按钮，效果如图 4–6 所示。

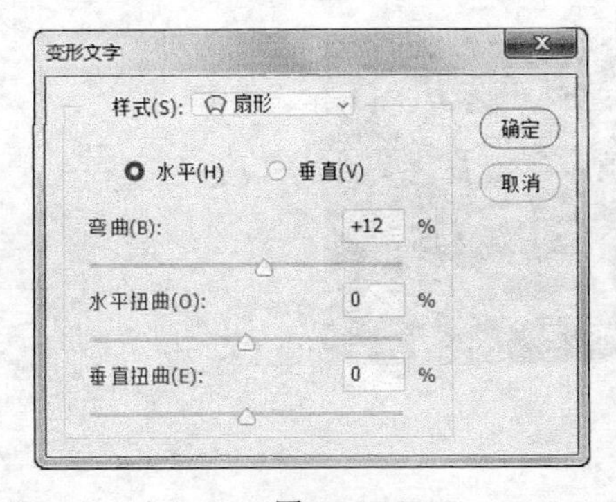

图4-5

图4-6

（5）单击“图层”控制面板下方的“添加图层样式”按钮 fx，在弹出的菜单中选择“斜面和浮雕”命令，在弹出的对话框中进行设置，如图 4–7 所示。选择“描边”选项，切换到相应的对话框，将描边颜色设为紫色（125、0、172），其他选项的设置如图 4–8 所示，单击“确定”按钮，效果如图 4–9 所示。

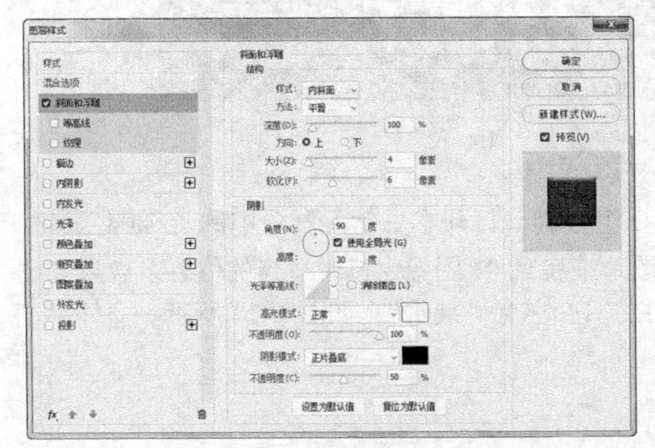

图4–7

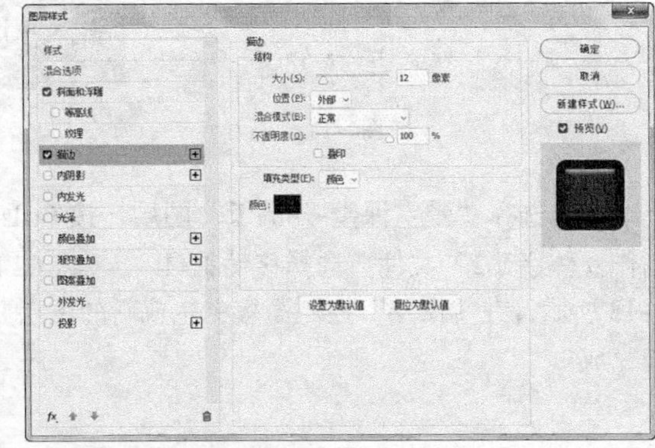

图4–8

图4–9

（6）选择椭圆工具 ○，在属性栏的“选择工具模式”选项中选择“形状”，将“填充”颜色设为紫色（125、0、172），“描边”颜色设为“无”。在图像窗口中绘制一个椭圆形，效果如图 4–10 所示，在“图层”控制面板中生成新的形状图层“椭圆 1”。

（7）在“图层”控制面板中，将“椭圆 1”图层拖曳到“爱宝课堂 开课了”图层的下方，如图 4–11 所示，效果如图 4–12 所示。

图4-10

图4-11

图4-12

（8）选择“爱宝课堂 开课了”图层。按 Ctrl+O 组合键，打开本书学习资源中的“Ch04\ 素材 \ 制作立体字 \02”文件。选择移动工具 ，将 02 图片拖曳到 01 图像窗口中适当的位置，效果如图 4-13 所示，在“图层”控制面板中生成新的图层并将其命名为“装饰”，如图 4-14 所示。立体字制作完成。

图4-13

图4-14

4.2 课堂练习——制作水晶字

【练习知识要点】使用横排文字工具和“变换”命令制作文字，使用矩形工具、椭圆工具、矩形选框工具和“定义图案”命令绘制与定义图案，使用图层样式为文字添加特殊效果，最终效果如图 4-15 所示。

【效果所在位置】Ch04\ 效果 \ 制作水晶字.psd。

图4-15

4.3 课后习题——制作霓虹字

【习题知识要点】使用横排文字工具和“创建文字变形”命令制作文字变形效果，使用图层样式为文字添加特殊效果，最终效果如图 4-16 所示。

【效果所在位置】Ch04\效果\制作霓虹字.psd。

图4-16

第5章 标志设计

本章介绍

标志是一种传达事物特征的特定视觉符号，它可以体现企业的形象和文化。在企业视觉战略推广中，标志起着举足轻重的作用。本章以恩嘉蓓教育标志设计为例，讲解标志的设计方法和制作技巧。

学习目标

- 了解标志的设计方法。
- 掌握标志的制作技巧。

5.1 制作恩嘉蓓教育标志

【案例知识要点】使用横排文字工具输入文字，使用图层样式为图像和文字添加特殊效果，最终效果如图 5–1 所示。

【效果所在位置】Ch05\ 效果 \ 制作恩嘉蓓教育标志.psd。

图5–1

（1）按 Ctrl+N 组合键，弹出“新建文档”对话框，设置宽度为 1000 像素，高度为 1000 像素，分辨率为 150 像素 / 英寸，颜色模式为 RGB，背景内容为白色，单击“创建”按钮，新建一个文件。

（2）选择“文件 > 置入嵌入对象”命令，弹出“置入嵌入的对象”对话框，选择本书学习资源中的“Ch05\ 素材 \ 制作恩嘉蓓教育标志 \01”文件。单击“置入”按钮，将图片置入图像窗口中并拖曳到适当的位置，按 Enter 键确认操作，效果如图 5–2 所示，在“图层”控制面板中生成新的图层并将其命名为“标志 1”，如图 5–3 所示。

图5–2

图5–3

（3）单击“图层”控制面板下方的“添加图层样式”按钮 fx，在弹出的菜单中选择“斜面和浮雕”命令，在弹出的对话框中进行设置，如图 5–4 所示。选择“内阴影”选项，切换到相应的对话框，将阴影颜色设为黑色，其他选项的设置如图 5–5 所示。

（4）选择“内发光”选项，切换到相应的对话框，将发光颜色设为红色（210、14、36），其他选项的设置如图 5–6 所示。选择“光泽”选项，切换到相应的对话框，将光泽颜色设为暗红色（212、105、105），其他选项的设置如图 5–7 所示。

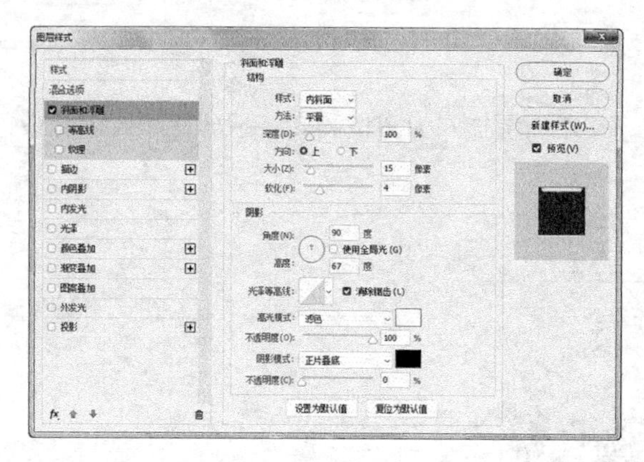

图5-4

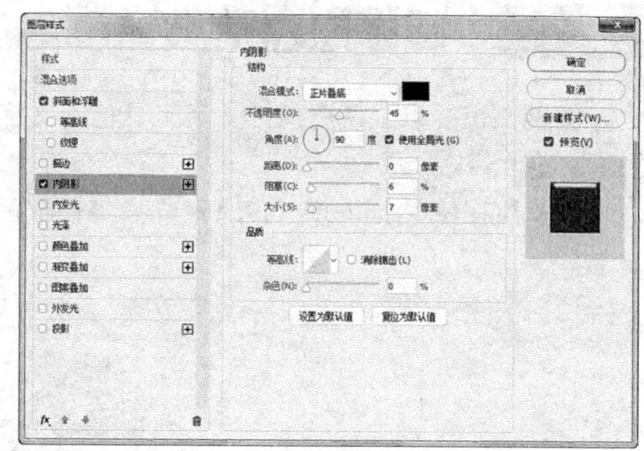

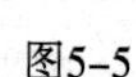

图5-5

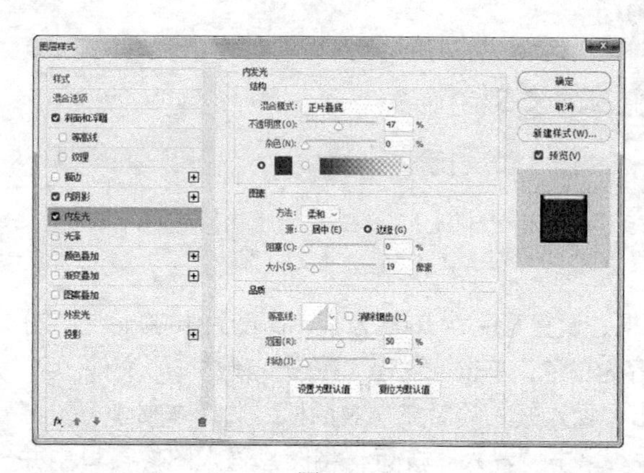

图5-6

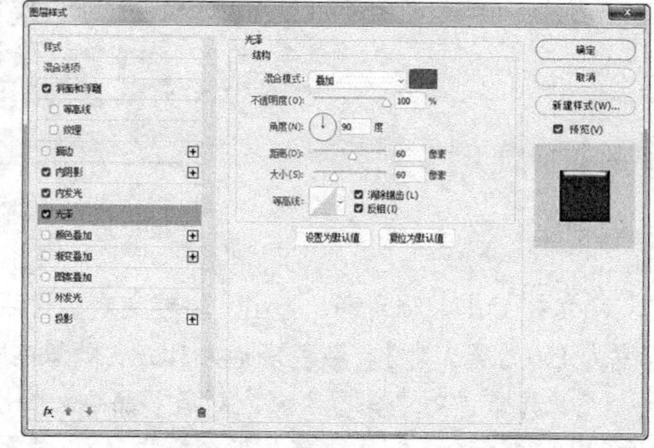

图5-7

（5）选择“投影”选项，切换到相应的对话框，将投影颜色设为黑色，其他选项的设置如图5-8所示，单击“确定”按钮，效果如图5-9所示。

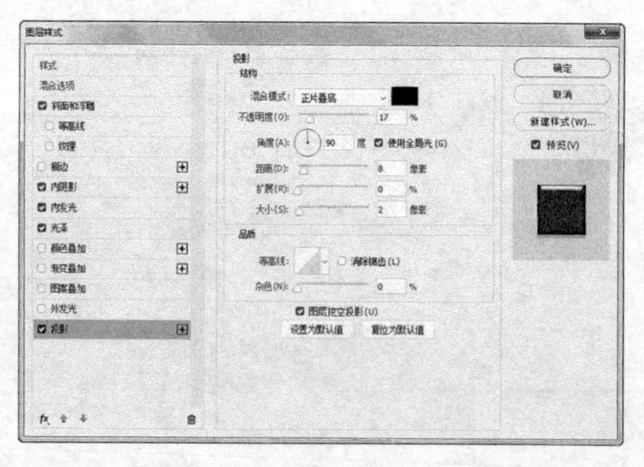

图5-8

图5-9

（6）选择“文件 > 置入嵌入对象”命令，弹出“置入嵌入的对象”对话框，选择本书学习资源中的“Ch05\素材\制作恩嘉蓓教育标志\02”文件。单击“置入”按钮，将图片置入图像窗口中并拖曳到适当的位置，按Enter键确认操作，效果如图5-10所示，在“图层”控制面板中生成新的图层并将其命名为“标志2”，如图5-11所示。

图5-10

图5-11

（7）单击“图层”控制面板下方的“添加图层样式”按钮 fx，在弹出的菜单中选择“斜面和浮雕”命令，在弹出的对话框中进行设置，如图 5-12 所示。选择“光泽”选项，切换到相应的对话框，将光泽颜色设为暗红色（212、105、105），其他选项的设置如图 5-13 所示。

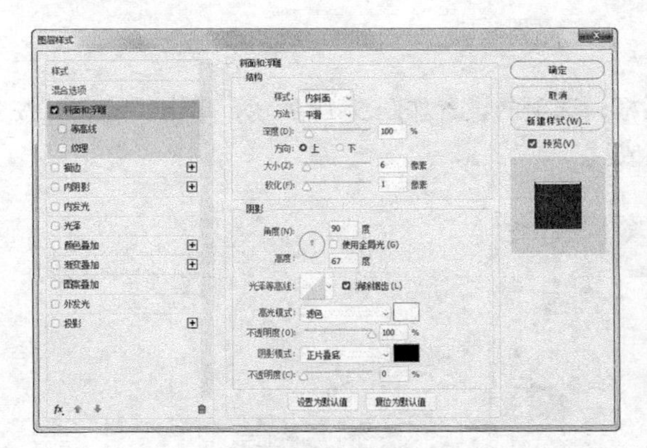

图5-12

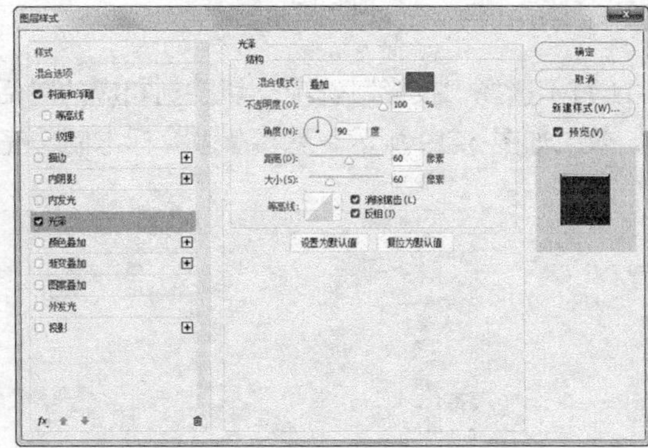

图5-13

（8）选择“投影”选项，切换到相应的对话框，将投影颜色设为黑色，其他选项的设置如图 5-14 所示，单击“确定”按钮，效果如图 5-15 所示。

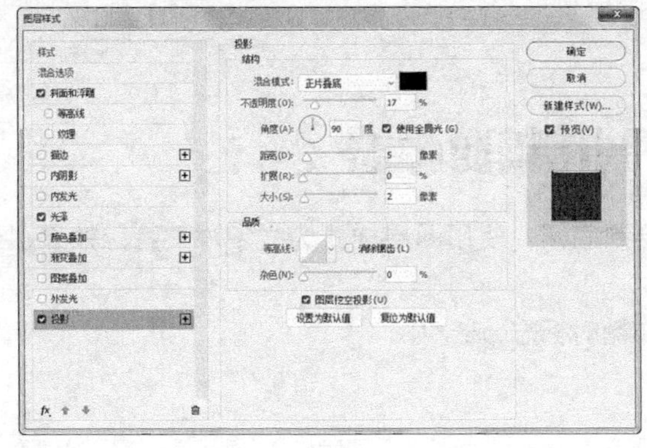

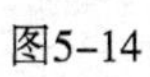
图5-14

图5-15

（9）选择横排文字工具 T，输入需要的文字并选取文字，在属性栏中选择合适的字体并设置文字大小，设置文字颜色为黑色，效果如图 5-16 所示，在“图层”控制面板中生成新的文字图层。

（10）单击“图层”控制面板下方的“添加图层样式”按钮 fx，在弹出的菜单中选择“斜面和浮雕”命令，在弹出的对话框中进行设置，将高光颜色设为浅灰色（226、226、226），其他选项的设置如图 5-17 所示。

图5-16

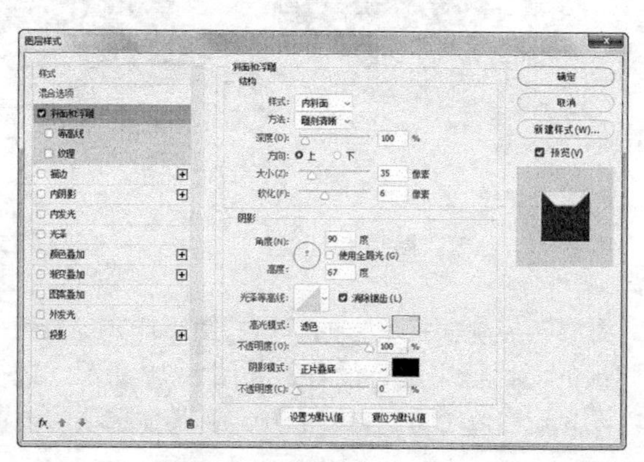

图5-17

（11）选择“投影”选项，切换到相应的对话框，选项的设置如图 5-18 所示，单击“确定”按钮，效果如图 5-19 所示。恩嘉蓓教育标志制作完成。

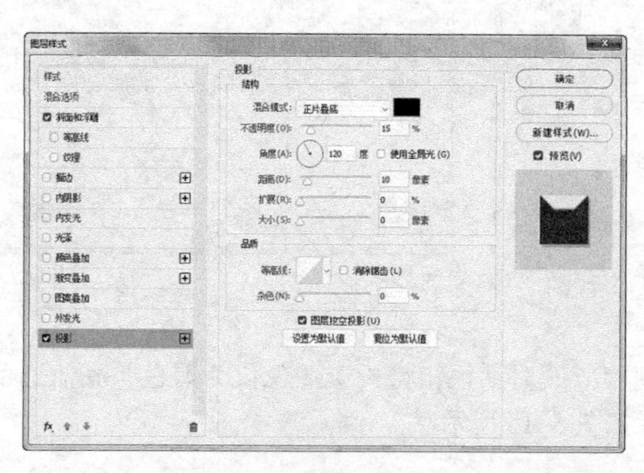

图5-18

图5-19

5.2 课堂练习——制作糖时标志

【练习知识要点】使用椭圆工具绘制底图，使用图层样式为文字添加特殊效果，最终效果如图 5-20 所示。

【效果所在位置】Ch05\ 效果 \ 制作糖时标志 .psd。

图5-20

5.3　课后习题——制作猫图鹰旅行社标志

【习题知识要点】使用横排文字工具输入文字，使用 3D 命令为图像和文字制作立体效果，最终效果如图 5-21 所示。

【效果所在位置】Ch05\ 效果 \ 制作猫图鹰旅行社标志.psd。

图5-21

第6章 卡片设计

本章介绍

卡片可供人们传递信息、交流情感等。卡片的种类繁多，有邀请卡、祝福卡、生日卡、新年贺卡等。本章以英语课程体验卡设计为例，讲解卡片的设计方法和制作技巧。

学习目标

- 了解卡片的设计方法。
- 掌握卡片的制作技巧。

6.1 制作英语课程体验卡

【案例知识要点】使用矩形工具和椭圆工具绘制底图，使用直接选择工具调整图形的形状，使用横排文字工具输入文字，使用“创建剪贴蒙版”命令置入图片，使用多边形工具和直线工具绘制装饰图形，使用图层样式为图形和文字添加描边效果，最终效果如图 6-1 所示。

【效果所在位置】Ch06\ 效果 \ 制作英语课程体验卡.psd。

图6-1

6.1.1 制作卡片正面

（1）按 Ctrl+N 组合键，弹出“新建文档”对话框，设置宽度为 17.6 厘米，高度为 7 厘米，分辨率为 150 像素 / 英寸，颜色模式为 RGB，背景内容为白色，单击“创建”按钮，新建一个文件。

（2）选择矩形工具 □，在属性栏的“选择工具模式”选项中选择“形状”，将“填充”颜色设为黑色，“描边”颜色设为“无”。在图像窗口中绘制一个矩形，效果如图 6-2 所示，在“图层”控制面板中生成新的形状图层“矩形 1”。

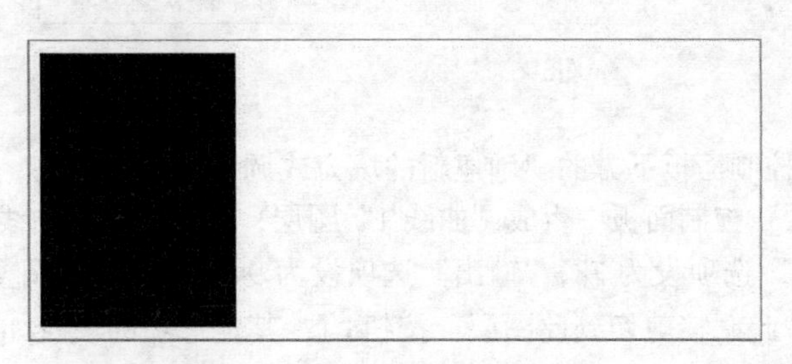

图6-2

（3）选择直接选择工具 ，选取右上角的锚点，如图 6-3 所示，将其水平向左拖曳到适当的位置，效果如图 6-4 所示。

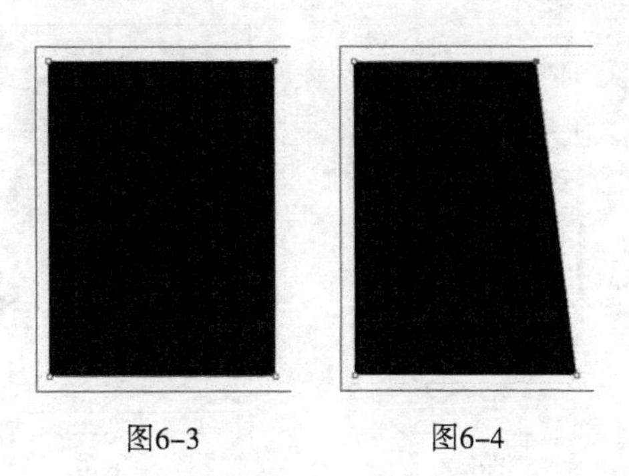

图6-3　　图6-4

（4）按 Ctrl+O 组合键，打开本书学习资源中的“Ch06\素材\制作英语课程体验卡\01”文件。选择移动工具 ，将 01 图片拖曳到图像窗口中适当的位置，效果如图 6-5 所示，在“图层”控制面板中生成新的图层并将其命名为“人物 1”，如图 6-6 所示。按 Alt+Ctrl+G 组合键，创建剪贴蒙版，效果如图 6-7 所示。

图6-5

图6-6

图6-7

（5）单击“图层”控制面板下方的“创建新的填充或调整图层”按钮 ，在弹出的菜单中选择“曲线”命令，在“图层”控制面板中生成“曲线 1”图层，同时弹出“曲线”面板，在曲线上单击添加控制点，将“输入”选项设为 78，“输出”选项设为 94。单击“此调整影响下面的所有图层”按钮 ，使其显示为“此调整剪切到此图层”按钮 ，其他选项的设置如图 6-8 所示，图像效果如图 6-9 所示。

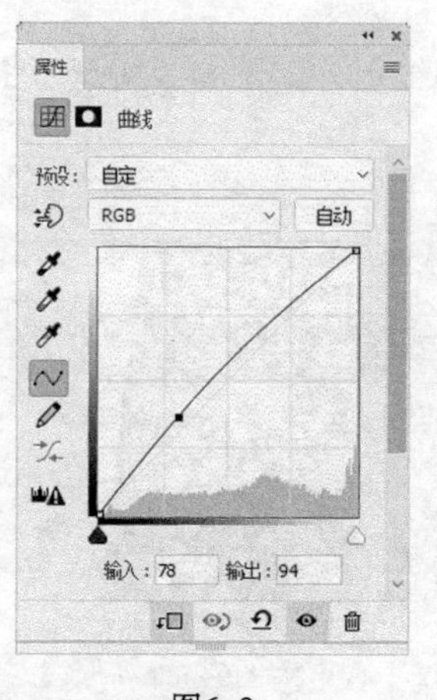

图6-8

图6-9

（6）单击“图层”控制面板下方的“创建新的填充或调整图层”按钮 ，在弹出的菜单中选择“色相 / 饱和度”命令，在“图层”控制面板中生成“色相 / 饱和度 1”图层，同时弹出“色相 / 饱和度”面板。单击“此调整影响下面的所有图层”按钮 ，使其显示为“此调整剪切到此图层”按钮 ，其他选项的设置如图 6–10 所示，图像效果如图 6–11 所示。

图6–10

图6–11

（7）选择矩形工具 ，在属性栏中将“填充”颜色设为橙色（255、90、0），“描边”颜色设为“无”。在图像窗口中绘制一个矩形，效果如图 6–12 所示，在“图层”控制面板中生成新的形状图层“矩形 2”。

图6–12

（8）选择直接选择工具 ，选取左下角的锚点，如图 6–13 所示，将其水平向右拖曳到适当的位置，效果如图 6–14 所示。

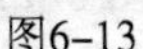

图6–13

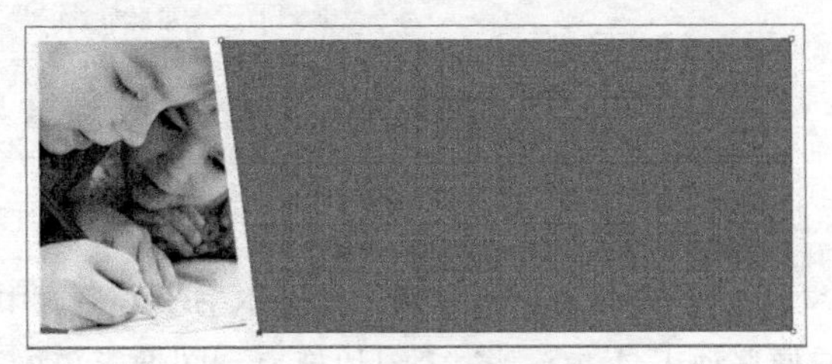

图6–14

（9）使用上述方法再次在图像窗口中绘制一个矩形并调整锚点，填充图形为白色，效果如图 6–15 所示，在“图层”控制面板中生成新的形状图层“矩形 3”。

（10）选择椭圆工具 ，在属性栏中单击“路径操作”按钮 ，在弹出的菜单中选择“合并形状”命令。按住 Shift 键的同时，在图像窗口中绘制一个圆形，效果如图 6–16 所示。

图6-15

图6-16

（11）按 Ctrl+O 组合键，打开本书学习资源中的“Ch06\ 素材 \ 制作英语课程体验卡 \02”文件。选择移动工具 ✥，将 02 图片拖曳到图像窗口中适当的位置，效果如图 6–17 所示，在“图层”控制面板中生成新的图层并将其命名为“人物 2”。按 Alt+Ctrl+G 组合键，创建剪贴蒙版，效果如图 6–18 所示。

图6–17

图6–18

（12）在“图层”控制面板中，将“人物 2”图层的“不透明度”选项设为 35%，如图 6–19 所示，效果如图 6–20 所示。

图6–19

图6–20

（13）按 Ctrl+O 组合键，打开本书学习资源中的“Ch06\ 素材 \ 制作英语课程体验卡 \03”文件。选择移动工具 ✥，将 03 图片拖曳到图像窗口中适当的位置，效果如图 6–21 所示，在“图层”控制面板中生成新的图层并将其命名为“标志”。

（14）选择横排文字工具 T，输入需要的文字并选取文字，在属性栏中选择合适的字体并设置文字大小，设置文字颜色为黄色（255、246、0），效果如图 6–22 所示。使用相同的方法分别输入文字，在属性栏中分别选择合适的字体并设置文字大小，设置文字颜色为白色，效果如图 6–23 所示，在“图层”控制面板中分别生成新的文字图层。

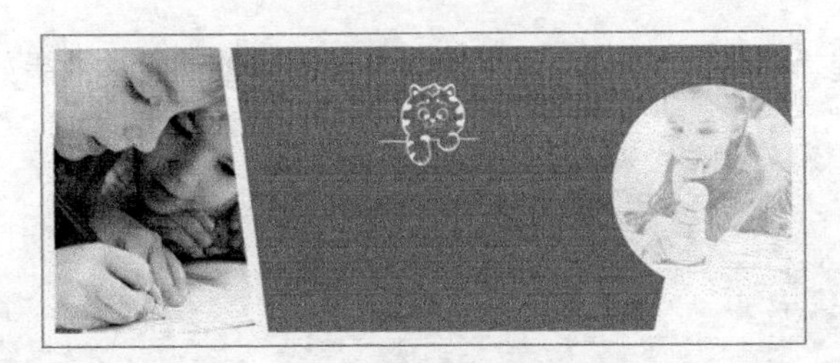

图6-21

图6-22

图6-23

（15）选择多边形工具 ，在属性栏中将“填充”颜色设为黄色（255、246、0），“描边”颜色设为“无”，“边”选项设为 3。在图像窗口中绘制一个三角形，效果如图 6-24 所示，在“图层”控制面板中生成新的形状图层“多边形 1”。

（16）单击“图层”控制面板下方的“添加图层样式”按钮 fx，在弹出的菜单中选择“描边”命令，弹出对话框，将描边颜色设为白色，其他选项的设置如图 6-25 所示，单击“确定”按钮，效果如图 6-26 所示。

▶ 资深老师一对一全授课

图6-24

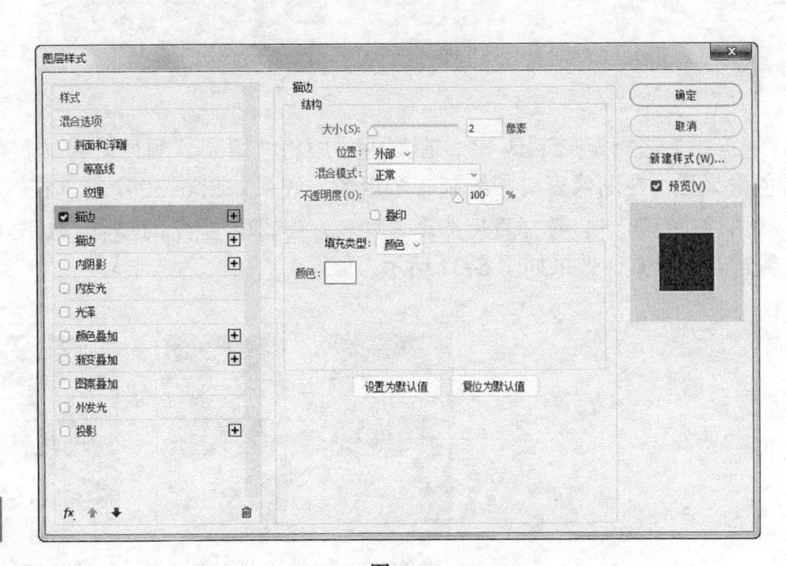

图6-25

▶ 资深老师一对一全授课 并获得爱心定制礼包一份

图6-26

（17）按 Ctrl+J 组合键，复制图形，在“图层”控制面板中生成新的形状图层“多边形 1 拷贝”，如图 6-27 所示。选择移动工具 ，将图形拖曳到适当的位置，效果如图 6-28 所示。

图6-27

▶ 资深老师一对一全授课 ▶ 并获得爱心定制礼包一份

图6-28

（18）选择横排文字工具 T，分别输入需要的文字并选取文字，在属性栏中分别选择合适的字体并设置文字大小，设置文字颜色为橙色（255、90、0），效果如图 6-29 所示，在“图层”控制面板中生成新的文字图层。

图6-29

（19）选择矩形工具 ，在属性栏中将“填充”颜色设为橘黄色（255、186、0），“描边”颜色设为无，在图像窗口中绘制一个矩形，效果如图 6-30 所示，在“图层”控制面板中生成新的形状图层“矩形 4”。选择直接选择工具 ，选取左上角的锚点，如图 6-31 所示，将其水平向右拖曳到适当的位置，效果如图 6-32 所示。

图6-30　　图6-31 　　图6-32

（20）选择横排文字工具 T，输入需要的文字并选取文字，在属性栏中选择合适的字体并设置文字大小，设置文字颜色为白色，效果如图 6-33 所示，在“图层”控制面板中生成新的文字图层。

（21）单击“图层”控制面板下方的“添加图层样式”按钮 fx，在弹出的菜单中选择“描边”命令，弹出对话框，将描边颜色设为橘红色（255、102、0），其他选项的设置如图 6-34 所示，单击“确定”按钮，效果如图 6-35 所示。

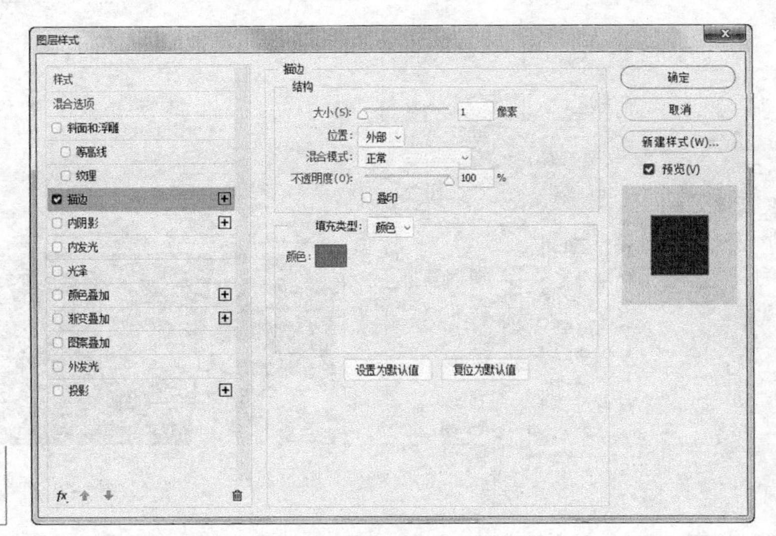

图6-33　　图6-34　　图6-35

（22）使用上述方法制作出如图 6–36 所示的效果。在“图层”控制面板中，按住 Shift 键的同时，单击“矩形 1”图层，将需要的图层同时选中。按 Ctrl+G 组合键，群组图层并将其命名为“正面”，如图 6–37 所示。

图6–36　　图6–37

6.1.2　制作卡片背面

（1）在“图层”控制面板中，按 Ctrl+J 组合键，复制“正面”图层组，生成新的图层组并将其命名为“背面”。单击“正面”图层组左侧的眼睛图标，将其隐藏，如图 6–38 所示。展开“背面”图层组，按住 Ctrl 键的同时，依次选中不需要的图层，按 Delete 键将其删除，如图 6–39 所示，效果如图 6–40 所示。

（2）选中“矩形 2”图层，按住 Shift 键的同时，单击“矩形 1”图层，将需要的图层同时选取。按 Ctrl+T 组合键，图像周围出现变换框，在变换框中单击鼠标右键，在弹出的菜单中选择“水平翻转”命令，水平翻转图像，并将其拖曳到适当的位置，按 Enter 键确认操作，效果如图 6–41 所示。

（3）选中“矩形 2”图层。选择矩形工具，在属性栏中将“填充”颜色设为橘黄色（255、190、4），效果如图 6–42 所示。

图6-38

图6-39

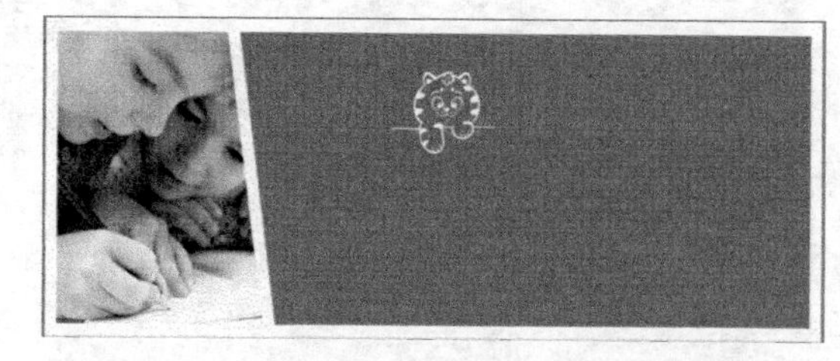

图6-40

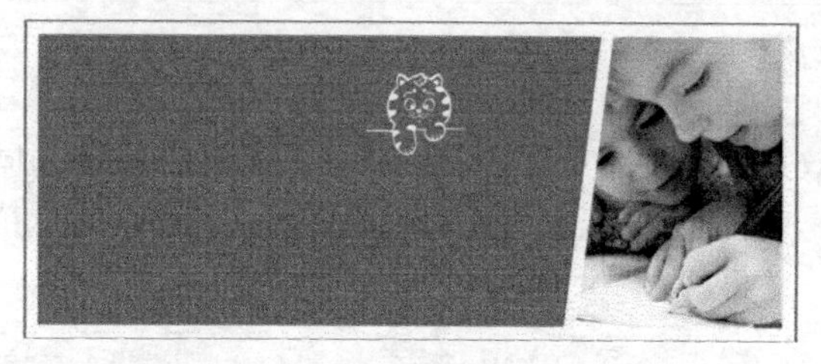

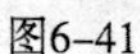

图6-41

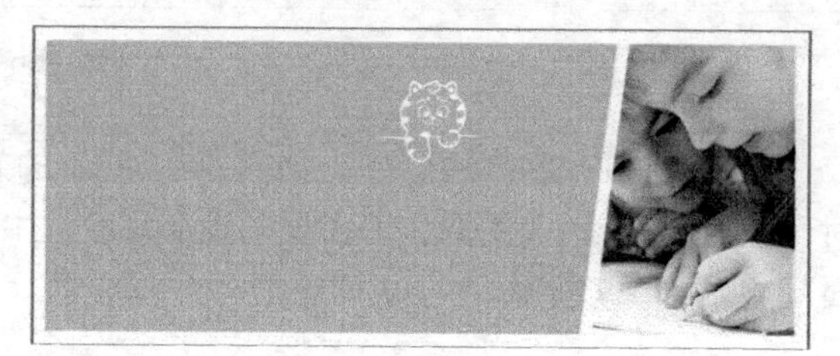

图6-42

（4）选择移动工具 ，将“标志”图层拖曳到图像窗口中适当的位置，效果如图 6–43 所示。选择横排文字工具 T.，分别输入需要的文字并选取文字，在属性栏中分别选择合适的字体并设置文字大小，设置文字颜色为白色，效果如图 6–44 所示，在“图层”控制面板中分别生成新的文字图层。

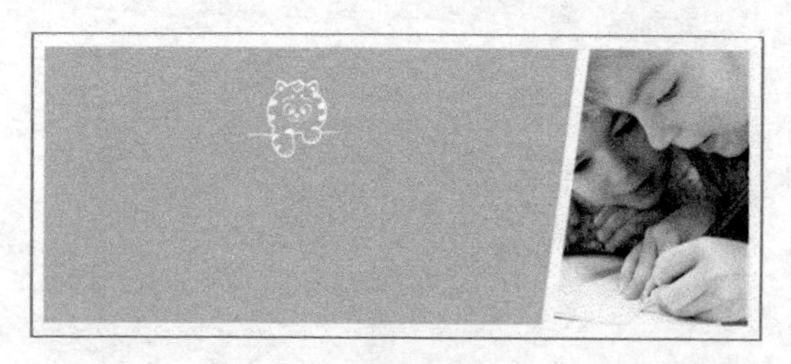

图6-43

图6-44

（5）选择直线工具 ，在属性栏中将“填充”颜色设为无，“描边”颜色设为白色，“粗细”选项设为 2 像素。按住 Shift 键的同时，在图像窗口中绘制一条直线，效果如图 6–45 所示，在“图层”控制面板中生成新的形状图层“形状 1”。英语课程体验卡制作完成。

图6-45

6.2 课堂练习——制作蛋糕代金券

【练习知识要点】使用图层蒙版和渐变工具制作背景图，使用钢笔工具和“创建剪贴蒙版”命令制作蛋糕图片，使用图层样式添加文字投影，使用横排文字工具输入文字，最终效果如图 6–46 所示。

【效果所在位置】Ch06\ 效果 \ 制作蛋糕代金券.psd。

图6–46

6.3 课后习题——制作中秋贺卡

【习题知识要点】使用图层的混合模式调整素材，使用椭圆工具绘制图形，使用“创建剪贴蒙版”命令置入素材，使用椭圆选框工具和“高斯模糊”滤镜命令制作发光效果，使用横排文字工具输入文字，使用图层样式为图形和文字添加特殊效果，最终效果如图 6–47 所示。

【效果所在位置】Ch06\ 效果 \ 制作中秋贺卡.psd。

图6–47

第 7 章 Banner 设计

本章介绍

Banner 是用于展示品牌的一种重要方式，直接影响到客户是否购买产品或参加活动，因此 Banner 设计对于产品及 UI 乃至运营至关重要。本章以化妆品 App 主页 Banner 设计为例，讲解 Banner 的设计方法和制作技巧。

学习目标

- 了解 Banner 的设计方法。
- 掌握 Banner 的制作技巧。

7.1 制作化妆品 App 主页 Banner

【案例知识要点】使用矩形工具、直接选择工具和自定形状工具制作装饰图形，使用横排文字工具输入文字，使用椭圆工具和“高斯模糊”滤镜命令为化妆品添加阴影效果，使用图层样式为图形和文字添加特殊效果，最终效果如图 7–1 所示。

【效果所在位置】Ch07\ 效果 \ 制作化妆品 App 主页 Banner.psd。

图7–1

（1）按 Ctrl+N 组合键，弹出“新建文档”对话框，设置宽度为 750 像素，高度为 200 像素，分辨率为 72 像素 / 英寸，颜色模式为 RGB，背景内容为白色，单击“创建”按钮，新建一个文件。

（2）按 Ctrl+O 组合键，打开本书学习资源中的“Ch07\ 素材 \ 制作化妆品 App 主页 Banner\ 01~03”文件。选择移动工具 ，将 01~03 图片分别拖曳到图像窗口中适当的位置并调整大小，效果如图 7–2 所示，在“图层”控制面板中生成新的图层并将其分别命名为“贝壳”“产品 1”“产品 2”，如图 7–3 所示。

图7–2

图7–3

（3）选择椭圆工具 ，在属性栏的“选择工具模式”选项中选择“形状”，将“填充”颜色设为黑色，“描边”颜色设为“无”。在图像窗口中绘制一个椭圆形，效果如图 7–4 所示，在“图层”控制面板中生成新的形状图层并将其命名为“投影”。单击属性栏中的“路径操作”按钮 ，在弹出的菜单中选择“合并形状”命令，再次绘制一个椭圆形，效果如图 7–5 所示。

图7-4

图7-5

（4）在“图层”控制面板中，在“投影”图层上单击鼠标右键，在弹出的菜单中选择“转换为智能对象”命令，将形状图层转换为智能对象图层，如图 7-6 所示。

（5）选择“滤镜 > 模糊 > 高斯模糊”命令，在弹出的对话框中进行设置，如图 7-7 所示，单击“确定”按钮，效果如图 7-8 所示。在“图层”控制面板中，将“投影”图层拖曳到“产品 1”图层的下方，效果如图 7-9 所示。

图7-6

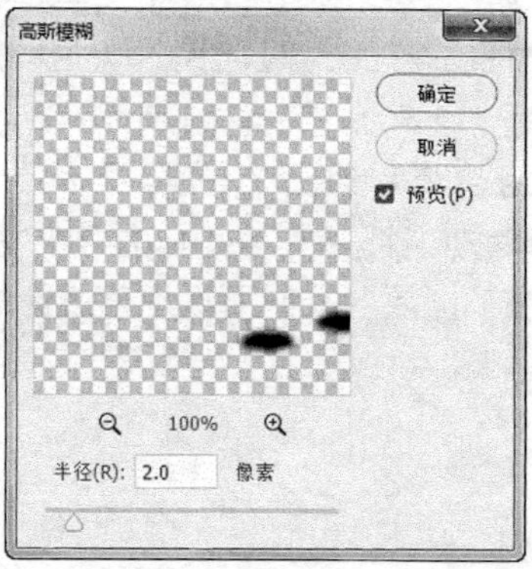

高斯模糊
确定
取消
预览(P)
100%
半径(R): 2.0 像素

图7-7

图7-8

图7-9

（6）选中“产品 2”图层。选择矩形工具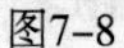，在属性栏中将“填充”颜色设为橙黄色（255、81、21），“描边”颜色设为“无”。在图像窗口中绘制一个矩形，效果如图 7-10 所示，在“图层”控制面板中生成新的形状图层“矩形 1”。

图7-10

（7）选择直接选择工具 ，选取需要的锚点，如图 7-11 所示，将其水平向左拖曳到适当的位置，效果如图 7-12 所示。

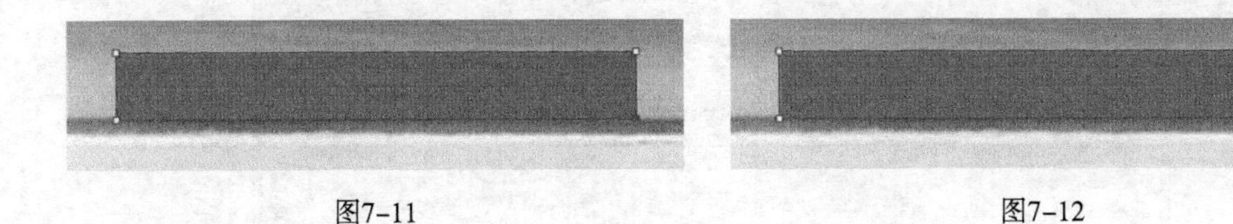

图7-11　　图7-12

（8）选择横排文字工具 T，输入需要的文字并选取文字，在属性栏中选择合适的字体并设置文字大小，设置文字颜色为白色。按 Alt+←组合键，调整文字间距，效果如图 7-13 所示。选择“窗口 > 字符”命令，打开“字符”面板，单击“仿斜体”按钮 T，使文字倾斜，效果如图 7-14 所示，在“图层”控制面板中生成新的文字图层。

图7-13　　图7-14

（9）选择移动工具 ，按 Ctrl+O 组合键，打开本书学习资源中的“Ch07\素材\制作化妆品 App 主页 Banner\04、05”文件。将 04、05 图片分别拖曳到图像窗口中适当的位置，效果如图 7-15 所示，在“图层”控制面板中生成新的图层并将其分别命名为“太阳伞”和“太阳”，如图 7-16 所示。

图7-15　　图7-16

（10）单击“图层”控制面板下方的“添加图层样式”按钮 fx，在弹出的菜单中选择“投影”命令，弹出对话框，将投影颜色设为黑色，其他选项的设置如图 7–17 所示，单击“确定”按钮，效果如图 7–18 所示。

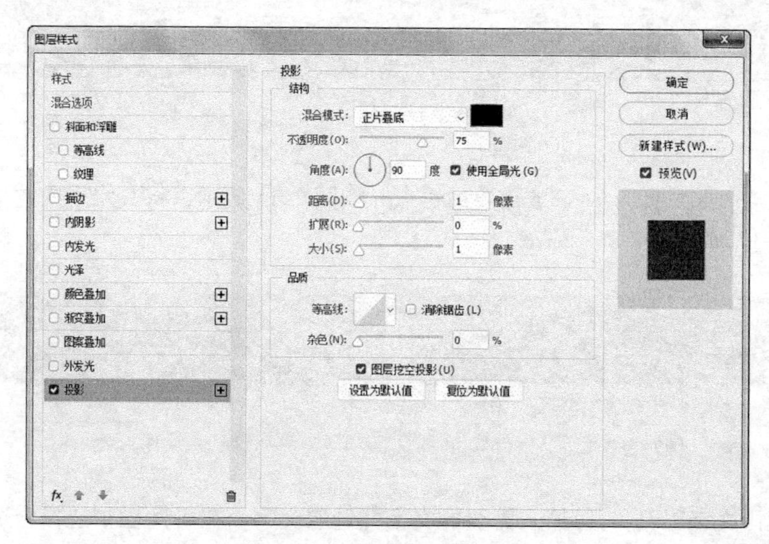

图7–17

图7–18

（11）选择横排文字工具 T，输入需要的文字并选取文字，在属性栏中选择合适的字体并设置文字大小，设置文字颜色为橘红色（255、81、21）。按 Alt+ ←组合键，调整文字间距，效果如图 7–19 所示。在“字符”面板中，单击“仿斜体”按钮 T，使文字倾斜，效果如图 7–20 所示，在“图层”控制面板中生成新的文字图层。

图7–19

图7–20

（12）单击“图层”控制面板下方的“添加图层样式”按钮 fx，在弹出的菜单中选择“描边”命令，弹出对话框，将描边颜色设为白色，其他选项的设置如图 7–21 所示，单击“确定”按钮，效果如图 7–22 所示。

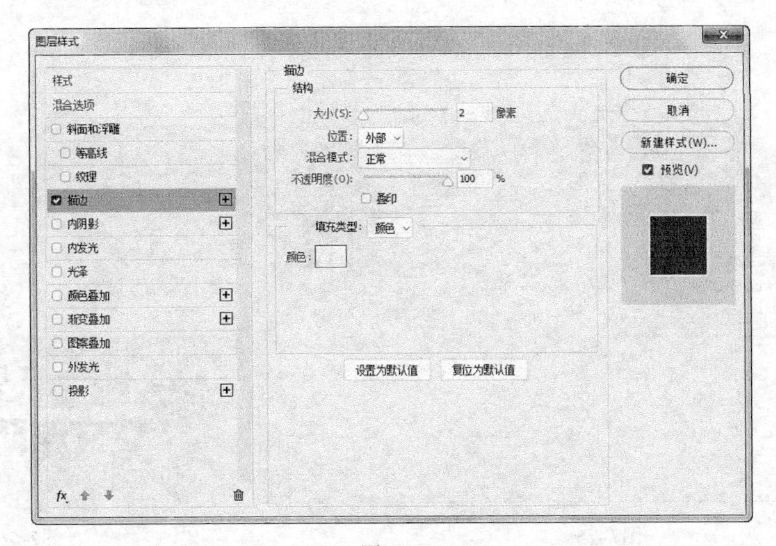

图7-21

图7-22

（13）选择横排文字工具 T，输入需要的文字并选取文字，在属性栏中选择合适的字体并设置文字大小，设置文字颜色为深蓝色（5、58、150）。按 Alt+←组合键，调整文字间距，效果如图 7-23 所示，在“图层”控制面板中生成新的文字图层。

（14）选择矩形工具 □，在属性栏中将“填充”颜色设为橘红色（255、81、21），“描边”颜色设为“无”。在图像窗口中绘制一个矩形，效果如图 7-24 所示，在“图层”控制面板中生成新的形状图层“矩形 2”。

图7-23

图7-24

（15）单击“图层”控制面板下方的“添加图层样式”按钮 fx，在弹出的菜单中选择“描边”命令，弹出对话框，将描边颜色设为白色，其他选项的设置如图 7-25 所示，单击“确定”按钮，效果如图 7-26 所示。

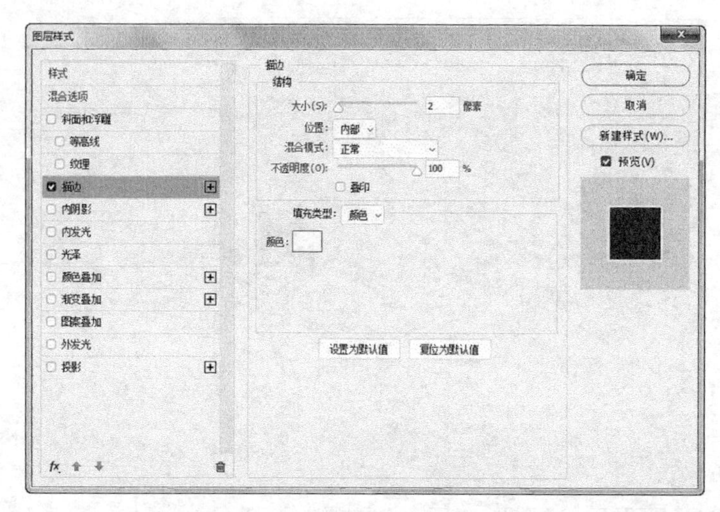

图7-25

图7-26

（16）选择自定形状工具，单击属性栏中“形状”选项右侧的按钮，弹出“形状”面板，选择需要的图形，如图 7–27 所示。在图像窗口中适当的位置绘制图形。在属性栏中将“填充”颜色设为浅蓝色（9、107、235），“描边”颜色设为“无”，如图 7–28 所示，在“图层”控制面板中生成新的形状图层“形状 1”。

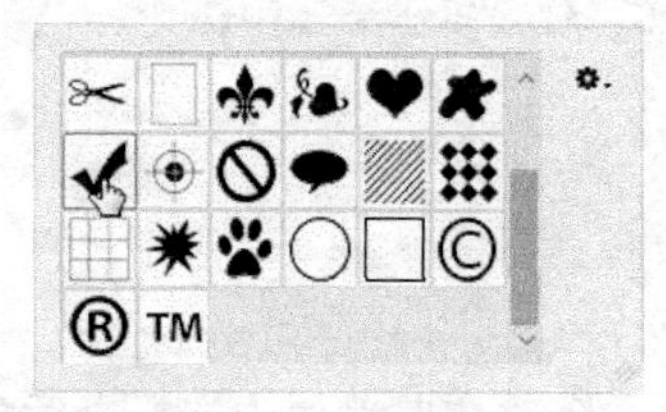

图7–27

图7–28

（17）选择横排文字工具，输入需要的文字并选取文字，在属性栏中选择合适的字体并设置文字大小，设置文字颜色为深蓝色（5、58、150），效果如图 7–29 所示，在“图层”控制面板中生成新的文字图层。

（18）在“图层”控制面板中，按住 Shift 键的同时，单击“矩形 2”图层，将需要的图层同时选取。按 Ctrl+G 组合键，群组图层并将其命名为“产品介绍”，如图 7–30 所示。使用上述方法制作出如图 7–31 所示的效果。

图7–29

图7–30

图7–31

（19）选择矩形工具 □，在属性栏中将“填充”颜色设为橘红色（255、81、21），“描边”颜色设为“无”。在图像窗口中绘制一个矩形，效果如图 7-32 所示，在“图层”控制面板中生成新的形状图层“矩形 3”。

（20）选择横排文字工具 T，输入需要的文字并选取文字，在属性栏中选择合适的字体并设置文字大小，设置文字颜色为白色。按 Alt+←组合键，调整文字间距，效果如图 7-33 所示，在“图层”控制面板中生成新的文字图层。化妆品 App 主页 Banner 制作完成，效果如图 7-34 所示。

图7-32

图7-33

图7-34

7.2 课堂练习——制作时尚彩妆类电商 Banner

【练习知识要点】使用矩形选框工具、椭圆选框工具、多边形套索工具和魔棒工具抠出化妆品，使用“变换”命令调整图像大小，使用移动工具合成图像，最终效果如图 7-35 所示。

【效果所在位置】Ch07\ 效果 \ 制作时尚彩妆类电商 Banner.psd。

图7-35

7.3 课后习题——制作生活家具类网站 Banner

【习题知识要点】使用“添加杂色”滤镜命令、图层样式和矩形工具制作底图，使用“置入嵌入对象”命令置入图片，使用“色阶”“色相 / 饱和度”“曲线”调整图层调整图像，最终效果如图 7-36 所示。

【效果所在位置】Ch07\ 效果 \ 制作生活家具类网站 Banner.psd。

图7-36

第8章 宣传单设计

本章介绍

宣传单是将产品和活动信息传播出去的一种广告形式，对促销商品和宣传活动有着重要的作用。本章以餐厅招牌面宣传单设计为例，讲解宣传单的设计方法和制作技巧。

学习目标

- 了解宣传单的设计方法。
- 掌握宣传单的制作技巧。

8.1 制作餐厅招牌面宣传单

【案例知识要点】使用椭圆工具、横排文字工具和字符控制面板制作路径文字，使用横排文字工具和矩形工具添加其他相关信息，最终效果如图 8-1 所示。

【效果所在位置】Ch08\ 效果 \制作餐厅招牌面宣传单.psd。

图8-1

（1）按 Ctrl+O 组合键，打开本书学习资源中的“Ch08\ 素材 \ 制作餐厅招牌面宣传单 \01、02”文件。选择移动工具 ，将 02 图片拖曳到 01 图像窗口中适当的位置，效果如图 8-2 所示，在“图层”控制面板中生成新的图层并将其命名为“面”。

（2）单击“图层”控制面板下方的“添加图层样式”按钮 ，在弹出的菜单中选择“投影”命令，弹出对话框，将投影颜色设为黑色，其他选项的设置如图 8-3 所示，单击“确定”按钮，效果如图 8-4 所示。

图8-2

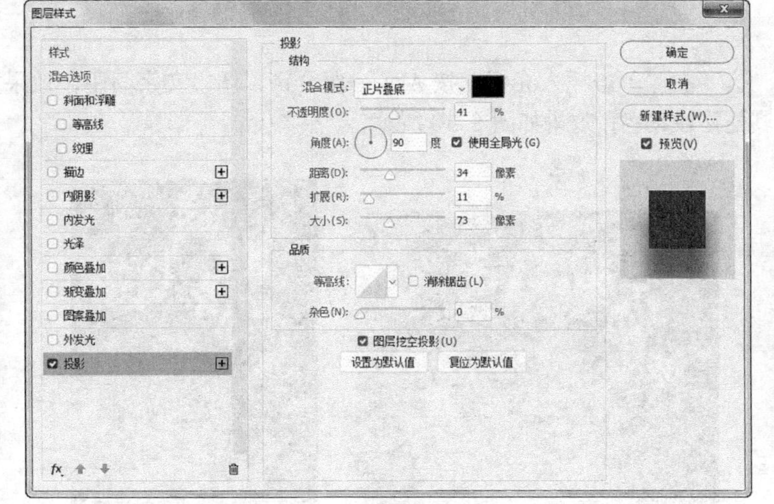

图8-3

图8-4

（3）选择椭圆工具 ○，在属性栏的“选择工具模式”选项中选择“路径”，在图像窗口中绘制一个椭圆形路径，效果如图 8-5 所示。

（4）选择横排文字工具 T，将鼠标指针放置在路径上，指针变为 状，单击路径出现一个带有选中文字的文字区域，此处成为输入文字的起始点，输入需要的文字，在属性栏中选择合适的字体并设置文字大小，设置文字颜色为白色，效果如图 8-6 所示，在“图层”控制面板中生成新的文字图层。

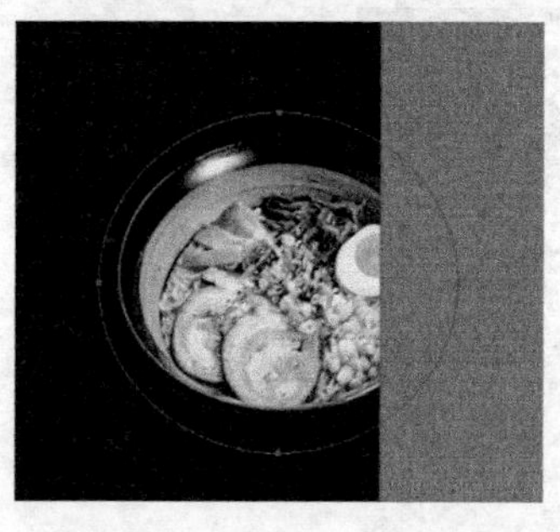

图8-5

图8-6

（5）选取输入的文字，按 Alt+ ←组合键，调整文字间距，效果如图 8-7 所示。选取文字“筋半肉面”，在属性栏中设置文字大小为 220 点，效果如图 8-8 所示。

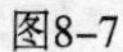
图8-7

图8-8

（6）在文字“肉”右侧单击插入光标，按 Alt+ →组合键，调整文字间距，效果如图 8-9 所示。用上述方法制作其他路径文字，效果如图 8-10 所示。

图8-9

图8-10

（7）按 Ctrl+O 组合键，打开本书学习资源中的“Ch08\ 素材 \ 制作餐厅招牌面宣传单 \03”文件。选择移动工具 ，将 03 图片拖曳到 01 图像窗口中适当的位置，效果如图 8–11 所示，在“图层”控制面板中生成新的图层并将其命名为“筷子”。

（8）选择横排文字工具 T，输入需要的文字并选取文字，在属性栏中选择合适的字体并设置文字大小，设置文字颜色为浅棕色（209、192、165），效果如图 8–12 所示，在“图层”控制面板中生成新的文字图层。

图8–11

图8–12

（9）再次分别输入需要的文字并选取文字，在属性栏中分别选择合适的字体并设置文字大小，设置文字颜色为白色，效果如图 8–13 所示，在“图层”控制面板中分别生成新的文字图层。选取需要的文字，按 Alt+ →组合键，调整文字间距，效果如图 8–14 所示。

图8–13

图8–14

（10）选择横排文字工具 T，选取文字“400–78**89**”，在属性栏中选择合适的字体并设置文字大小，效果如图 8–15 所示。选取符号“**”，选择“窗口 > 字符”命令，打开“字符”面板，将“设置基线偏移”选项 设为 –15 点，效果如图 8–16 所示。用相同的方法调整另一组符号的基线偏移，效果如图 8–17 所示。

图8–15

图8–16

图8–17

（11）选择横排文字工具 T，输入需要的文字并选取文字，在属性栏中选择合适的字体并设置文字大小，设置文字颜色为浅棕色（209、192、165），效果如图 8-18 所示，在“图层”控制面板中生成新的文字图层。选取文字，按 Alt+ →组合键，调整文字间距，效果如图 8-19 所示。

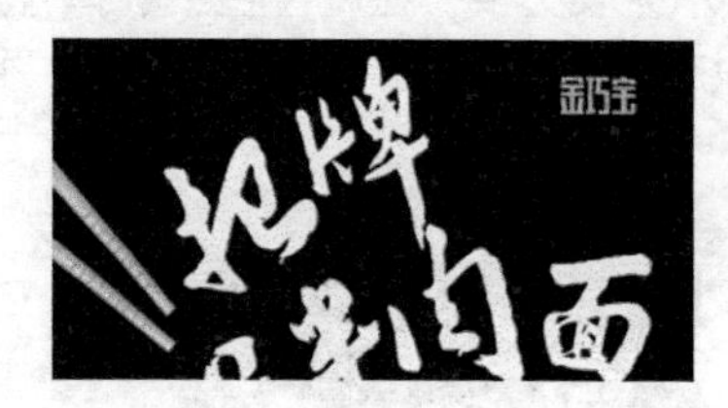

图8-18

图8-19

（12）选择矩形工具 □，在属性栏的“选择工具模式”选项中选择“形状”，将“填充”颜色设为浅棕色（209、192、165），“描边”颜色设为“无”，在图像窗口中绘制一个矩形，效果如图 8-20 所示，在“图层”控制面板中生成新的形状图层“矩形 1”。

（13）选择横排文字工具 T，输入需要的文字并选取文字，在属性栏中选择合适的字体并设置文字大小，设置文字颜色为黑色，效果如图 8-21 所示，在“图层”控制面板中生成新的文字图层。

图8-20

图8-21

（14）选取文字，按 Alt+ →组合键，调整文字间距，效果如图 8-22 所示。餐厅招牌面宣传单制作完成，效果如图 8-23 所示。

图8-22

图8-23

8.2 课堂练习——制作摄像旅拍宣传单

【练习知识要点】使用钢笔工具绘制选区，使用“色阶”命令调整图片，使用通道控制面板和“计算”命令抠出婚纱，使用移动工具添加文字，最终效果如图 8-24 所示。

【效果所在位置】Ch08\ 效果 \ 制作摄像旅拍宣传单.psd。

图8-24

8.3 课后习题——制作健身俱乐部宣传单

【习题知识要点】使用“添加杂色”和“高反差保留”滤镜命令调整主体图片，使用图层的混合模式制作图片融合效果，使用“照片”滤镜命令为图像加色，使用矩形工具绘制装饰图形，最终效果如图 8-25 所示。

【效果所在位置】Ch08\ 效果 \ 制作健身俱乐部宣传单.psd。

图8-25

第9章 广告设计

本章介绍

广告是为了某种特定的需要，通过报刊、电视和广播等媒体，公开而广泛地向公众传递信息的宣传手段。好的广告要具有视觉冲击力，能够抓住观众的视线。本章以旅游出行宣传广告设计为例，讲解广告的设计方法和制作技巧。

学习目标

- 了解广告的设计方法。
- 掌握广告的制作技巧。

9.1 制作旅游出行宣传广告

【案例知识要点】使用图层蒙版和画笔工具制作图片融合效果，使用“曲线”“色相 / 饱和度”“色阶”命令调整图像的色调，使用椭圆选框工具和“填充”命令制作润色图形，使用横排文字工具添加文字信息，使用矩形工具和直线工具添加装饰图形，最终效果如图 9-1 所示。

【效果所在位置】Ch09\ 效果 \ 制作旅游出行宣传广告.psd。

图9-1

9.1.1 制作背景图

（1）按 Ctrl+N 组合键，弹出“新建文档”对话框，设置宽度为 750 像素，高度为 1181 像素，分辨率为 72 像素 / 英寸，颜色模式为 RGB，背景内容为白色，单击“创建”按钮，新建一个文件。

（2）按 Ctrl+O 组合键，打开本书学习资源中的“Ch09\ 素材 \ 制作旅游出行宣传广告 \01~03”文件。选择移动工具 ，将 01~03 图片分别拖曳到图像窗口中适当的位置，并调整其大小，效果如图 9-2 所示，在“图层”控制面板中生成新图层并将其分别命名为“天空”“大山”“火车”。选中“大山”图层，单击“图层”控制面板下方的“添加图层蒙版”按钮 ，为图层添加蒙版，如图 9-3 所示。

图9-2

图9-3

（3）将前景色设为黑色。选择画笔工具，在属性栏中单击“画笔预设”选项右侧的按钮，在弹出的面板中选择需要的画笔形状和大小，如图9-4所示。在图像窗口中进行涂抹，擦除不需要的部分，效果如图9-5所示。

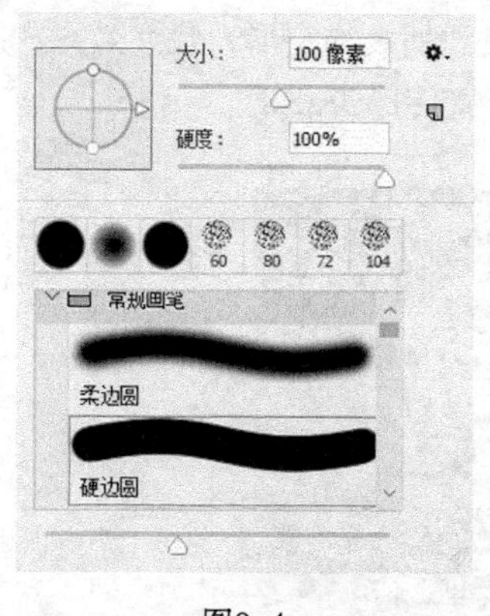

图9-4

图9-5

（4）选中“天空”图层。单击“图层”控制面板下方的“创建新的填充或调整图层”按钮，在弹出的菜单中选择“曲线”命令，在“图层”控制面板中生成“曲线1”图层，同时弹出“曲线”面板，选择“绿”通道，切换到相应的面板，在曲线上单击添加控制点，将“输入”选项设为125，“输出”选项设为181，如图9-6所示；选择“蓝”通道，切换到相应的面板，在曲线上单击添加控制点，将“输入”选项设为125，“输出”选项设为152，如图9-7所示，效果如图9-8所示。

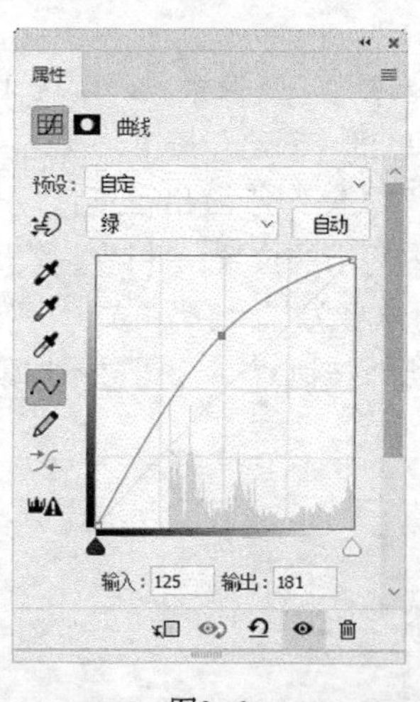

图9-6

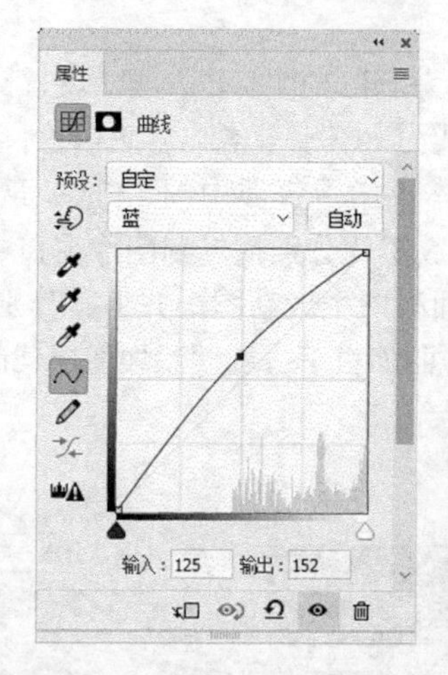

图9-7

图9-8

（5）选中“大山”图层。单击“图层”控制面板下方的“创建新的填充或调整图层”按钮，在弹出的菜单中选择“色相/饱和度”命令，在“图层”控制面板中生成“色相/饱和度1”图层，同时弹出“色相/饱和度”面板，选项的设置如图9-9所示，效果如图9-10所示。

图9-9　　图9-10

（6）选中“火车”图层。按 Ctrl+O 组合键，打开本书学习资源中的“Ch09\素材\制作旅游出行宣传广告\04”文件。选择移动工具 ，将 04 图片拖曳到图像窗口中适当的位置，并调整其大小，效果如图 9-11 所示，在“图层”控制面板中生成新的图层并将其命名为“云雾”。

（7）在“图层”控制面板中，将“云雾”图层的“不透明度”选项设为 85%，如图 9-12 所示，效果如图 9-13 所示。

图9-11　　图9-12　　图9-13

（8）单击“图层”控制面板下方的“添加图层蒙版”按钮 ，为图层添加蒙版。选择画笔工具 ，在属性栏中将“不透明度”选项设为 50%，在图像窗口中拖曳鼠标擦除不需要的图像，效果如图 9-14 所示。

（9）单击“图层”控制面板下方的“创建新的填充或调整图层”按钮 ，在弹出的菜单中选择“色阶”命令。在“图层”控制面板中生成“色阶 1”图层，同时弹出“色阶”面板，设置如图 9-15 所示，效果如图 9-16 所示。

（10）新建图层并将其命名为“润色”。将前景色设为蓝色（57、150、254）。选择椭圆选框工具 ，在属性栏中将“羽化”选项设为 50，按住 Shift 键的同时，在图像窗口中绘制圆形选区，如图 9-17 所示。按 Alt+Delete 组合键，用前景色填充选区。按 Ctrl+D 组合键，取消选区，效果如图 9-18 所示。

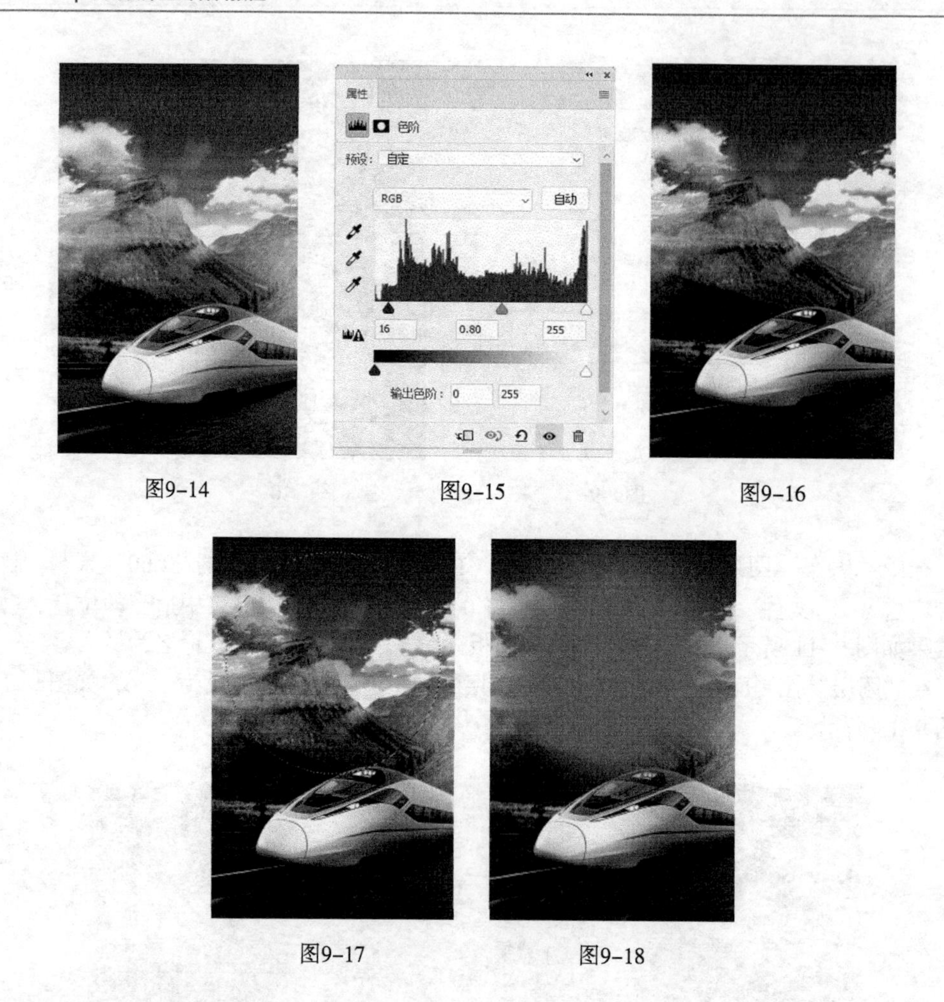

图9-14　　图9-15　　图9-16

图9-17　　图9-18

（11）在“图层”控制面板中，将“润色”图层的“不透明度”选项设为60%，如图9-19所示，效果如图9-20所示。按住Shift键的同时，单击“天空”图层，将需要的图层同时选取。按Ctrl+G组合键，群组图层并将其命名为“背景图”，如图9-21所示。

图9-19　　图9-20　　图9-21

9.1.2　添加文字内容及装饰图形

（1）按Ctrl+O组合键，打开本书学习资源中的“Ch09\素材\制作旅游出行宣传广告\05、06”文件。选择移动工具 ，将05、06图片分别拖曳到图像窗口中适当的位置，效果如图9-22所示，在“图层”控制面板中生成新的图层并将其分别命名为“标志”和“暑期特惠”。

（2）选择横排文字工具 T，输入需要的文字并选取文字，在属性栏中选择合适的字体并设置文字大小，设置文字颜色为白色。按Alt+↑组合键，调整行距，效果如图9-23所示，在“图层”控制面板中生成新的文字图层。

图9-22

图9-23

（3）选取文字“黄金”，如图9-24所示。选择“窗口>字符”命令，打开“字符”面板，将“垂直缩放”选项IT 100% 设为110%，“设置基线偏移”选项 0点 设为-30点，效果如图9-25所示。选取文字“月”，在“字符”面板中，将“垂直缩放”选项IT 100% 设为140%，“设置基线偏移”选项 0点 设为-60点，效果如图9-26所示。

图9-24

图9-25

图9-26

（4）选择“文件>置入嵌入对象”命令，弹出“置入嵌入的对象”对话框。选择本书学习资源中的“Ch09\素材\制作旅游出行宣传广告\07”文件，单击“置入”按钮，将图片置入图像窗口中，拖曳到适当的位置并调整大小，按Enter键确认操作，效果如图9-27所示，在“图层”控制面板中生成新的图层并将其命名为“太阳”，如图9-28所示。

图9-27

图9-28

（5）选择横排文字工具 T，输入需要的文字并选取文字，在属性栏中选择合适的字体并设置文字大小，设置文字颜色为金黄色（255、236、0），效果如图 9-29 所示。使用相同的方法再次输入文字并选取文字，按 Alt+ ↓组合键，调整行距，效果如图 9-30 所示。在“图层”控制面板中分别生成新的文字图层。

图9-29

图9-30

（6）再次在适当的位置输入需要的文字并选取文字，在属性栏中选择合适的字体并设置文字大小，设置文字颜色为白色。在“字符”面板中，单击“仿斜体”按钮 T，使文字倾斜，效果如图 9-31 所示，在“图层”控制面板中生成新的文字图层。选取文字“五天六夜”，在属性栏中设置文字颜色为黄色（255、216、0），效果如图 9-32 所示。

（7）在“图层”控制面板中，按住 Shift 键的同时，单击“八月游 黄金月”图层，将需要的图层同时选取。按 Ctrl+G 组合键，群组图层并将其命名为“标题”，如图 9-33 所示。

图9-31

图9-32

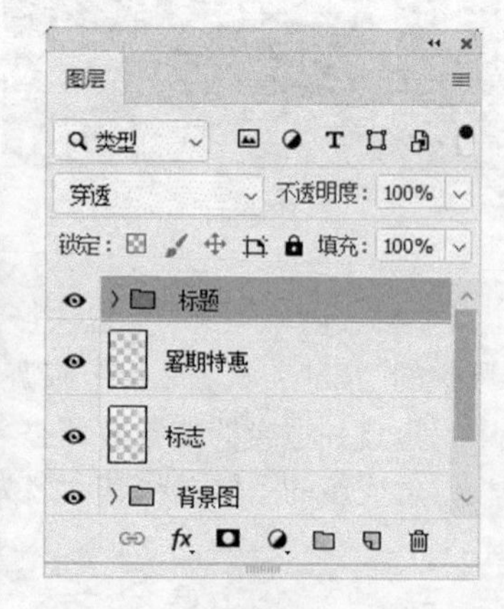

图9-33

（8）单击“图层”控制面板下方的“添加图层样式”按钮 fx，在弹出的菜单中选择“投影”命令，在弹出的对话框中进行设置，如图 9–34 所示，单击“确定”按钮，效果如图 9–35 所示。

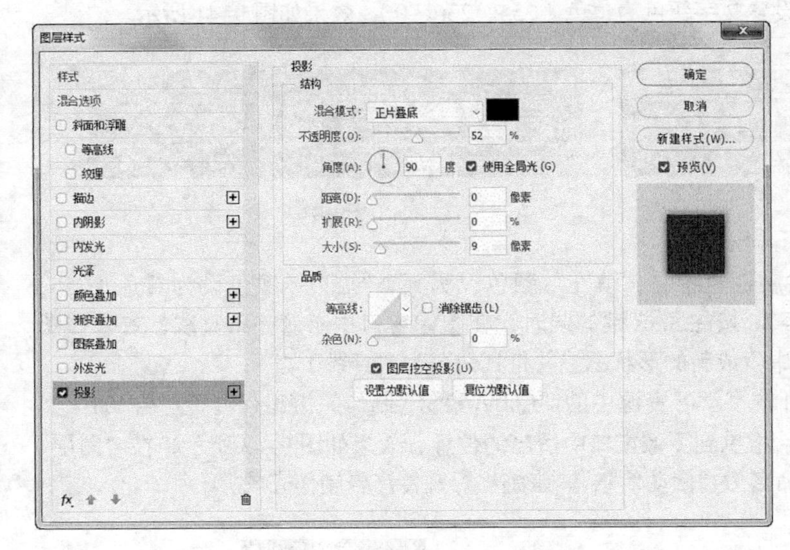

图9–34

图9–35

（9）选择矩形工具 □，在属性栏的“选择工具模式”选项中选择“形状”，将“填充”颜色设为无，“描边”颜色设为白色，“粗细”选项设为 4 像素。在图像窗口中绘制一个矩形，效果如图 9–36 所示，在“图层”控制面板中生成新的形状图层并将其命名为“矩形框”。

（10）在“图层”控制面板中，在“矩形框”图层上单击鼠标右键，在弹出的菜单中选择“栅格化图层”命令，将形状图层转换为普通图层，如图 9–37 所示。

图9–36

图9–37

（11）选择矩形选框工具 ⬚，在图像窗口中绘制矩形选区，如图 9–38 所示。按 Delete 键，删除选区中的图像。按 Ctrl+D 组合键，取消选区，效果如图 9–39 所示。

图9–38

图9–39

（12）选择横排文字工具 T.，输入需要的文字并选取文字，在属性栏中选择合适的字体并设置文字大小，设置文字颜色为白色，效果如图 9-40 所示，在“图层”控制面板中生成新的文字图层。分别选取文字“+”，在属性栏中设置文字颜色为黄色（255、236、0），效果如图 9-41 所示。

图9-40

图9-41

（13）选择直线工具 ⁄.，在属性栏中将“填充”颜色设为无，“描边”颜色设为黄色（255、236、0），“粗细”选项设为 2 像素。按住 Shift 键的同时，在图像窗口中绘制一条直线，效果如图 9-42 所示，在“图层”控制面板中生成新的形状图层并将其命名为“直线 1”。

（14）按 Ctrl+O 组合键，打开本书学习资源中的“Ch09\ 素材 \ 制作旅游出行宣传广告 \08”文件。选择移动工具 ✣.，将 08 图片拖曳到图像窗口中适当的位置，效果如图 9-43 所示，在“图层”控制面板中生成新的图层并将其命名为“活动信息”。旅游出行宣传广告制作完成。

图9-42

图9-43

9.2 课堂练习——制作奶茶新品宣传广告

【练习知识要点】使用横排文字工具添加文字信息，使用钢笔工具和横排文字工具制作路径文字，使用矩形工具和椭圆工具绘制装饰图形，最终效果如图 9-44 所示。

【效果所在位置】Ch09\ 效果 \ 制作奶茶新品宣传广告.psd。

图9-44

9.3 课后习题——制作汽车销售宣传广告

【习题知识要点】使用矩形工具、圆角矩形工具和自定形状工具绘制装饰图形，使用横排文字工具输入文字，使用图层样式为图形和文字添加特殊效果，使用“创建剪贴蒙版”命令置入图片，最终效果如图 9-45 所示。

【效果所在位置】Ch09\ 效果 \ 制作汽车销售宣传广告.psd。

图9-45

第10章 海报设计

本章介绍

海报是广告艺术中的一种大众化载体，又名“招贴”或“宣传画”。海报具有尺寸大、远视性强等特点，在宣传媒介中占有重要的地位。本章以春之韵巡演海报设计为例，讲解海报的设计方法和制作技巧。

学习目标

- 了解海报的设计方法。
- 掌握海报的制作技巧。

10.1 制作春之韵巡演海报

【案例知识要点】使用图层蒙版和画笔工具制作图片融合效果，使用“色相/饱和度”“色阶”“亮度/对比度”调整图层调整图片颜色，使用横排文字工具和字符控制面板添加标题与宣传性文字，最终效果如图 10-1 所示。

【效果所在位置】Ch10\效果\制作春之韵巡演海报.psd。

图10-1

10.1.1 制作海报底图

（1）按 Ctrl+N 组合键，弹出“新建文档”对话框，设置宽度为 50 厘米，高度为 70 厘米，分辨率为 150 像素/英寸，颜色模式为 RGB，背景内容为白色，单击“创建”按钮，新建一个文件。

（2）按 Ctrl+O 组合键，打开本书学习资源中的“Ch10\素材\制作春之韵巡演海报\01、02”文件。选择移动工具 ，将 01、02 图片分别拖曳到图像窗口中适当的位置，效果如图 10-2 所示，在“图层”控制面板中生成新的图层并将其分别命名为“底色”和“色彩”。单击“图层”控制面板下方的“添加图层蒙版”按钮 ，为“色彩”图层添加图层蒙版，如图 10-3 所示。

图10-2

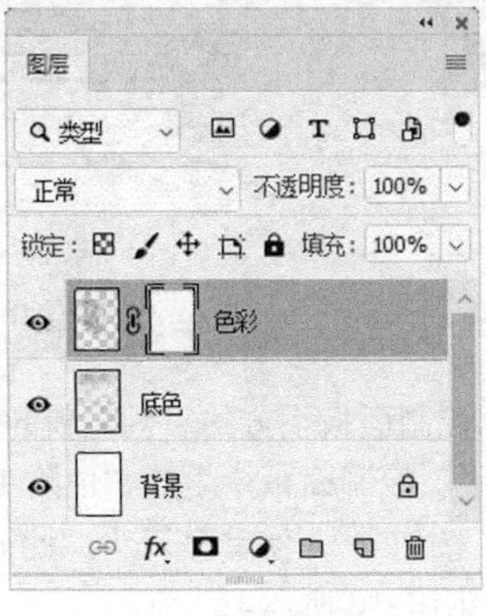

图10-3

（3）将前景色设为黑色。选择画笔工具 ，在属性栏中单击“画笔预设”选项右侧的 按钮，在弹出的面板中选择需要的画笔形状和大小，如图 10-4 所示。在属性栏中将“不透明度”选项设为 60%，在图像窗口中进行涂抹，擦除不需要的部分，效果如图 10-5 所示。

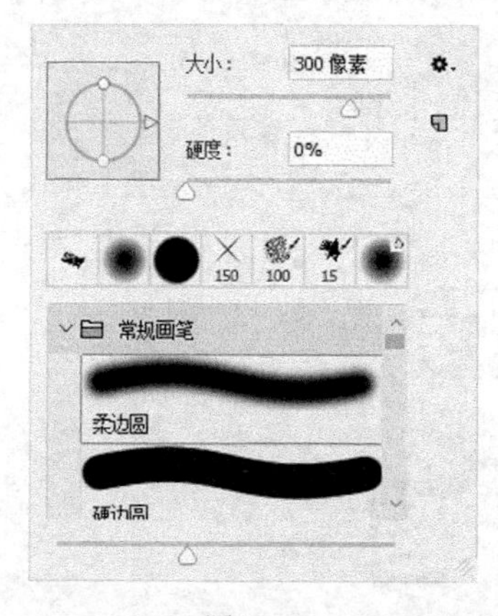

图10-4

图10-5

（4）按 Ctrl+O 组合键，打开本书学习资源中的“Ch10\素材\制作春之韵巡演海报\03”文件。选择移动工具 ，将 03 图片拖曳到图像窗口中适当的位置，效果如图 10-6 所示，在“图层”控制面板中生成新的图层并将其命名为“人物”。

（5）单击“图层”控制面板下方的“创建新的填充或调整图层”按钮 ，在弹出的菜单中选择“色相/饱和度”命令，在“图层”控制面板中生成“色相/饱和度 1”图层，同时弹出“色相/饱和度”面板。单击“此调整影响下面的所有图层”按钮 ，使其显示为“此调整剪切到此图层”按钮 ，其他选的项设置如图 10-7 所示，图像效果如图 10-8 所示。

图10-6

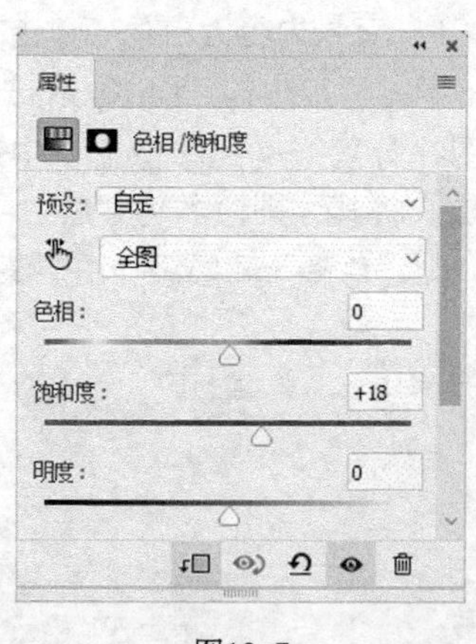

图10-7

图10-8

（6）单击“图层”控制面板下方的“创建新的填充或调整图层”按钮 ，在弹出的菜单中选择“色阶”命令，在“图层”控制面板中生成“色阶 1”图层，同时弹出“色阶”面板。单击“此调整影响下面的所有图层”按钮 ，使其显示为“此调整剪切到此图层”按钮 ，其他选项的设置如图 10-9 所示，效果如图 10-10 所示。

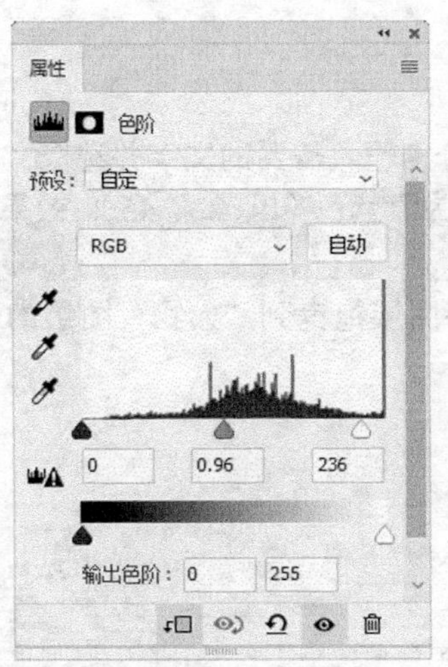

图10-9

图10-10

（7）单击“图层”控制面板下方的“创建新的填充或调整图层”按钮 ，在弹出的菜单中选择“亮度 / 对比度”命令，在“图层”控制面板中生成“亮度 / 对比度 1”图层，同时弹出“亮度 / 对比度”面板。单击“此调整影响下面的所有图层”按钮 ，使其显示为“此调整剪切到此图层”按钮 ，其他选项的设置如图 10-11 所示，效果如图 10-12 所示。

图10-11

图10-12

（8）选中“亮度 / 对比度 1”图层的蒙版缩览图。选择画笔工具 ，在图像窗口中人物头部进行涂抹，擦除不需要的颜色，“图层”面板如图 10-13 所示，效果如图 10-14 所示。

图10-13

图10-14

10.1.2 添加标题及宣传性文字

（1）选择横排文字工具 T.，在适当的位置分别输入需要的文字并选取文字，在属性栏中分别选择合适的字体并设置文字大小，设置文字颜色为海蓝色（0、22、46），效果如图 10–15 所示，在“图层”控制面板中分别生成新的文字图层。

（2）在“图层”控制面板中，将“春”文字图层拖曳到“人物”图层的下方，如图 10–16 所示，效果如图 10–17 所示。

图10–15

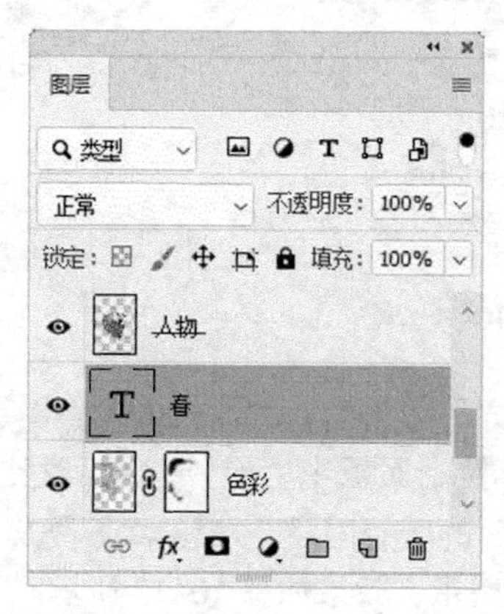

图10–16

图10–17

（3）选择横排文字工具 T.，输入需要的文字并选取文字，在属性栏中选择合适的字体并设置文字大小。按 Alt+ ↓组合键，调整行距，效果如图 10–18 所示，在“图层”控制面板中生成新的文字图层。分别选取字母 S 和 C，在属性栏中设置文字大小，效果如图 10–19 所示。

图10–18

图10–19

（4）再次分别输入需要的文字并选取文字，在属性栏中分别选择合适的字体并设置文字大小，效果如图 10–20 所示，在“图层”控制面板中分别生成新的文字图层。

（5）选取文字“爱罗斯皇家芭蕾舞团倾情演绎”，按 Alt+ →组合键，调整文字间距，效果如图 10–21 所示。选取文字“维科夫斯基经典巨著”，按 Alt+ →组合键，调整文字间距，效果如图 10–22 所示。

图10–20

图10–21

图10–22

（6）选择横排文字工具 T.，输入需要的文字并选取文字，在属性栏中选择合适的字体并设置文字大小，如图 10–23 所示，在“图层”控制面板中生成新的文字图层。选取文字，按 Alt+ ↓组合键，调整行距，效果如图 10–24 所示。

图10–23

图10–24

（7）再次分别输入需要的文字并选取文字，在属性栏中分别选择合适的字体并设置文字大小，效果如图 10–25 所示，在“图层”控制面板中分别生成新的文字图层。选取文字“二十周年荣耀纪念巡演”，按 Alt+ →组合键，调整文字间距，效果如图 10–26 所示。

图10–25

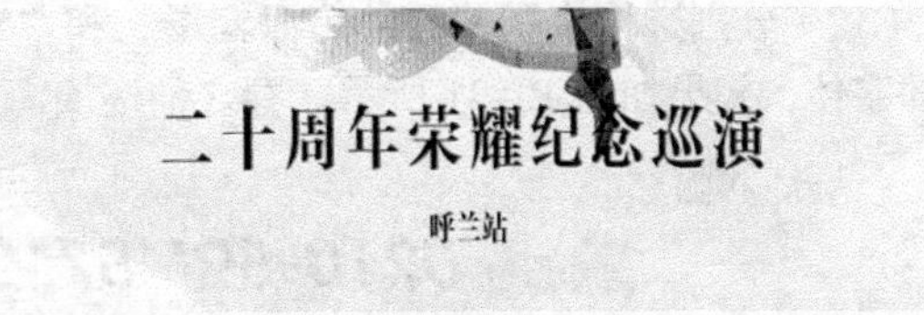

图10–26

（8）在“图层”控制面板中，选中“呼兰站”图层。选择直线工具 ⁄，在属性栏的“选择工具模式”选项中选择“形状”，将“填充”颜色设为海蓝色（0、22、46），“粗细”选项设为 2 像素，按住 Shift 键的同时，在图像窗口中绘制一条竖线，效果如图 10–27 所示，在“图层”控制面板中生成新的形状图层“形状 1”。

（9）选择路径选择工具 ▸，按住 Alt+Shift 组合键的同时，水平向右拖曳竖线到适当的位置，复制竖线，效果如图 10–28 所示。

图10–27

图10–28

（10）选择横排文字工具 T.，在适当的位置分别输入需要的文字并选取文字，在属性栏中分别选择合适的字体并设置文字大小，效果如图 10–29 所示，在“图层”控制面板中分别生成新的文字图层。

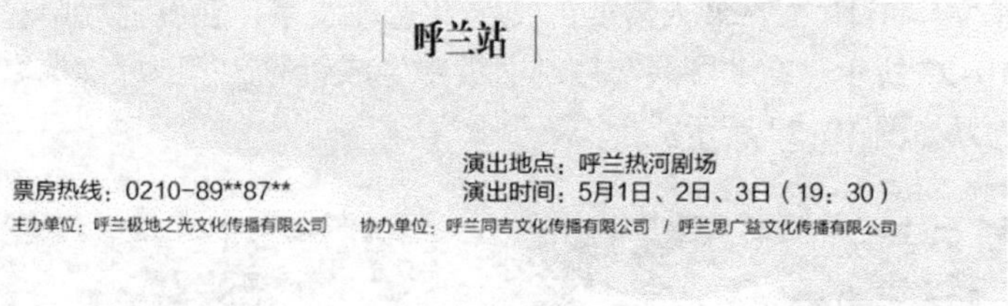
呼兰站
演出地点：呼兰热河剧场
票房热线：0210-89**87**
演出时间：5月1日、2日、3日（19：30）
主办单位：呼兰极地之光文化传播有限公司
协办单位：呼兰同吉文化传播有限公司 / 呼兰思广益文化传播有限公司

图10–29

（11）选取文字“0210–89**87**”，选择“窗口 > 字符”命令，弹出“字符”面板，调整文字大小为 60 点，单击“仿斜体”按钮 *T*，使文字倾斜，效果如图 10–30 所示。

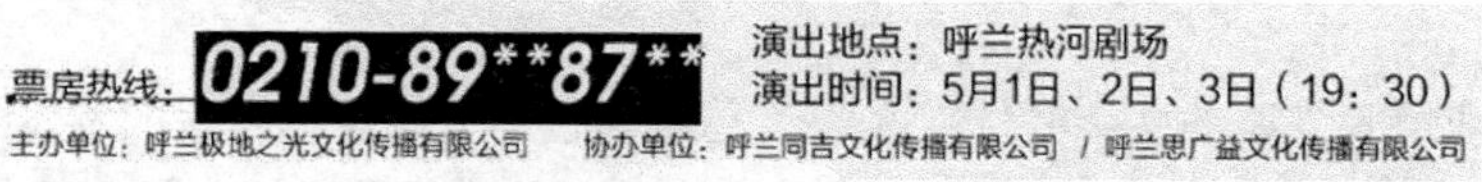
票房热线：0210-89**87**
演出地点：呼兰热河剧场
演出时间：5月1日、2日、3日（19：30）
主办单位：呼兰极地之光文化传播有限公司
协办单位：呼兰同吉文化传播有限公司 / 呼兰思广益文化传播有限公司

图10–30

（12）分别选取文字“呼兰热河剧场”和“5 月 1 日、2 日、3 日（19:30）”，在属性栏中选择合适的字体，效果如图 10–31 所示。春之韵巡演海报制作完成。

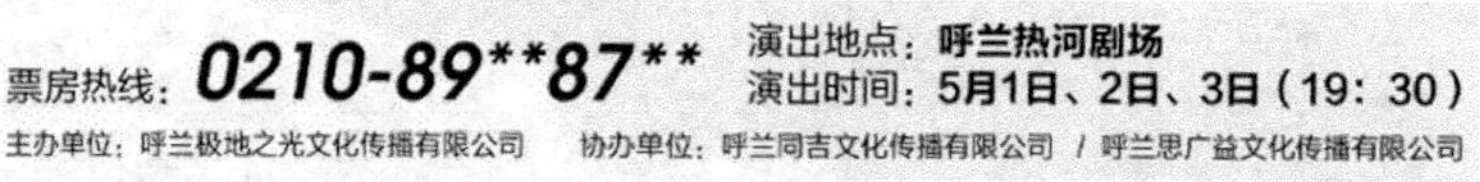
票房热线：0210-89**87**
演出地点：呼兰热河剧场
演出时间：5月1日、2日、3日（19：30）
主办单位：呼兰极地之光文化传播有限公司
协办单位：呼兰同吉文化传播有限公司 / 呼兰思广益文化传播有限公司

图10–31

10.2 课堂练习——制作招聘运营海报

【练习知识要点】使用矩形工具、添加锚点工具、转换点工具和直接选择工具制作会话框，使用横排文字工具和字符控制面板添加公司名称、职务信息与联系方式，最终效果如图 10–32 所示。

【效果所在位置】Ch10\ 效果 \ 制作招聘运营海报.psd。

海大梦集团
诚聘精英
有梦想你就来
世界那么大
您不来
怎么知道是否
合适
新媒体运营
15K-20K
品牌设计师
20K-25K
程序开发员
15K-30K
招
募
令
JOIN
US
400-89**89**

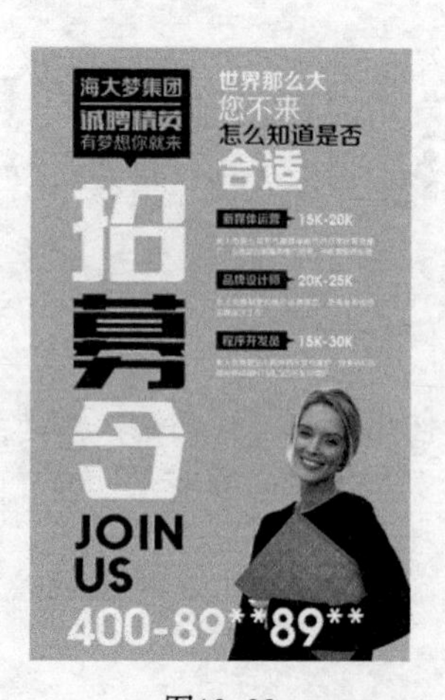

图10–32

10.3 课后习题——制作旅游公众号运营海报

【习题知识要点】使用移动工具合成海报背景，使用横排文字工具和图层样式添加并编辑标题文字，使用圆角矩形工具、直线工具、横排文字工具和字符控制面板添加宣传性文字，最终效果如图 10-33 所示。

【效果所在位置】Ch10\ 效果 \ 制作旅游公众号运营海报.psd。

图10-33

第11章 书籍封面设计

本章介绍

精美的书籍装帧设计可以使读者享受到阅读的愉悦。书籍装帧整体设计需要考虑的项目包括开本设计、封面设计、版本设计、使用材料等内容。本章以花卉书籍封面设计为例，讲解封面的设计方法和制作技巧。

学习目标

- 了解书籍封面的设计方法。
- 掌握书籍封面的制作技巧。

11.1 制作花卉书籍封面

【案例知识要点】使用“新建参考线版面”命令和“新建参考线”命令添加参考线，使用“置入”命令置入图片，使用“创建剪贴蒙版”命令和矩形工具制作封面底图，使用横排文字工具添加文字信息，使用钢笔工具和直线工具添加装饰图案，使用图层混合模式制作图片融合效果，最终效果如图 11-1 所示。

【效果所在位置】Ch11\ 效果 \ 制作花卉书籍封面.psd。

图11-1

11.1.1 制作封面

（1）按 Ctrl+N 组合键，弹出“新建文档”对话框，设置宽度为 39.1 厘米，高度为 26.6 厘米，分辨率为 150 像素 / 英寸，颜色模式为 RGB，背景内容为红色（209、14、49），单击“创建”按钮，新建一个文件。

（2）选择“视图 > 新建参考线版面”命令，在弹出的对话框中进行设置，如图 11-2 所示，单击“确定”按钮，效果如图 11-3 所示。

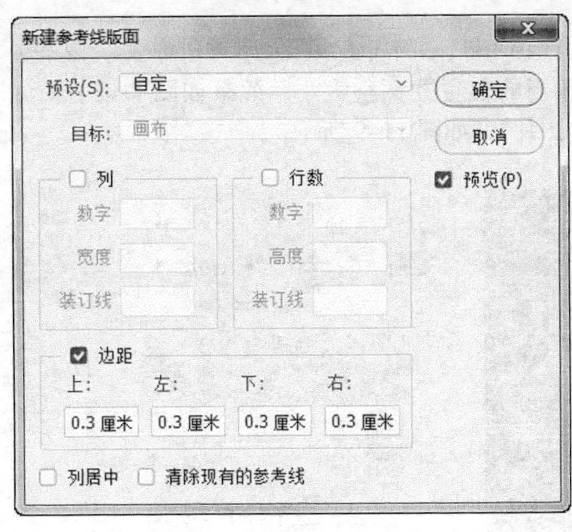

图11-2

图11-3

（3）选择“视图 > 新建参考线”命令，在弹出的对话框中进行设置，如图 11-4 所示，单击“确定”按钮，效果如图 11-5 所示。

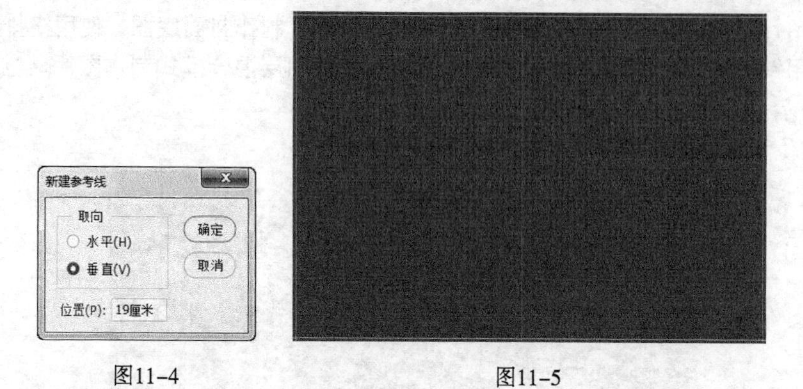

图11-4　　图11-5

（4）使用相同的方法在 20.5 厘米处新建另一条垂直参考线，效果如图 11-6 所示。选择矩形工具，在属性栏的“选择工具模式”选项中选择“形状”，将“填充”颜色设为黑色，“描边”颜色设为“无”。在图像窗口中绘制一个矩形，效果如图 11-7 所示，在“图层”控制面板中生成新的形状图层“矩形 1”。

图11-6　　图11-7

（5）按 Ctrl+O 组合键，打开本书学习资源中的“Ch11\ 素材 \ 制作花卉书籍封面 \01”文件。选择移动工具，将 01 图片拖曳到图像窗口中适当的位置并调整大小，效果如图 11-8 所示，在“图层”控制面板中生成新的图层并将其命名为“图片”，如图 11-9 所示。

图11-8　　图11-9

（6）按 Alt+Ctrl+G 组合键，创建剪贴蒙版，效果如图 11-10 所示。选择“图像 > 调整 > 色阶”命令，在弹出的对话框中进行设置，如图 11-11 所示，设置完成后单击“确定”按钮。

图11-10

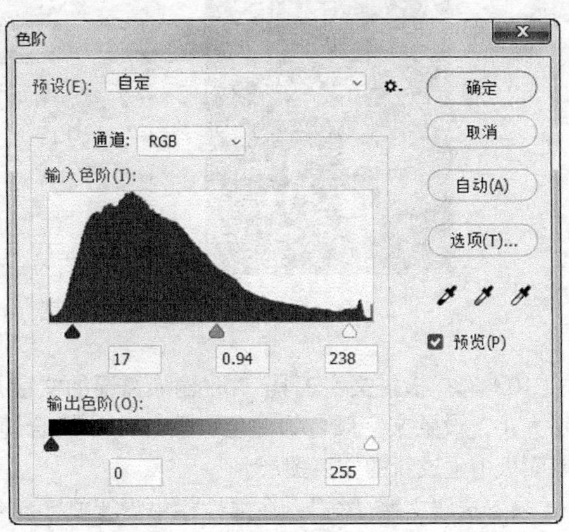

图11-11

（7）选择“图像 > 调整 > 色相 / 饱和度”命令，在弹出的对话框中进行设置，如图 11-12 所示，设置完成后单击“确定”按钮，效果如图 11-13 所示。

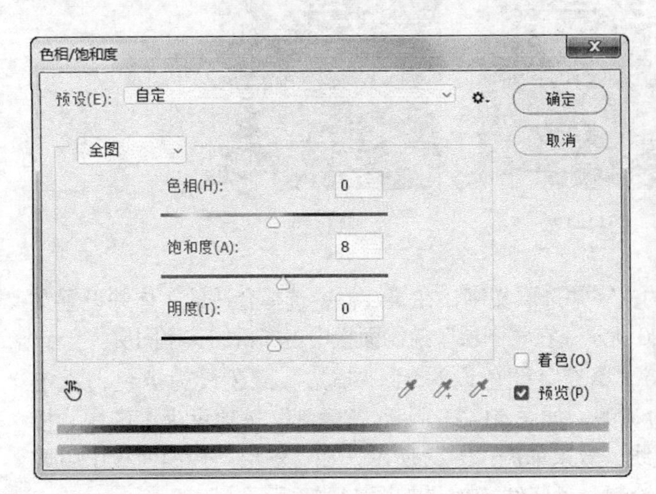

图11-12

图11-13

（8）选择钢笔工具，在属性栏的“选择工具模式”选项中选择“形状”，将“填充”颜色设为红色（210、14、49），“描边”颜色设为“无”。在图像窗口中绘制一个不规则图形，效果如图 11-14 所示，在“图层”控制面板中生成新的形状图层“形状 1”。

（9）在“图层”控制面板中，将“形状 1”图层的“不透明度”选项设为 80%，如图 11-15 所示，效果如图 11-16 所示。

图11-14　　图11-15　　图11-16

（10）选择横排文字工具 T.，输入需要的文字并选取文字，在属性栏中选择合适的字体并设置文字大小，设置文字颜色为白色。按 Alt+ ↑组合键，调整行距，效果如图 11-17 所示，在“图层”控制面板中生成新的文字图层。

（11）选取文字“坊”，在属性栏中设置文字颜色为黑色，效果如图 11-18 所示。选择移动工具 ✥.，按 Alt+Ctrl+G 组合键，创建剪贴蒙版，效果如图 11-19 所示。

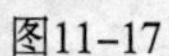

图11-17　　图11-18　　图11-19

（12）选择横排文字工具 T.，输入需要的文字并选取文字，在属性栏中选择合适的字体并设置文字大小，设置文字颜色为白色，效果如图 11-20 所示，在“图层”控制面板中生成新的文字图层。

（13）选择直线工具 ⁄.，在属性栏中将“填充”颜色设为无，“描边”颜色设为黑色，单击 —— 按钮，在弹出的面板中选中需要的描边类型，如图 11-21 所示，“粗细”选项设为 1 像素。按住 Shift 键的同时，在图像窗口中绘制一条直线，效果如图 11-22 所示，在“图层”控制面板中生成新的形状图层“形状 2”。用相同的方法再次绘制一条竖线，效果如图 11-23 所示。

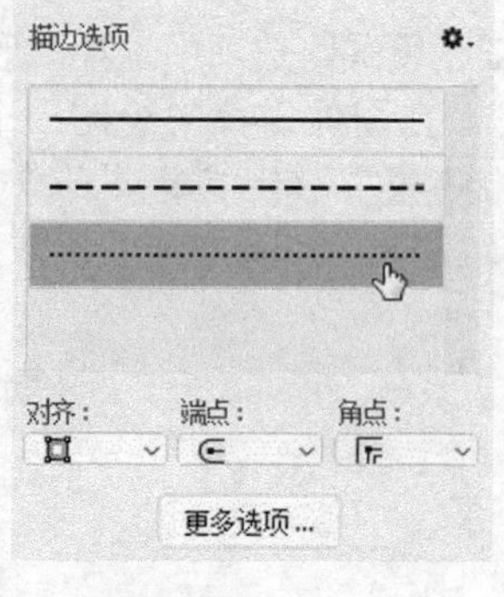

图11-20　　图11-21　　图11-22　　图11-23

（14）选择横排文字工具 T.，输入需要的文字并选取文字，在属性栏中选择合适的字体并设置文字大小，设置文字颜色为白色，如图 11–24 所示。按 Alt+ ↓组合键，调整行距，效果如图 11–25 所示，在“图层”控制面板中生成新的文字图层。

图11–24

图11–25

（15）选择直排文字工具 IT.，输入需要的文字并选取文字，在属性栏中选择合适的字体并设置文字大小，设置文字颜色为白色，如图 11–26 所示，在“图层”控制面板中生成新的文字图层。

（16）单击“图层”控制面板下方的“添加图层样式”按钮 fx.，在弹出的菜单中选择“投影”命令，在弹出的对话框中进行设置，如图 11–27 所示，单击“确定”按钮，效果如图 11–28 所示。

图11–26

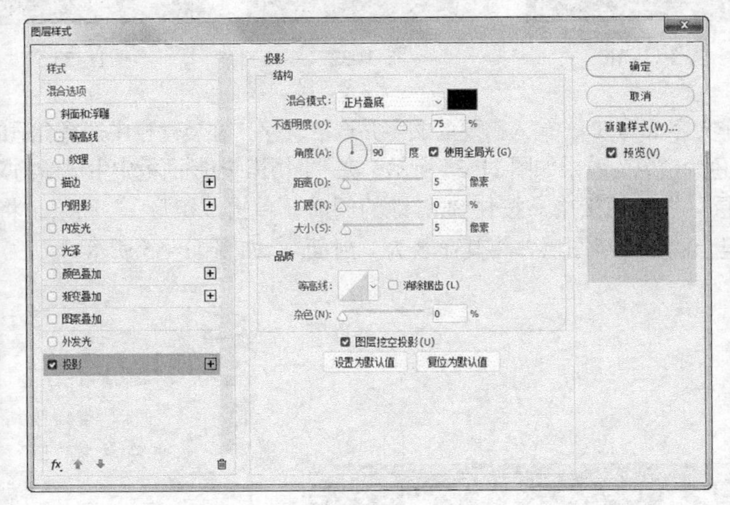

图11–27

图11–28

（17）选择圆角矩形工具 ▢.，在属性栏中将“填充”颜色设为白色，“描边”颜色设为无，“半径”选项设为 10 像素。在图像窗口中绘制一个圆角矩形，效果如图 11–29 所示，在“图层”控制面板中生成新的形状图层并将其命名为“标志”，如图 11–30 所示。

（18）选择横排文字工具 T.，输入需要的文字并选取文字，在属性栏中选择合适的字体并设置文字大小，设置文字颜色为黑色，如图 11–31 所示，在“图层”控制面板中生成新的文字图层。

（19）在“图层”控制面板中，按住 Ctrl 键的同时，单击文字图层的缩览图，文字周围生成选区，如图 11–32 所示。将文字图层拖曳到“图层”控制面板下方的“删除图层”按钮 🗑 上，删除文字图层。

（20）在“标志”图层上单击鼠标右键，在弹出的菜单中选择“栅格化图层”命令，将形状图层转换为普通图层。按 Delete 键，删除选区中的图像。按 Ctrl+D 组合键，取消选区，效果如图 11–33 所示。

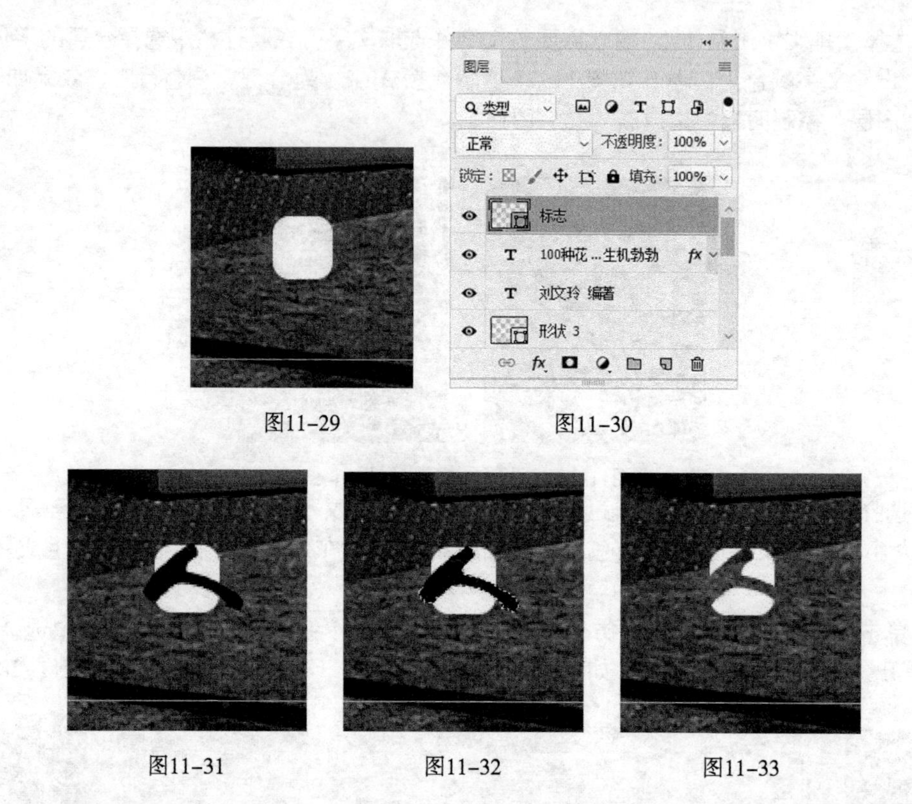

图11-29　　图11-30

图11-31　　图11-32　　图11-33

（21）选择横排文字工具 T.，输入需要的文字并选取文字，在属性栏中选择合适的字体并设置文字大小，设置文字颜色为白色，效果如图 11-34 所示，在“图层”控制面板中生成新的文字图层。

（22）在“图层”控制面板中，按住 Shift 键的同时，单击“矩形 1”图层，将需要的图层同时选取。按 Ctrl+G 组合键，群组图层并将其命名为“封面”，如图 11-35 所示。

图11-34　　图11-35

11.1.2　制作封底

（1）选择“文件 > 置入嵌入对象”命令，弹出“置入嵌入的对象”对话框。选择本书学习资源中的“Ch11\ 素材 \ 制作花卉书籍封面 \02”文件，单击“置入”按钮，将图片置入图像窗口中，拖曳到适当的位置并调整大小和角度，按 Enter 键确认操作，效果如图 11-36 所示，在“图层”控制面板中生成新的图层并将其命名为“花”，如图 11-37 所示。

图11-36

图11-37

（2）在“图层”控制面板中，将“花”图层的混合模式设为“正片叠底”，效果如图 11-38 所示。单击“图层”控制面板下方的“添加图层蒙版”按钮，为“花”图层添加图层蒙版，如图 11-39 所示。

图11-38

图11-39

（3）选择渐变工具，单击属性栏中的“点按可编辑渐变”按钮，弹出“渐变编辑器”对话框，将渐变色设为从黑色到白色，将右侧颜色的“不透明度”选项设为 0%，如图 11-40 所示，设置完成后单击“确定”按钮。在图像窗口中从右向左拖曳，填充渐变色，效果如图 11-41 所示。

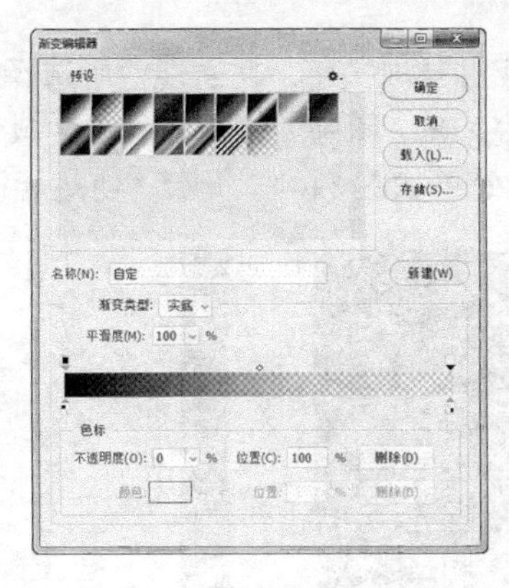

图11-40

图11-41

（4）选择横排文字工具 T，输入需要的文字并选取文字，在属性栏中选择合适的字体并设置文字大小，设置文字颜色为白色。按 Alt+ ↓组合键，调整行距，效果如图 11-42 所示，在“图层”

控制面板中生成新的文字图层。

（5）选择矩形工具□，在属性栏中将“填充”颜色设为白色，“描边”颜色设为“无”。在图像窗口中绘制一个矩形，效果如图 11–43 所示，在“图层”控制面板中生成新的形状图层并将其命名为“白色块”。

图11–42

图11–43

（6）选择横排文字工具 T，输入需要的文字并选取文字，在属性栏中选择合适的字体并设置文字大小，设置文字颜色为白色，效果如图 11–44 所示，在“图层”控制面板中生成新的文字图层。

（7）在“图层”控制面板中，按住 Shift 键的同时，单击“花”图层，将需要的图层同时选取。按 Ctrl+G 组合键，群组图层并将其命名为“封底”，如图 11–45 所示。

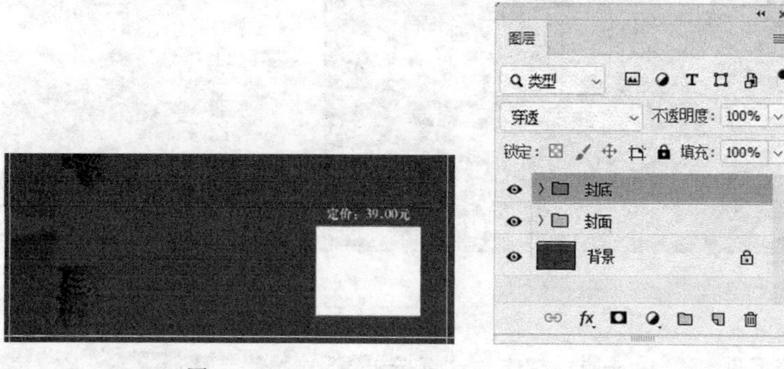

图11–44　　图11–45

11.1.3　制作书脊

（1）选择直排文字工具 IT，输入需要的文字并选取文字，在属性栏中选择合适的字体并设置文字大小，设置文字颜色为白色，如图 11–46 所示，在“图层”控制面板中生成新的文字图层。选取文字“坊”，在属性栏中设置文字颜色为黑色，效果如图 11–47 所示。使用相同的方法分别输入其

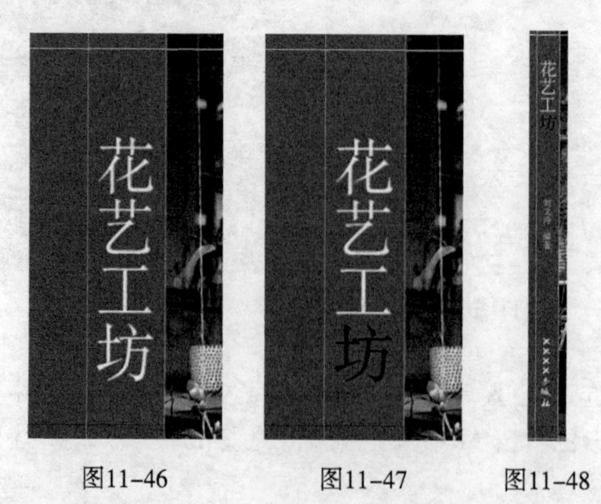

图11–46　　图11–47　　图11–48

他文字，效果如图 11-48 所示，在“图层”控制面板中分别生成新的文字图层。

（2）在“图层”控制面板中，展开“封面”图层组。选中“标志”图层，按 Ctrl+J 组合键，复制图层，在“图层”控制面板中生成新的图层“标志 拷贝”，将该图层拖曳到“××××出版社”文字图层的上方，如图 11-49 所示。选择“移动”工具 ，选取图像并将其拖曳到适当的位置，效果如图 11-50 所示。

（3）在“图层”控制面板中，按住 Shift 键的同时，单击“花艺工坊”文字图层，将需要的图层同时选取。按 Ctrl+G 组合键，群组图层并将其命名为“书脊”，如图 11-51 所示。花卉书籍封面制作完成。

图11-49　图11-50　图11-51

11.2　课堂练习——制作摄影书籍封面

【练习知识要点】使用矩形工具、移动工具和“创建剪贴蒙版”命令制作主体照片，使用横排文字工具添加书籍信息，使用矩形工具和自定形状工具绘制标识，最终效果如图 11-52 所示。

【效果所在位置】Ch11\效果\制作摄影书籍封面.psd。

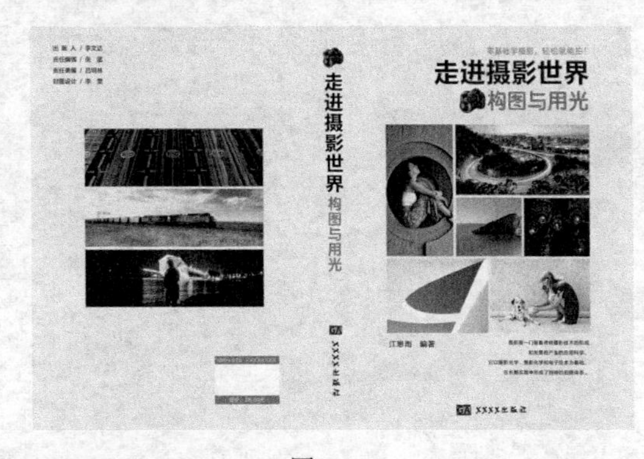

图11-52

11.3　课后习题——制作美食书籍封面

【习题知识要点】使用“新建参考线”命令添加参考线，使用矩形工具、椭圆工具和组合按钮制作装饰图形，使用钢笔工具和横排文字工具制作路径文字，使用图层样式为图片添加投影，使用自定形状工具绘制基本图形，最终效果如图 11-53 所示。

【效果所在位置】Ch11\效果\制作美食书籍封面.psd。

图11-53

第12章 宣传册设计

本章介绍

宣传册可以起到有效宣传企业或产品的作用，能够提高企业的知名度和公众对产品的认知度。本章以房地产宣传册的封面及内页设计为例，讲解宣传册封面、内页的设计方法和制作技巧。

学习目标

- 了解宣传册的设计方法。
- 掌握宣传册的制作技巧。

12.1 制作房地产宣传册封面

【案例知识要点】使用“新建参考线版面”命令和“新建参考线”命令添加参考线，使用“置入嵌入对象”命令置入图片，使用横排文字工具添加文字信息，使用直线工具添加装饰图形，使用矩形工具和椭圆工具绘制地图，最终效果如图 12–1 所示。

【效果所在位置】Ch12\ 效果 \ 制作房地产宣传册封面.psd。

图12–1

12.1.1 制作封面

（1）按 Ctrl+N 组合键，弹出“新建文档”对话框，设置宽度为 50.6 厘米，高度为 25.6 厘米，分辨率为 150 像素 / 英寸，颜色模式为 RGB，背景内容为白色，单击“创建”按钮，新建一个文件。

（2）选择“视图 > 新建参考线版面”命令，在弹出的对话框中进行设置，如图 12–2 所示，设置完成后单击“确定”按钮，效果如图 12–3 所示。

图12–2

图12–3

（3）选择“视图 > 新建参考线”命令，在弹出的对话框中进行设置，如图 12–4 所示，设置完成后单击“确定”按钮，效果如图 12–5 所示。

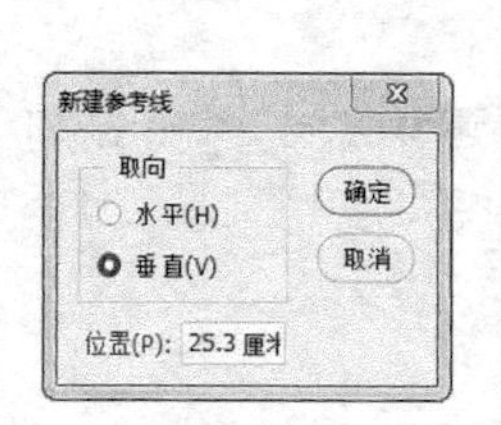

图12-4

图12-5

（4）选择“文件 > 置入嵌入对象”命令，弹出“置入嵌入的对象”对话框。选择本书学习资源中的“Ch12\素材\制作房地产宣传册封面\01”文件，单击“置入”按钮，将图片置入图像窗口中，按 Enter 键确认操作，效果如图 12-6 所示，在“图层”控制面板中生成新的图层并将其命名为“图片”。

（5）选择横排文字工具 T.，输入需要的文字并选取文字，在属性栏中选择合适的字体并设置文字大小，设置文字颜色为深蓝色（12、52、82）。按 Alt+ →组合键，调整文字间距，效果如图 12-7 所示，在“图层”控制面板中生成新的文字图层。

图12-6

图12-7

（6）在“图层”控制面板中，在“生活人家”文字图层上单击鼠标右键，在弹出的菜单中选择“栅格化文字”命令，将文字图层转换为普通图层，如图 12-8 所示。

（7）选择矩形选框工具 ，在图像窗口中绘制矩形选区，如图 12-9 所示。按 Delete 键，删除选区中的图像。按 Ctrl+D 组合键，取消选区，效果如图 12-10 所示。

图12-8

图12-9

图12-10

（8）使用相同的方法制作出如图 12-11 所示的效果。选择横排文字工具 T.，输入需要的文字并选取文字，在属性栏中选择合适的字体并设置文字大小，设置文字颜色为深灰色（55、55、55），在“图层”控制面板中生成新的文字图层。按 Alt+→组合键，调整文字间距，效果如图 12–12 所示。

图12–11

图12–12

（9）选择直线工具 ，在属性栏的“选择工具模式”选项中选择“形状”，将“填充”颜色设为无，“描边”颜色设为深灰色（55、55、55），“粗细”选项设为 2 像素。按住 Shift 键的同时，在图像窗口中绘制一条竖线，效果如图 12–13 所示，在“图层”控制面板中生成新的形状图层并将其命名为“竖线”，如图 12–14 所示。

图12–13

图12–14

（10）选择路径选择工具 ，按住 Alt+Shift 组合键的同时，水平向右拖曳竖线到适当的位置，复制竖线，效果如图 12–15 所示。使用相同的方法复制多条竖线，效果如图 12–16 所示。

图12–15

图12–16

（11）按 Ctrl+O 组合键，打开本书学习资源中的“Ch12\素材\制作房地产宣传册封面\02”文件。选择移动工具 ，将 02 图片拖曳到图像窗口中适当的位置，效果如图 12–17 所示，在“图层”控制面板中生成新的图层并将其命名为“楼房”。

（12）在“图层”控制面板中，按住 Shift 键的同时，单击“生活人家”图层，将需要的图层同时选取。按 Ctrl+G 组合键，群组图层并将其命名为“标志”，如图 12–18 所示。

图12-17

图12-18

12.1.2 制作封底

（1）选择矩形工具□，在属性栏中将“填充”颜色设为深蓝色（12、52、82），“描边”颜色设为“无”。在图像窗口中绘制一个矩形，效果如图 12-19 所示，在“图层”控制面板中生成新的形状图层“矩形 1”。按 Ctrl+J 组合键，复制图层，在“图层”控制面板中生成新的图层“矩形 1 拷贝”，如图 12-20 所示。

图12-19

图12-20

（2）选择移动工具✥，按住 Shift 键的同时，在图像窗口中垂直向下拖曳矩形到适当的位置，效果如图 12-21 所示。使用相同的方法制作出图 12-22 所示的效果。

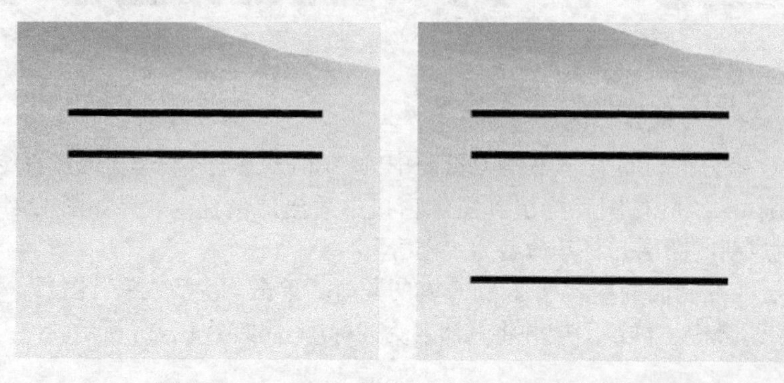

图12-21　　图12-22

（3）按 Ctrl+J 组合键，复制图层。按 Ctrl+T 组合键，图形周围出现变换框，将鼠标指针放在变换框的控制手柄外边，指针变为↰状，拖曳鼠标将图形旋转到适当的角度。拖曳图形上方中间的控制手柄到适当的位置，调整图形的高度，并将其拖曳到适当的位置，按 Enter 键确认操作，效果如图 12-23 所示。使用同样的方法制作出如图 12-24 所示的效果，在“图层”控制面板中分别生成新的形状图层。

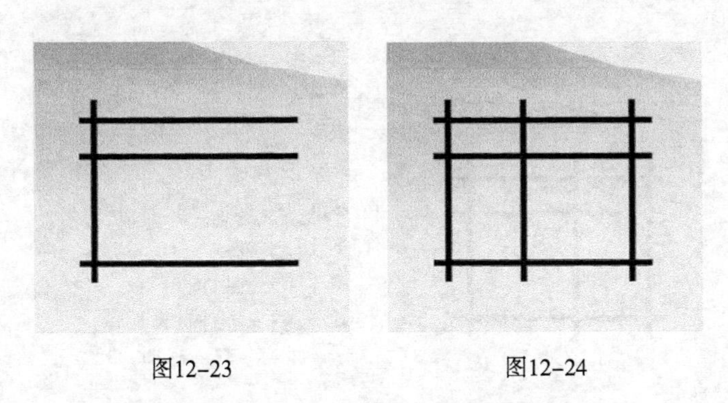

图12-23　　图12-24

（4）选择椭圆工具○，在属性栏中将“填充”颜色设为深蓝色（12、52、82），“描边”颜色设为“无”。按住 Shift 键的同时，在图像窗口中绘制一个圆形，如图 12-25 所示，在“图层”控制面板中生成新的形状图层“椭圆 1”。按 Ctrl+J 组合键，复制图层，在“图层”控制面板中生成新的图层“椭圆 1 拷贝”，如图 12-26 所示。

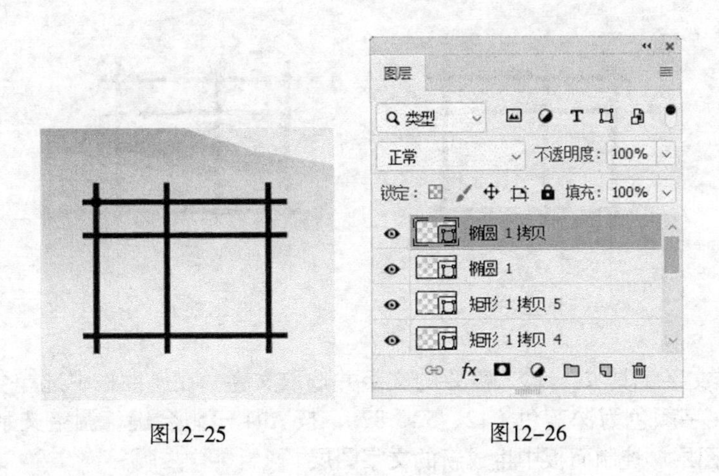

图12-25　　图12-26

（5）选择移动工具✣，按住 Shift 键的同时，水平向右拖曳圆形到适当的位置，效果如图 12-27 所示。使用相同的方法制作出图 12-28 所示的效果。

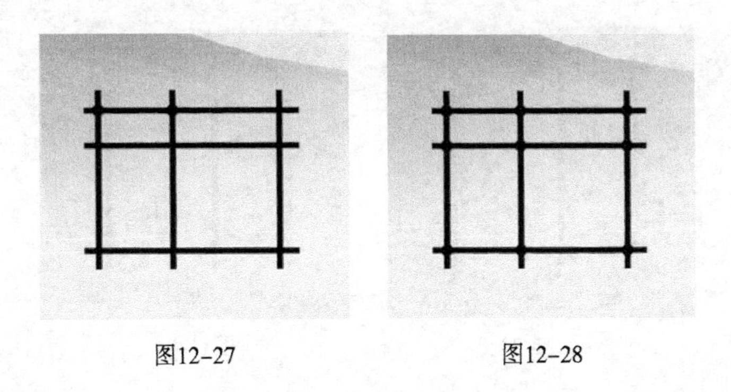

图12-27　　图12-28

（6）选择椭圆工具 ○.，按住 Shift 键的同时，在图像窗口中绘制一个圆形。在属性栏中将“填充”颜色设为黄色（233、204、50），“描边”颜色设为“无”，如图 12-29 所示，在“图层”控制面板中生成新的形状图层“椭圆 2”。按 Ctrl+J 组合键，复制图层，在“图层”控制面板中生成新的图层“椭圆 2 拷贝”，如图 12-30 所示。

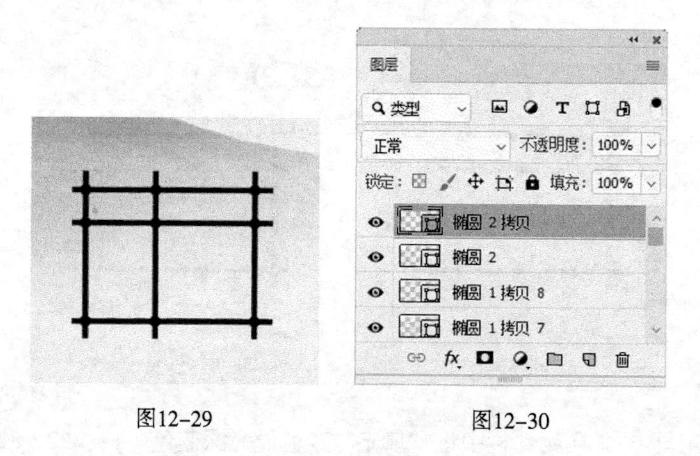

图12-29　　图12-30

（7）选择移动工具 ✥.，选取圆形并将其拖曳到适当的位置，效果如图 12-31 所示。使用相同的方法制作出图 12-32 所示的效果。

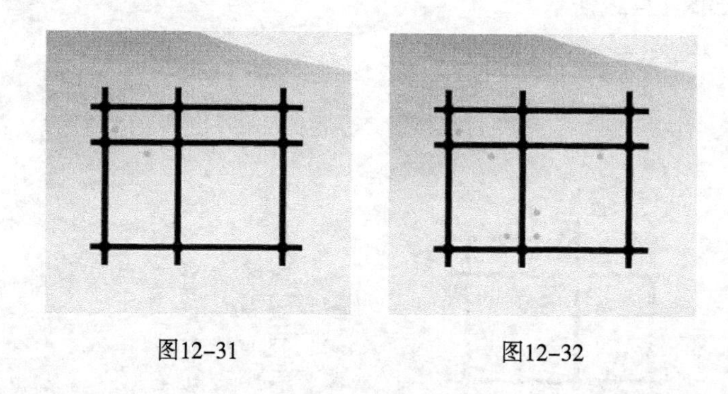

图12-31　　图12-32

（8）选择横排文字工具 T.，输入需要的文字并选取文字，在属性栏中选择合适的字体并设置文字大小，设置文字颜色为深蓝色（12、52、82），按 Alt+ →组合键，调整文字间距，效果如图 12-33 所示，在“图层”控制面板中生成新的文字图层。

（9）再次分别输入需要的文字并选取文字，在属性栏中分别选择合适的字体并设置文字大小，效果如图 12-34 所示，在“图层”控制面板中分别生成新的文字图层。

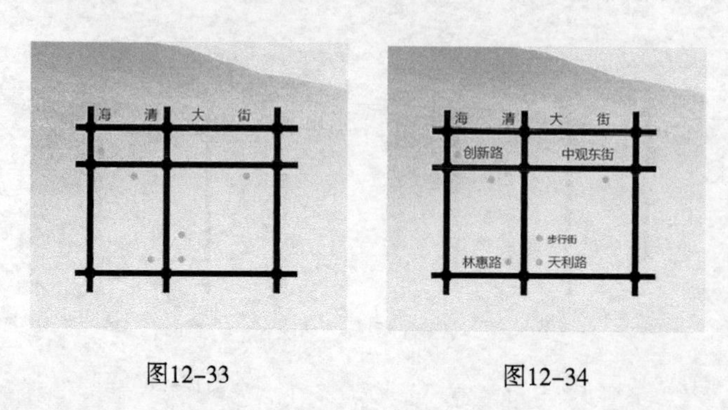

图12-33　　图12-34

（10）选择直排文字工具 IT，分别输入需要的文字并选取文字，在属性栏中选择合适的字体并设置文字大小，设置文字颜色为深蓝色（12、52、82），效果如图 12-35 所示，在“图层”控制面板中分别生成新的文字图层。

（11）选中“标志”图层组。按 Ctrl+J 组合键，复制图层组，在“图层”控制面板中生成新的图层组“标志 拷贝”。按 Ctrl+E 组合键，合并图层组，将其拖曳到“湖里南街”图层的上方，如图 12-36 所示。

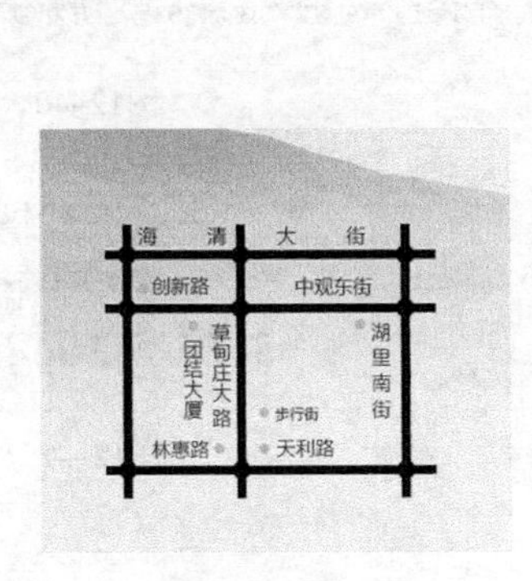

图12-35

图12-36

（12）选择移动工具 ✥，选取拷贝的标志，将其拖曳到适当的位置并调整大小，效果如图 12-37 所示。在“图层”控制面板中，按住 Shift 键的同时，单击“矩形 1”图层，将需要的图层同时选取。按 Ctrl+G 组合键，群组图层并将其命名为“地图”，如图 12-38 所示。

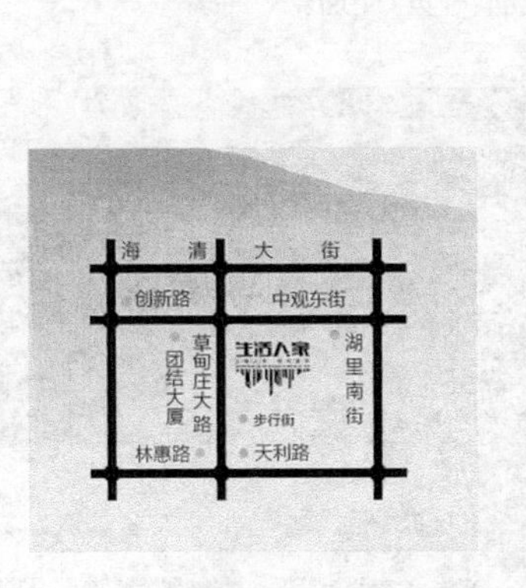

图12-37

图12-38

（13）选择横排文字工具 T，分别输入需要的文字并选取文字，在属性栏中分别选择合适的字体并设置文字大小，设置文字颜色为深蓝色（12、52、82），效果如图 12-39 所示，在“图层”控制面板中分别生成新的文字图层。选取文字“688xxxxx / 689xxxxx”，在属性栏中选择合适的字体并设置文字大小，效果如图 12-40 所示。

（14）再次输入需要的文字并选取文字，在属性栏中选择合适的字体并设置文字大小，设置文字颜色为深蓝色（12、52、82），如图 12-41 所示。选择“窗口 > 字符”命令，打开“字符”面板，单击“仿斜体”按钮 *T*，使文字倾斜，效果如图 12-42 所示，在“图层”控制面板中生成新的文字图层。房地产宣传册封面制作完成。

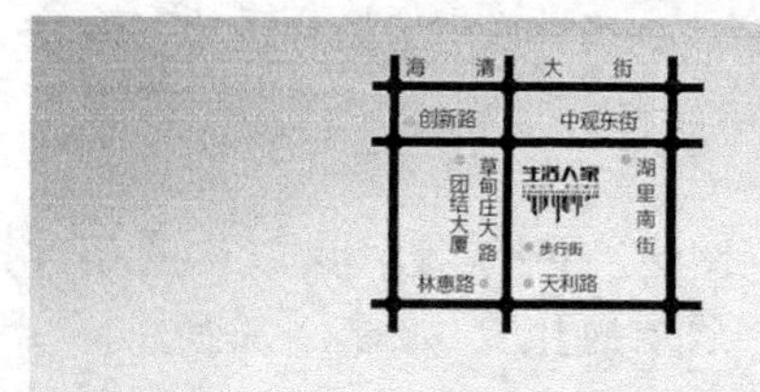

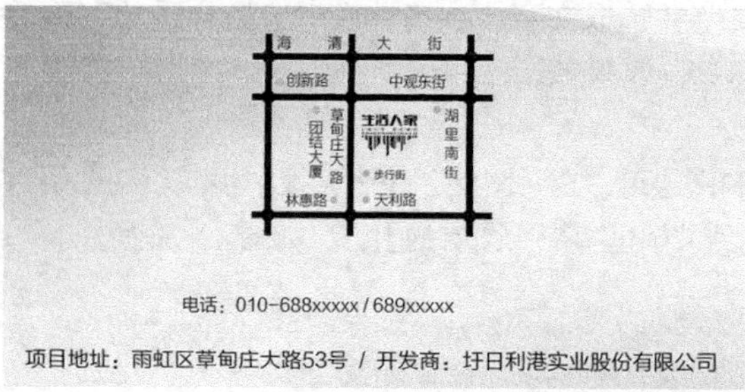

海 清 大 街
创新路
中观东街
草甸庄大路
团结大厦
生活人家
湖里南街
步行街
林惠路
天利路
电话：010-688xxxxx / 689xxxxx
项目地址：雨虹区草甸庄大路53号 / 开发商：圩日利港实业股份有限公司

图12-39

海 清 大 街
创新路
中观东街
草甸庄大路
团结大厦
生活人家
湖里南街
步行街
林惠路
天利路
电话：010-688xxxxx / 689xxxxx
项目地址：雨虹区草甸庄大路53号 / 开发商：圩日利港实业股份有限公司

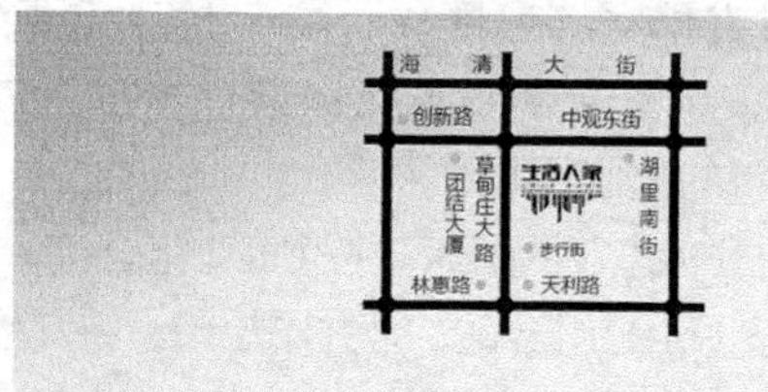

图12-40

电话：010-688xxxxx / 689xxxxx
项目地址：雨虹区草甸庄大路53号 / 开发商：圩日利港实业股份有限公司
SUPERSTRUCTURE

图12-41

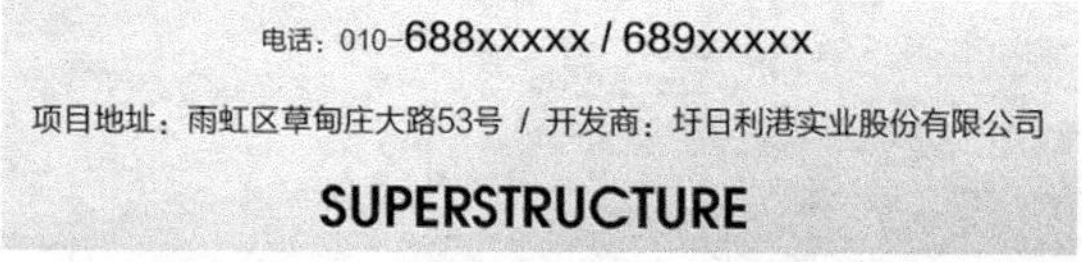

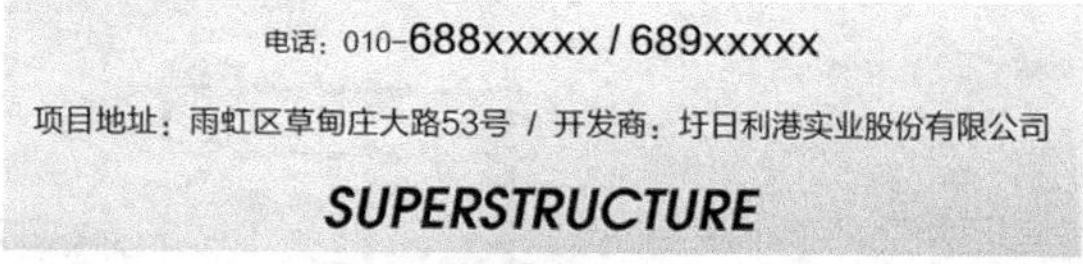

电话：010-688xxxxx / 689xxxxx
项目地址：雨虹区草甸庄大路53号 / 开发商：圩日利港实业股份有限公司
SUPERSTRUCTURE

图12-42

12.2 课堂练习——制作房地产宣传册内页 1

【练习知识要点】使用“新建参考线版面”命令和“新建参考线”命令添加参考线，使用矩形工具绘制装饰图形，使用“置入”命令和“创建剪贴蒙版”命令制作宣传图片，使用横排文字工具添加文字信息，使用图层蒙版和渐变工具制作展示效果，最终效果如图 12-43 所示。

【效果所在位置】Ch12\ 效果 \ 制作房地产宣传册内页 1.psd。

THE
LIFE
OF
THE CITY
都市风尚生活

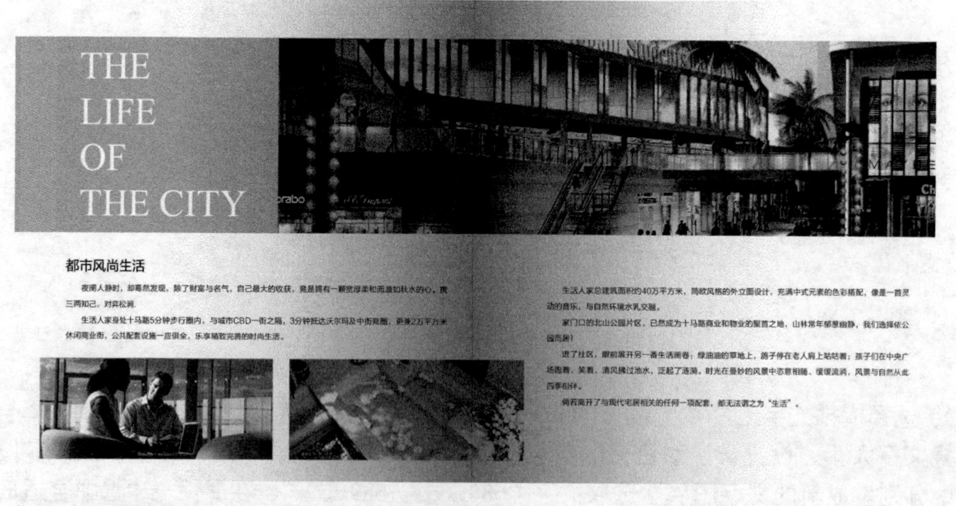

图12-43

12.3 课后习题——制作房地产宣传册内页 2

【习题知识要点】使用“新建参考线版面”命令和“新建参考线”命令添加参考线，使用矩形工具绘制装饰图形，使用“置入”命令和“创建剪贴蒙版”命令制作宣传图片，使用横排文字工具和直排文字工具添加文字信息，使用图层蒙版和渐变工具制作展示效果，最终效果如图 12-44 所示。

【效果所在位置】Ch12\ 效果 \ 制作房地产宣传册内页 2.psd。

图12-44

第13章 包装设计

本章介绍

包装代表着一个商品的品牌形象。好的包装可以让商品在同类产品中脱颖而出，吸引消费者的注意力。包装不仅可以起到美化商品及传递商品信息的作用，还可以极大地提高商品的价值。本章以洗发水包装设计为例，讲解包装的设计方法和制作技巧。

学习目标

- 了解包装的设计方法。
- 掌握包装的制作技巧。

13.1 制作洗发水包装

【案例知识要点】使用移动工具添加素材图片，使用图层蒙版、渐变工具和画笔工具制作背景底图，使用矩形工具、“变换”命令、椭圆工具和“创建剪贴蒙版”命令制作装饰图形，使用“变换”命令、图层蒙版和渐变工具制作洗发水瓶的投影，使用“色相 / 饱和度”调整层和画笔工具调整洗发水瓶的颜色，使用横排文字工具、字符面板、圆角矩形工具和图层样式添加宣传文字，最终效果如图 13-1 所示。

【效果所在位置】Ch13\ 效果 \ 制作洗发水包装.psd。

图13-1

13.1.1 制作背景效果

（1）按 Ctrl+N 组合键，弹出“新建文档”对话框，设置宽度为 18.5 厘米，高度为 10 厘米，分辨率为 100 像素 / 英寸，颜色模式为 RGB，背景内容为浅蓝色（132、203、225），单击“创建”按钮，新建一个文件，如图 13-2 所示。

（2）按 Ctrl+O 组合键，打开本书学习资源中的“Ch13\ 素材 \ 制作洗发水包装 \01”文件。选择移动工具 ✥，将 01 图片拖曳到图像窗口中适当的位置，效果如图 13-3 所示，在“图层”控制面板中生成新的图层并将其命名为“山”。

图13-2

图13-3

（3）在“图层”控制面板中，将“山”图层的混合模式设为“正片叠底”，如图 13-4 所示，效果如图 13-5 所示。单击“图层”控制面板下方的“添加图层蒙版”按钮 ◘，为“山”图层添加图层蒙版，如图 13-6 所示。

图13-4

图13-5

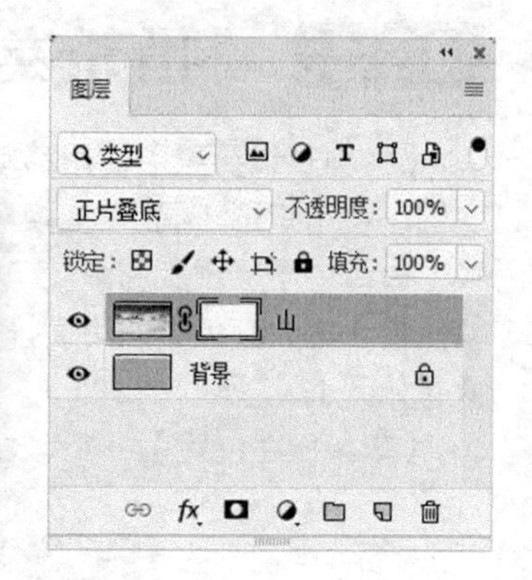

图13-6

（4）选择渐变工具，单击属性栏中的“点按可编辑渐变”按钮，弹出“渐变编辑器”对话框，将渐变色设为从黑色到白色，如图13-7所示，单击“确定”按钮。在图像窗口中从下往上拖曳，填充渐变色，效果如图13-8所示。

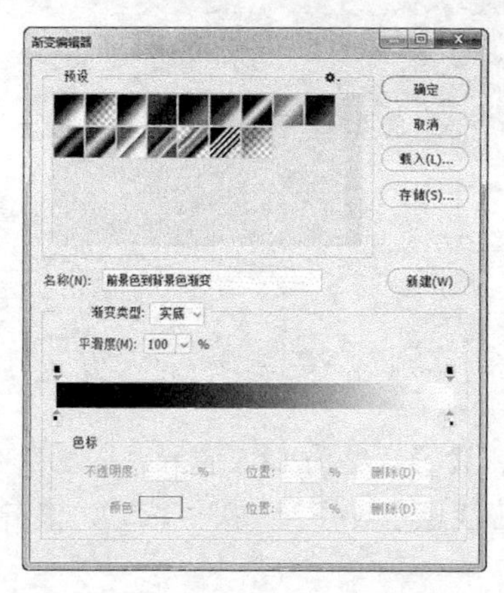

图13-7

图13-8

（5）按Ctrl+O组合键，打开本书学习资源中的“Ch13\素材\制作洗发水包装\02”文件。选择移动工具，将02图片拖曳到图像窗口中适当的位置，效果如图13-9所示，在“图层”控制面板中生成新的图层并将其命名为“人物”。

（6）在“图层”控制面板中，将“人物”图层的混合模式设为“柔光”，“不透明度”选项设为50%，如图13-10所示，效果如图13-11所示。

图13-9

图13-10

图13-11

（7）单击“图层”控制面板下方的“添加图层蒙版”按钮，为“人物”图层添加图层蒙版，如图 13-12 所示。将前景色设为黑色。选择画笔工具，在属性栏中单击“画笔预设”选项右侧的按钮，在弹出的面板中选择需要的画笔形状和大小，如图 13-13 所示，在图像窗口中进行涂抹，擦除不需要的部分，效果如图 13-14 所示。

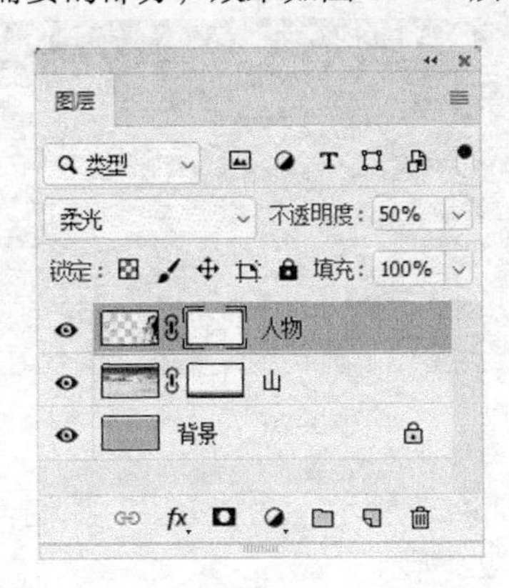

图13-12

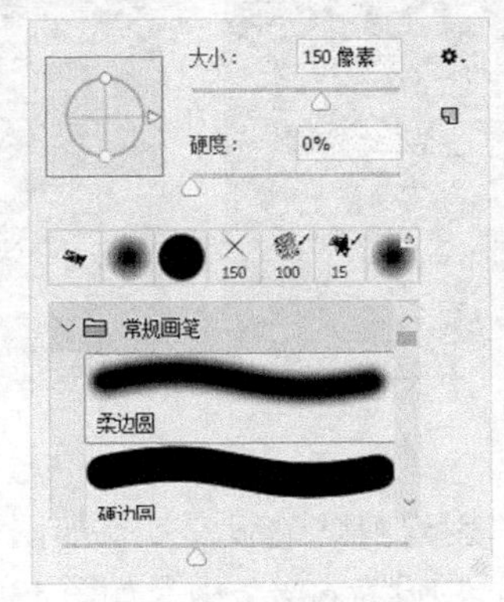

图13-13

图13-14

（8）选择椭圆工具，在属性栏的“选择工具模式”选项中选择“形状”，将“填充”颜色设为浅蓝色（132、203、225），“描边”颜色设为“无”。按住 Shift 键的同时，在图像窗口中绘制一个圆形，如图 13-15 所示，在“图层”控制面板中生成新的形状图层“椭圆 1”。

（9）选择矩形工具，在图像窗口中绘制一个矩形。在属性栏中将“填充”颜色设为咖啡色（185、130、92），“描边”颜色设为“无”，效果如图 13-16 所示，在“图层”控制面板中生成新的形状图层并将其命名为“线条”。

图13-15

图13-16

（10）按 Ctrl+T 组合键，图像周围出现变换框，将鼠标指针放在变换框的控制手柄外边，指针变为↰状，拖曳鼠标将图像旋转到适当的角度，按 Enter 键确认操作，效果如图 13-17 所示。选择路径选择工具，将矩形拖曳到适当的位置，如图 13-18 所示。

图13-17

图13-18

（11）按 Alt+Ctrl+T 组合键，矩形周围出现变换框，按住 Shift 键的同时，将其拖曳到适当的位置，按 Enter 键确认操作，效果如图 13-19 所示。连续按 Alt+Shift+Ctrl+T 组合键，复制多个矩形，效果如图 13-20 所示。

图13-19

图13-20

（12）按 Alt+Ctrl+G 组合键，创建剪贴蒙版，效果如图 13-21 所示。在“图层”控制面板中，将“线条”图层的“不透明度”选项设为 60%，效果如图 13-22 所示。

图13-21

图13-22

（13）选择椭圆工具 ，在图像窗口中绘制一个椭圆形。在属性栏中将“填充”颜色设为蓝绿色（39、132、160），“描边”颜色设为“无”，效果如图 13-23 所示，在“图层”控制面板中生成新的形状图层“椭圆 2”，如图 13-24 所示。

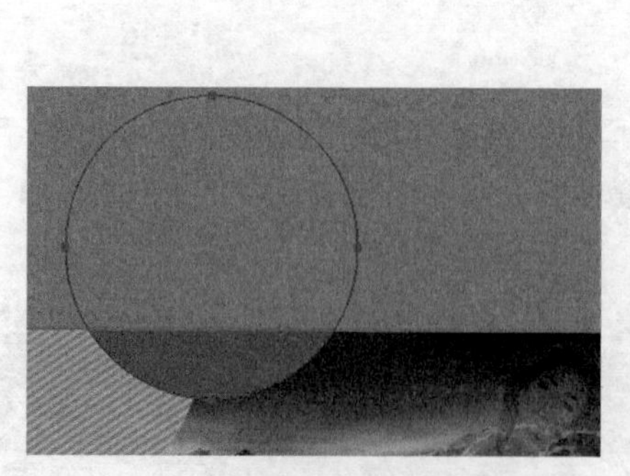
图13-23

图13-24

13.1.2 制作包装主图

（1）单击“图层”控制面板下方的“创建新组”按钮 ，新建图层组并将其命名为“洗发水”，如图 13-25 所示。按 Ctrl+O 组合键，打开本书学习资源中的“Ch13\素材\制作洗发水包装\03”文件。选择移动工具 ，将 03 图片拖曳到图像窗口中适当的位置，效果如图 13-26 所示，在“图层”控制面板中生成新的图层并将其命名为“洗发水”。

图13-25

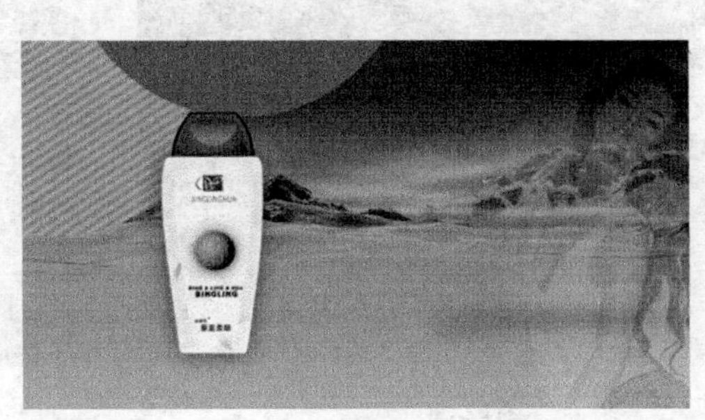

图13-26

（2）按 Alt+Ctrl+T 组合键，图像周围出现变换框，按住 Shift 键的同时，垂直向下拖曳图形到适当的位置，复制图形。在变换框中单击鼠标右键，在弹出的菜单中选择“垂直翻转”命令，垂直翻转图像，按 Enter 键确认操作，在“图层”控制面板中生成新的图层，将其命名为“倒影”。将“倒影”图层拖曳到“洗发水”图层的下方，如图 13-27 所示，效果如图 13-28 所示。

图13-27

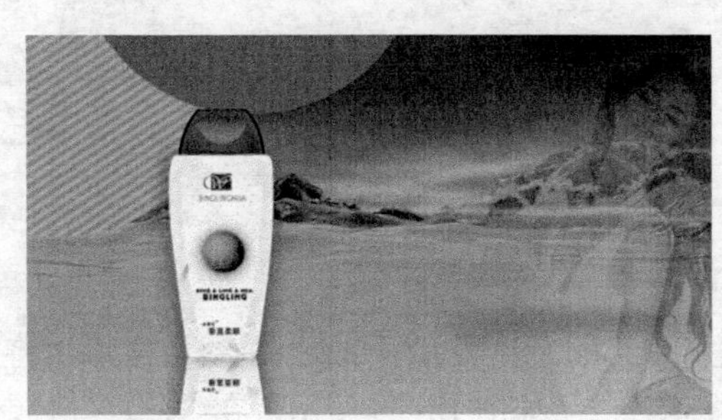

图13-28

（3）单击“图层”控制面板下方的“添加图层蒙版”按钮 ，为“倒影”图层添加图层蒙版。选择渐变工具 ，在图像窗口中从下向上拖曳，填充渐变色，效果如图 13-29 所示。

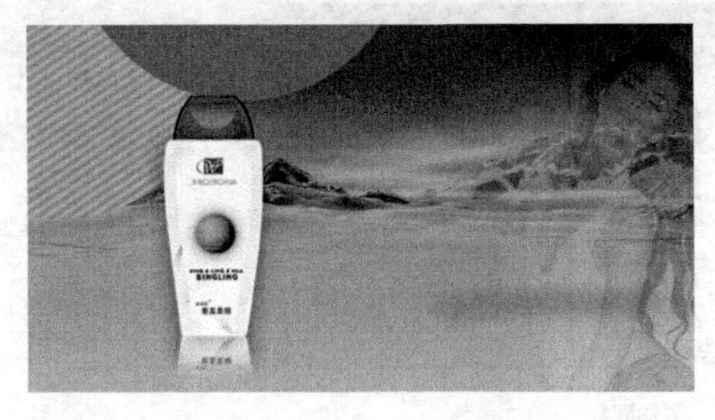

图13-29

（4）在“图层”控制面板中，按住Shift键的同时，将“洗发水”和“倒影”图层同时选取。选择移动工具 ，按住Alt键的同时，在图像窗口中将图像拖曳到适当的位置，复制图像，效果如图13-30所示，在“图层”控制面板中生成新的图层“洗发水 拷贝”和“倒影 拷贝”。

（5）按Ctrl+T组合键，图像周围出现变换框，拖曳右上角的控制手柄，调整图片的大小及其位置，按Enter键确认操作，效果如图13-31所示。

图13-30

图13-31

（6）在“图层”控制面板中，将“洗发水 拷贝”和“倒影 拷贝”图层拖曳到“倒影”图层的下方，如图13-32所示，效果如图13-33所示。

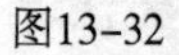

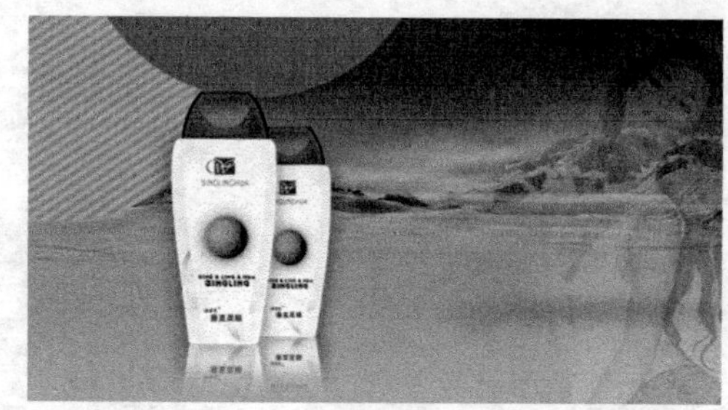

图13-32

图13-33

（7）按住Alt+Shift组合键的同时，在图像窗口中将“洗发水”图层组中的图像拖曳到适当的位置，复制图像，效果如图13-34所示，在“图层”控制面板中生成新的图层“洗发水 拷贝2”和“倒影 拷贝2”。单击“洗发水”图层组左侧的⌄图标，折叠图层组，如图13-35所示。

图13-34

图13-35

（8）单击“图层”控制面板下方的“创建新的填充或调整图层”按钮 ，在弹出的菜单中选择“色相 / 饱和度”命令，在“图层”控制面板中生成“色相 / 饱和度 1”图层，同时弹出“色相 / 饱和度”面板。单击“此调整影响下面的所有图层”按钮 ，使其显示为“此调整剪切到此图层”按钮 ，其他选项的设置如图 13–36 所示，效果如图 13–37 所示。

图13–36

图13–37

（9）将前景色设为黑色。选择画笔工具 ，在属性栏中单击“画笔预设”选项右侧的 按钮，在弹出的面板中选择需要的画笔形状和大小，如图 13–38 所示，将“不透明度”选项设为 50%，“流量”选项设为 50%，在图像窗口中进行涂抹，擦除不需要的部分，效果如图 13–39 所示。

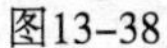

图13–38

图13–39

（10）按 Ctrl+O 组合键，打开本书学习资源中的“Ch13\ 素材 \ 制作洗发水包装 \04~06”文件。选择移动工具 ，将 04~06 图片分别拖曳到图像窗口中适当的位置，在“图层”控制面板中生成新的图层并将其分别命名为“水珠”“树叶”“水滴”，如图 13–40 所示，效果如图 13–41 所示。

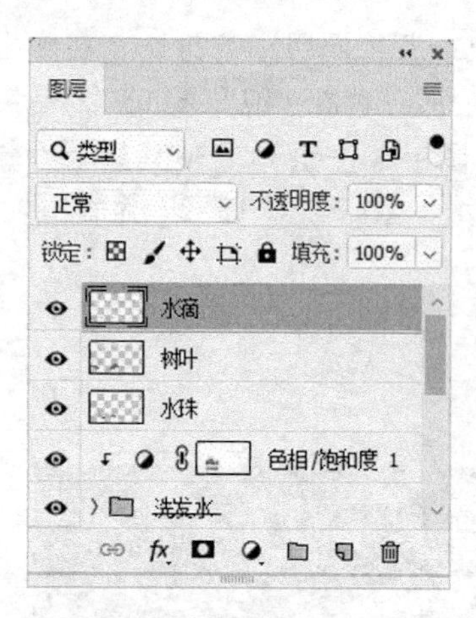

图13-40

图13-41

（11）在“图层”控制面板中，按住Shift键的同时，单击“水珠”和“树叶”图层，将其同时选取，然后拖曳到“洗发水”图层组的下方，如图13-42所示，效果如图13-43所示。

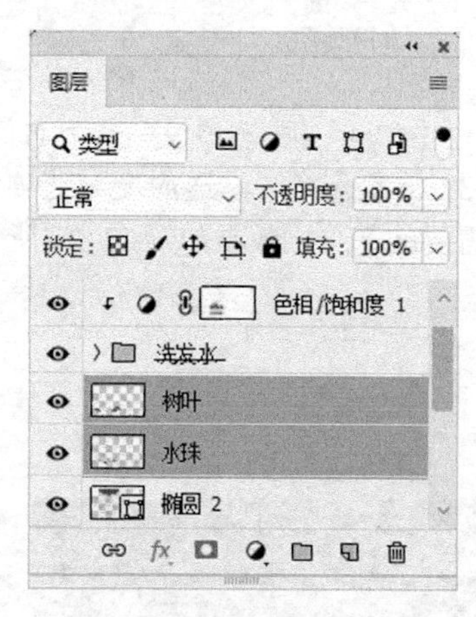

图13-42

图13-43

13.1.3　添加宣传文字

（1）选中“水滴”图层。单击“图层”控制面板下方的“创建新组”按钮，新建图层组并将其命名为“文字”。

（2）选择横排文字工具T，在适当的位置输入需要的文字并选取文字，在属性栏中选择合适的字体并设置文字大小，设置文字颜色为白色，效果如图13-44所示，在“图层”控制面板中生成新的文字图层。

（3）单击“图层”控制面板下方的“添加图层样式”按钮fx，在弹出的菜单中选择“描边”命令，弹出对话框，将描边颜色设为深蓝色（9、110、141），其他选项的设置如图13-45所示。选择“投影”选项，切换到相应的对话框，选项的设置如图13-46所示，单击“确定”按钮，效果如图13-47所示。

图13-44

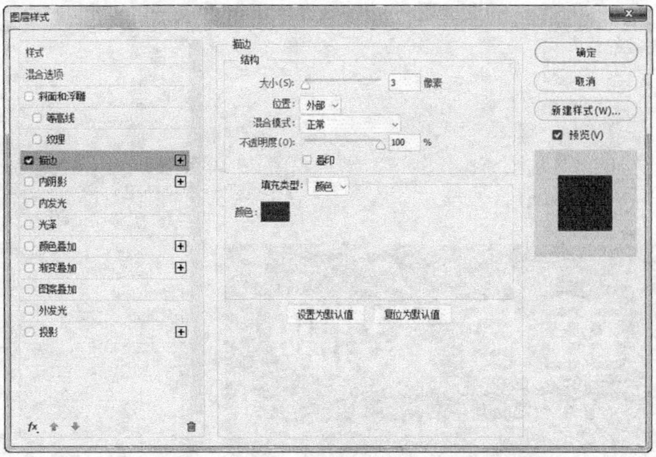

图13-45

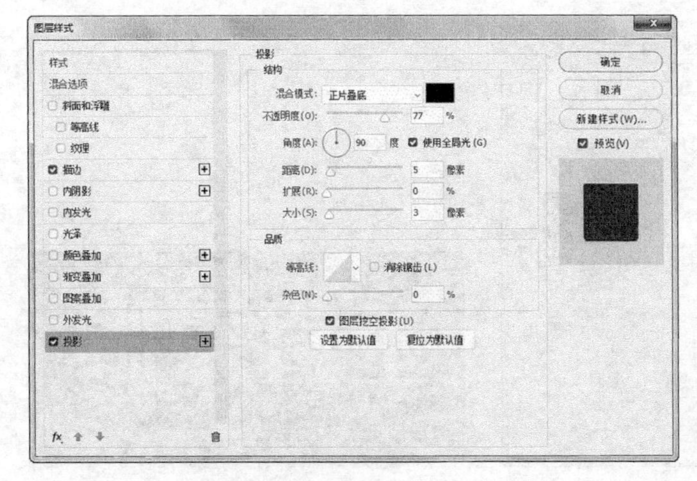

图13-46

图13-47

（4）选择圆角矩形工具 □，在属性栏中将“填充”颜色设为蓝色（3、53、184），“描边”颜色设为“无”，“半径”选项设为10像素，在图像窗口中绘制一个圆角矩形，效果如图13-48所示，在“图层”控制面板中生成新的形状图层“圆角矩形1”。

（5）单击“图层”控制面板下方的“添加图层样式”按钮 fx，在弹出的菜单中选择“描边”命令，弹出对话框，将描边颜色设为白色，其他选项的设置如图13-49所示。选择“内阴影”选项，切换到相应的对话框，将内阴影颜色设为黑色，其他选项的设置如图13-50所示，单击“确定”按钮，效果如图13-51所示。

（6）选择横排文字工具 T，在适当的位置输入需要的文字并选取文字，在属性栏中选择合适的字体并设置文字大小，设置文字颜色为白色，按Alt+→组合键，调整文字间距，效果如图13-52所示，在“图层”控制面板中生成新的文字图层。选择“窗口 > 字符”命令，打开“字符”面板，单击“仿斜体”按钮 T，使文字倾斜，效果如图13-53所示。

（7）使用相同的方法，再次输入需要的文字并选取文字，在属性栏中选择合适的字体并设置文字大小，设置文字颜色为深绿色（1、69、90），按Alt+↓组合键，调整行距，效果如图13-54所示，在“图层”控制面板中生成新的文字图层。洗发水包装制作完成。

图13-48

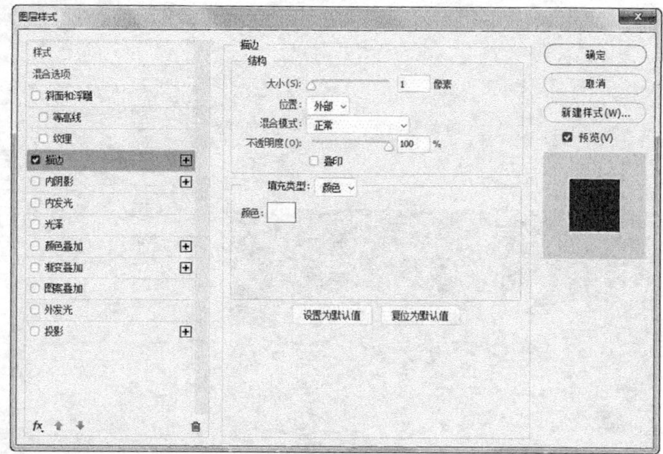

图13-49

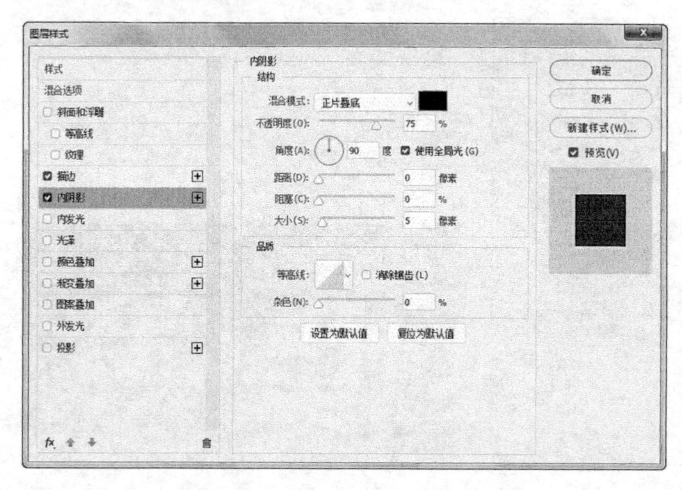

图13-50

图13-51

图13-52

图13-53

图13-54

13.2 课堂练习——制作土豆片软包装

【练习知识要点】使用图层蒙版和画笔工具制作背景底图，使用钢笔工具绘制包装底图，使用图层样式制作投影效果，使用画笔工具和“创建剪贴蒙版”命令制作包装立体效果，使用图层的混合模式制作图片融合效果，使用横排文字工具输入文字，使用椭圆工具绘制装饰图形，最终效果如图 13-55 所示。

【效果所在位置】Ch13\ 效果 \ 制作土豆片软包装.psd。

图13-55

13.3 课后习题——制作果汁包装

【习题知识要点】使用“新建参考线”命令添加参考线，使用圆角矩形工具绘制背景底图，使用移动工具、图层蒙版和画笔工具调整素材，使用钢笔工具、椭圆工具和矩形工具绘制装饰图形，使用椭圆工具、“高斯模糊”滤镜命令和图层样式制作投影效果，使用横排文字工具和“文字变形”命令添加宣传文字，使用“自由变换”命令和钢笔工具制作立体效果，使用移动工具制作广告效果，最终效果如图 13-56 所示。

【效果所在位置】Ch13\效果\制作果汁包装.psd。

图13-56

第14章 网页设计

本章介绍

一个优秀的网站，必定有着独具特色的网页设计，漂亮的网页更能吸引浏览者的目光。本章以家具电商网站的网页设计为例，讲解网页的设计方法和制作技巧。

学习目标

- 了解网页的设计方法。
- 掌握网页的制作技巧。

14.1 制作家具电商网站首页

【案例知识要点】使用移动工具添加素材图片，使用横排文字工具、矩形工具和椭圆工具制作 Banner 和导航条，使用直线工具、图层样式、矩形工具和横排文字工具制作网页内容和底部信息，最终效果如图 14–1 所示。

【效果所在位置】Ch14\ 效果 \ 制作家具电商网站首页.psd。

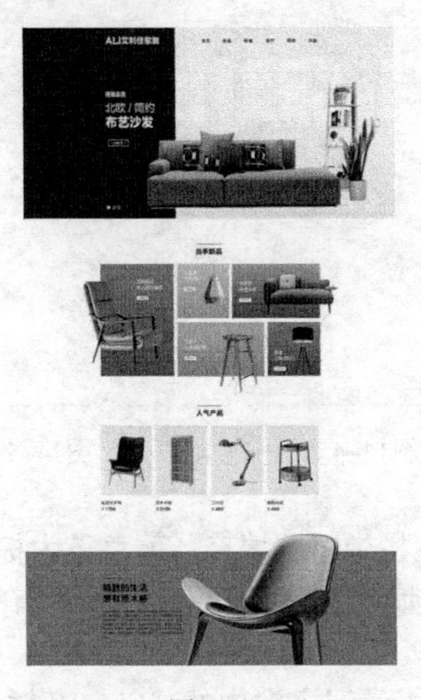

图14–1

14.1.1 制作 Banner 和导航条

（1）按 Ctrl+N 组合键，弹出“新建文档”对话框，设置宽度为 1920 像素，高度为 3174 像素，分辨率为 72 像素 / 英寸，颜色模式为 RGB，背景内容为白色，单击“创建”按钮，新建一个文件。

（2）单击“图层”控制面板下方的“创建新组”按钮，新建图层组并将其命名为“Banner”，如图 14–2 所示。

（3）选择矩形工具，在属性栏的“选择工具模式”选项中选择“形状”，将“填充”颜色设为灰色（235、235、235），“描边”颜色设为“无”，在图像窗口中绘制一个矩形，效果如图 14–3 所示，在“图层”控制面板中生成新的形状图层“矩形 1”。

图14–2

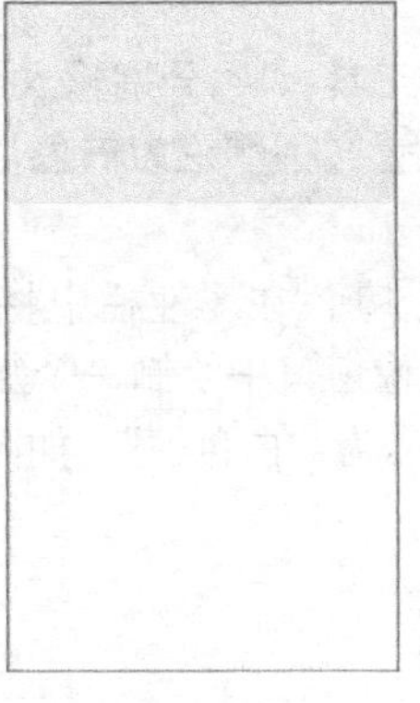

图14–3

（4）按 Ctrl+O 组合键，打开本书学习资源中的“Ch14\素材\制作家具电商网站首页\01”文件。选择移动工具 ，将 01 图片拖曳到图像窗口中适当的位置并调整大小，效果如图 14–4 所示，在“图层”控制面板中生成新的图层并将其命名为“窗户”。按 Alt+Ctrl+G 组合键，创建剪贴蒙版，效果如图 14–5 所示。

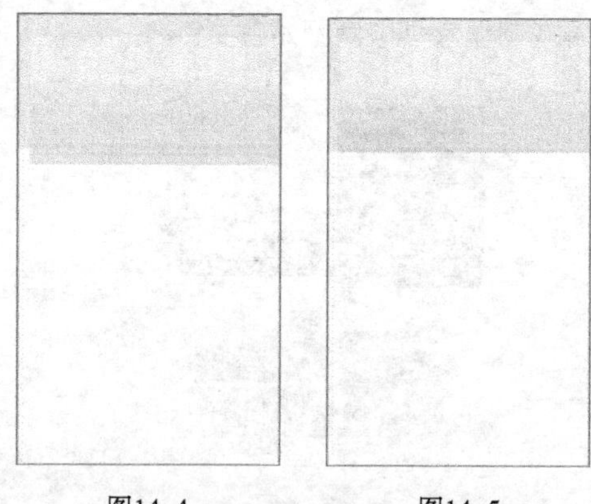

图14–4　　图14–5

（5）选择矩形工具 ，在属性栏中将“填充”颜色设为棕色（76、50、33），“描边”颜色设为“无”，在图像窗口中绘制一个矩形，效果如图 14–6 所示，在“图层”控制面板中生成新的形状图层“矩形 2”。

（6）按 Ctrl+O 组合键，打开本书学习资源中的“Ch14\素材\制作家具电商网站首页\02、03”文件。选择移动工具 ，将 02、03 图片分别拖曳到图像窗口中适当的位置，效果如图 14–7 所示，在“图层”控制面板中生成新的图层并将其分别命名为“书架”和“沙发”。

图14–6

图14–7

（7）选择横排文字工具 ，分别输入需要的文字并选取文字，在属性栏中分别选择合适的字体并设置文字大小，设置文字颜色为白色，效果如图 14–8 所示，在“图层”控制面板中分别生成新的文字图层。

（8）选择矩形工具 ，在属性栏中将“填充”颜色设为无，“描边”颜色设为白色，“粗细”选项设为 2 像素，在图像窗口中绘制一个矩形，效果如图 14–9 所示，在“图层”控制面板中生成新的形状图层并将其命名为“白色框”，如图 14–10 所示。

图14-8

图14-9

图14-10

（9）选择横排文字工具 T.，输入需要的文字并选取文字，在属性栏中选择合适的字体并设置文字大小，设置文字颜色为白色，按 Alt+→组合键，调整文字间距，效果如图 14-11 所示，在“图层”控制面板中生成新的文字图层。

（10）选择椭圆工具 ○.，在属性栏中将“填充”颜色设为白色，“描边”颜色设为“无”，按住 Shift 键的同时，在图像窗口中绘制一个圆形，效果如图 14-12 所示，在“图层”控制面板中生成新的形状图层“椭圆 1”。

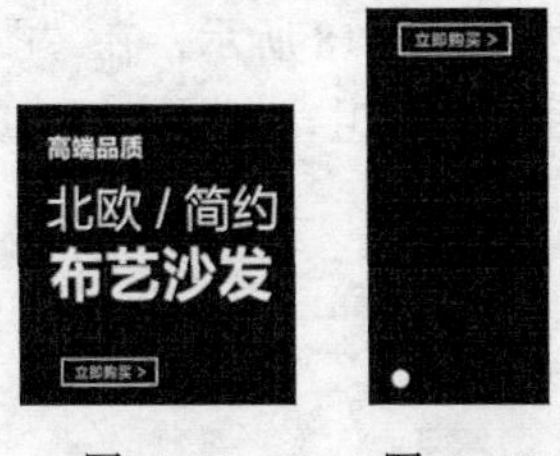

图14-11　　图14-12

（11）按 Ctrl+J 组合键，复制图层，在“图层”控制面板中生成新的图层“椭圆 1 拷贝”。选择路径选择工具 ▶.，按住 Shift 键的同时，水平向右拖曳圆形到适当的位置，在属性栏中将“填充”颜色设为无，“描边”颜色设为白色，“描边宽度”选项设为 2 像素，效果如图 14-13 所示。

（12）使用相同的方法再次复制一个圆形并水平向右拖曳到适当的位置，效果如图 14-14 所示。单击“Banner”图层组左侧的⌄图标，折叠图层组，如图 14-15 所示。

图14-13　　图14-14

图14-15

（13）单击“图层”控制面板下方的“创建新组”按钮，新建图层组并将其命名为“导航”。选择横排文字工具 T，在适当的位置分别输入需要的文字并选取文字，在属性栏中分别选择合适的字体并设置文字大小，设置文字颜色为白色，效果如图 14-16 所示，在“图层”控制面板中分别生成新的文字图层，如图 14-17 所示。

图14-16

图14-17

（14）使用相同的方法再次输入需要的文字并选取文字，在属性栏中选择合适的字体并设置文字大小，设置文字颜色为黑色，效果如图 14-18 所示，在“图层”控制面板中生成新的文字图层。单击“导航”图层组左侧的图标，折叠图层组，如图 14-19 所示。

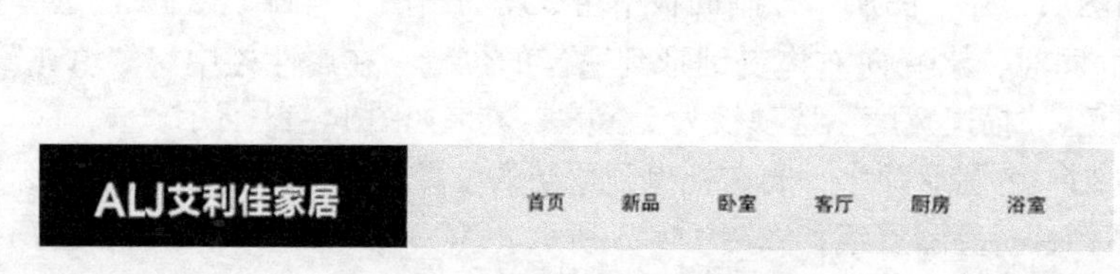

图14-18

图14-19

14.1.2　制作网页内容

（1）单击“图层”控制面板下方的“创建新组”按钮，新建图层组并将其命名为“内容 1”，如图 14-20 所示。

（2）选择横排文字工具 T，输入需要的文字并选取文字，在属性栏中选择合适的字体并设置文字大小，设置文字颜色为深灰色（33、33、33），效果如图 14-21 所示，在“图层”控制面板中生成新的文字图层。

图14-20

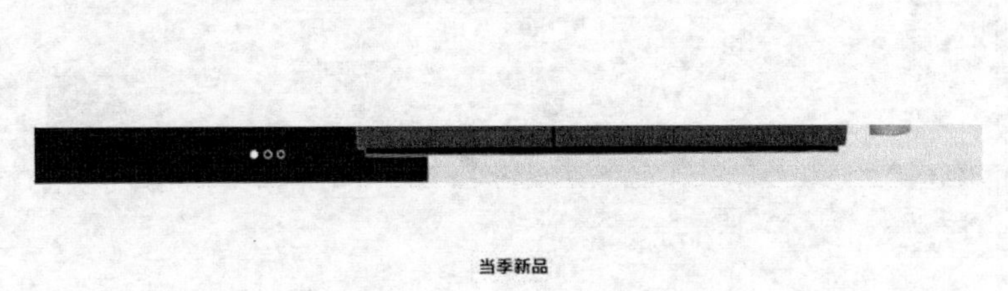

图14-21

（3）选择直线工具 ⁄，在属性栏中将“填充”颜色设为洋红色（255、124、124），“描边”颜色设为“无”，“粗细”选项设为 4 像素。按住 Shift 键的同时，在图像窗口中绘制一条直线，效果如图 14-22 所示，在“图层”控制面板中生成新的形状图层“形状 1”。

（4）单击“图层”控制面板下方的“创建新组”按钮 ，新建“组 1”图层组，如图 14-23 所示。选择矩形工具 □，在图像窗口中绘制一个矩形，效果如图 14-24 所示，在“图层”控制面板中生成新的形状图层“矩形 3”。

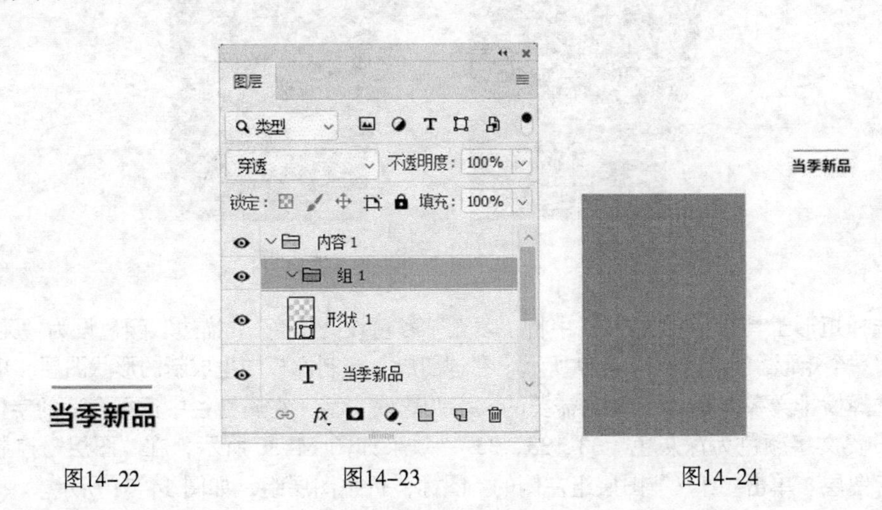

图14-22　　图14-23　　图14-24

（5）单击“图层”控制面板下方的“添加图层样式”按钮 fx，在弹出的菜单中选择“渐变叠加”命令，弹出对话框，单击“点按可编辑渐变”按钮 ，弹出“渐变编辑器”对话框，将渐变颜色设为从棕色（142、101、71）到浅棕色（175、138、112），单击“确定”按钮。返回到“图层样式”对话框，其他选项的设置如图 14-25 所示，单击“确定”按钮，效果如图 14-26 所示。

（6）按 Ctrl+O 组合键，打开本书学习资源中的“Ch14\素材\制作家具电商网站首页\04”文件。选择移动工具 ✥，将 04 图片拖曳到图像窗口中适当的位置，效果如图 14-27 所示，在“图层”控制面板中生成新的图层并将其命名为“单人椅”。

（7）选择横排文字工具 T，分别输入需要的文字并选取文字，在属性栏中选择合适的字体并设置文字大小，设置文字颜色为白色，效果如图 14-28 所示，在“图层”控制面板中分别生成新的文字图层。

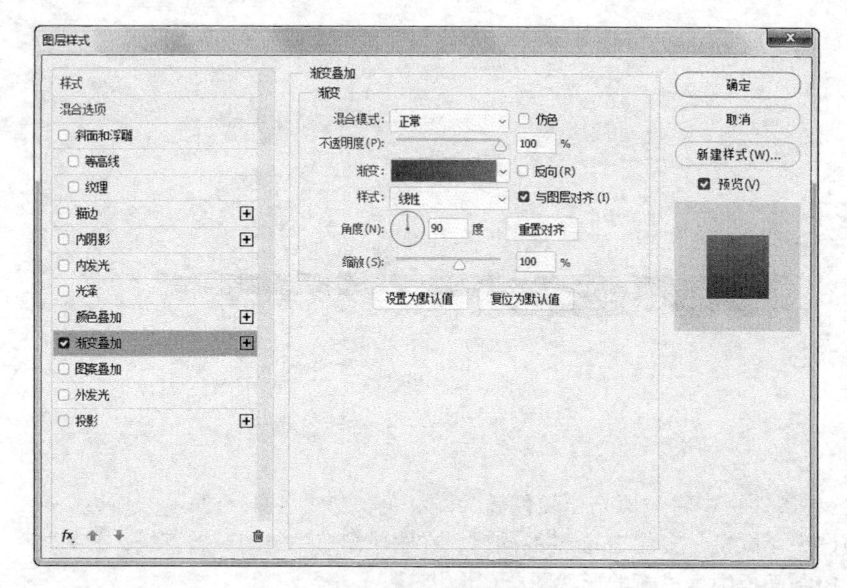

图14-25

图14-26

图14-27

图14-28

（8）选择矩形工具□，在属性栏中将“填充”颜色设为白色，“描边”颜色设为“无”，在图像窗口中绘制一个矩形，效果如图 14-29 所示，在“图层”控制面板中生成新的形状图层“矩形 4”。

（9）选择横排文字工具 T，输入需要的文字并选取文字，在属性栏中选择合适的字体并设置文字大小，设置文字颜色为深灰色（33、33、33），效果如图 14-30 所示，在“图层”控制面板中生成新的文字图层。单击“组 1”图层组左侧的⌄图标，折叠图层组，如图 14-31 所示。

图14-29

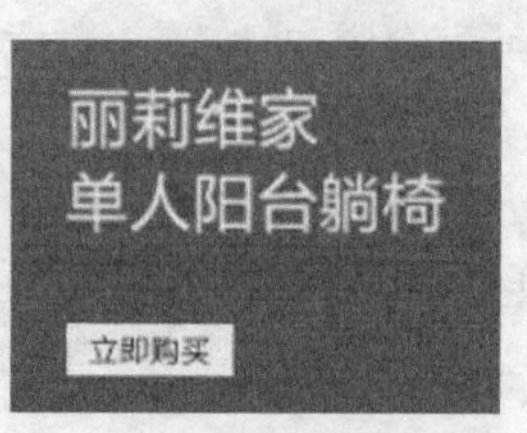

图14-30

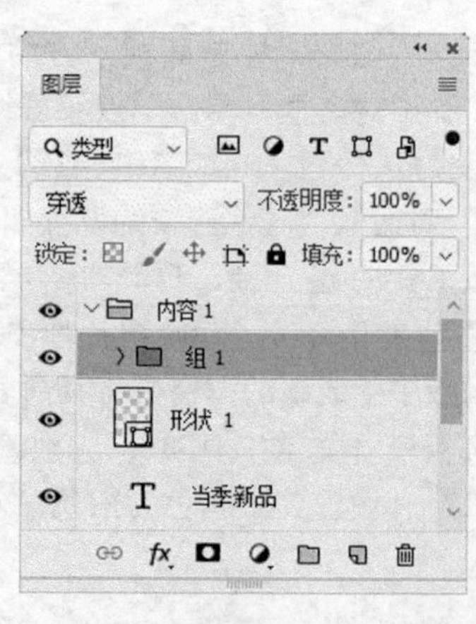

图14-31

（10）使用相同的方法分别置入其他图片并输入需要的文字，制作出如图 14-32 所示的效果，在“图层”控制面板中分别生成其他图层组，如图 14-33 所示。

图14-32

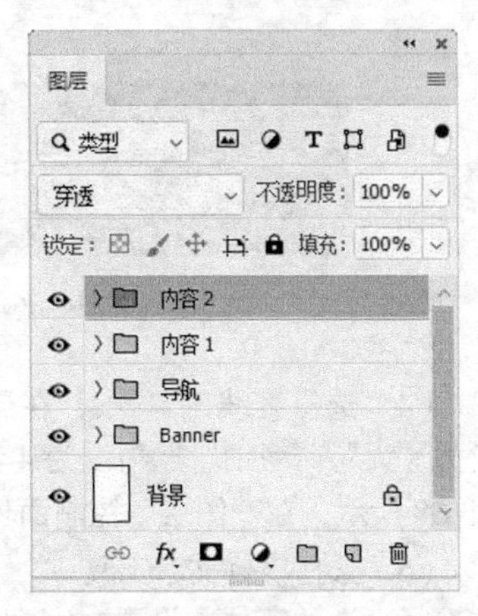

图14-33

14.1.3 制作底部信息

（1）单击“图层”控制面板下方的“创建新组”按钮，新建图层组并将其命名为“底部”，如图 14-34 所示。选择矩形工具，在属性栏中将“填充”颜色设为棕色（160、139、120），“描边”颜色设为“无”。在图像窗口中绘制一个矩形，效果如图 14-35 所示，在“图层”控制面板中生成新的形状图层“矩形 7”。

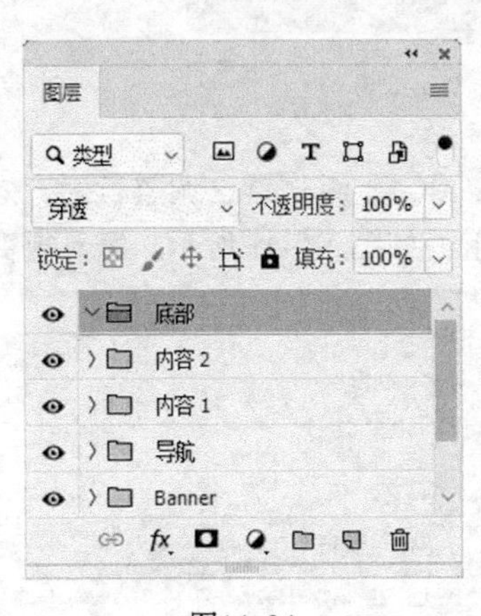

图14-34

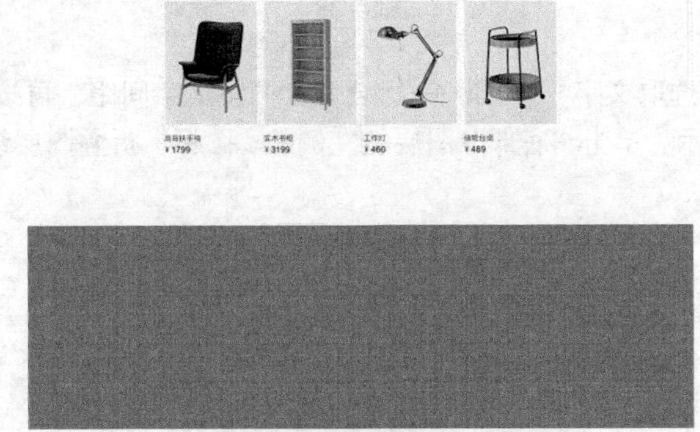

图14-35

（2）按 Ctrl+O 组合键，打开本书学习资源中的“Ch14\素材\制作家具电商网站首页\13”文件。选择移动工具，将 13 图片拖曳到图像窗口中适当的位置，效果如图 14-36 所示，在“图层”控制面板中生成新的图层并将其命名为“座椅”。

（3）选择横排文字工具 T，输入需要的文字并选取文字，在属性栏中选择合适的字体并设置文字大小，设置文字颜色为深棕色（67、46、31），效果如图 14-37 所示，在“图层”控制面板中生成新的文字图层。

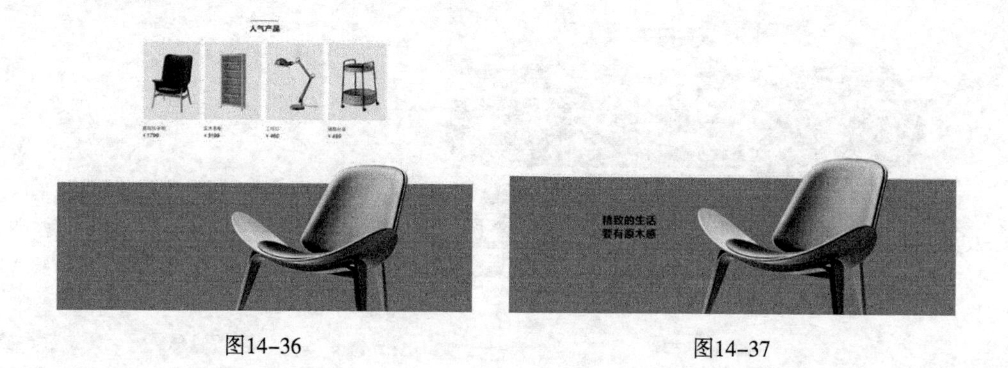

图14-36　　图14-37

（4）选择直线工具 ⁄，在属性栏中将“填充”颜色设为深棕色（67、46、31），“描边”颜色设为“无”，“粗细”选项设为 4 像素。按住 Shift 键的同时，在图像窗口中绘制一条直线，效果如图 14-38 所示，在“图层”控制面板中生成新的形状图层“形状 2”。

（5）选择横排文字工具 T，在适当的位置拖曳文本框，输入需要的文字并选取文字，在属性栏中选择合适的字体并设置文字大小，设置文字颜色为深棕色（67、46、31），效果如图 14-39 所示，在“图层”控制面板中生成新的文字图层。

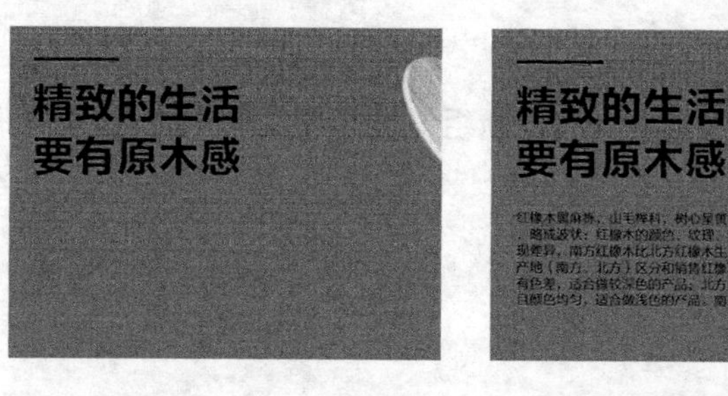

图14-38　　图14-39

（6）选取文字，按 Alt+→组合键，调整文字间距，再按 Alt+↓组合键，调整行距，效果如图 14-40 所示。单击“底部”图层组左侧的⌄图标，折叠图层组，如图 14-41 所示。家具电商网站首页制作完成。

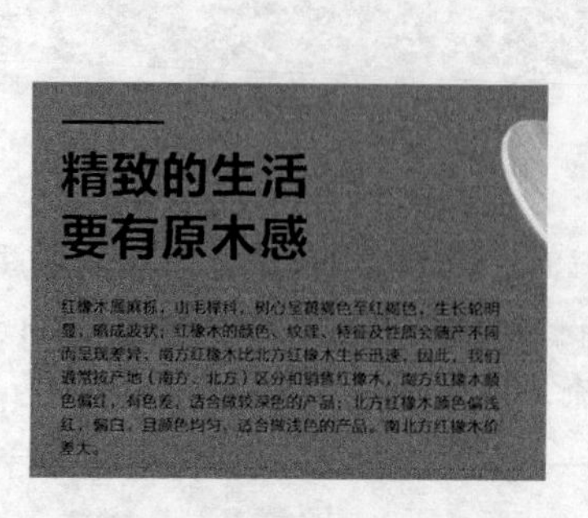

图14-40　　图14-41

14.2 课堂练习——制作家具电商网站详情页

【练习知识要点】使用“置入”命令置入图片，使用移动工具调整按钮的位置，使用矩形工具和剪贴蒙版制作产品图片，使用圆角矩形工具、矩形工具和直线工具绘制装饰图形，使用横排文字工具添加文字，最终效果如图 14-42 所示。

【效果所在位置】Ch14\ 效果 \ 制作家具电商网站详情页.psd。

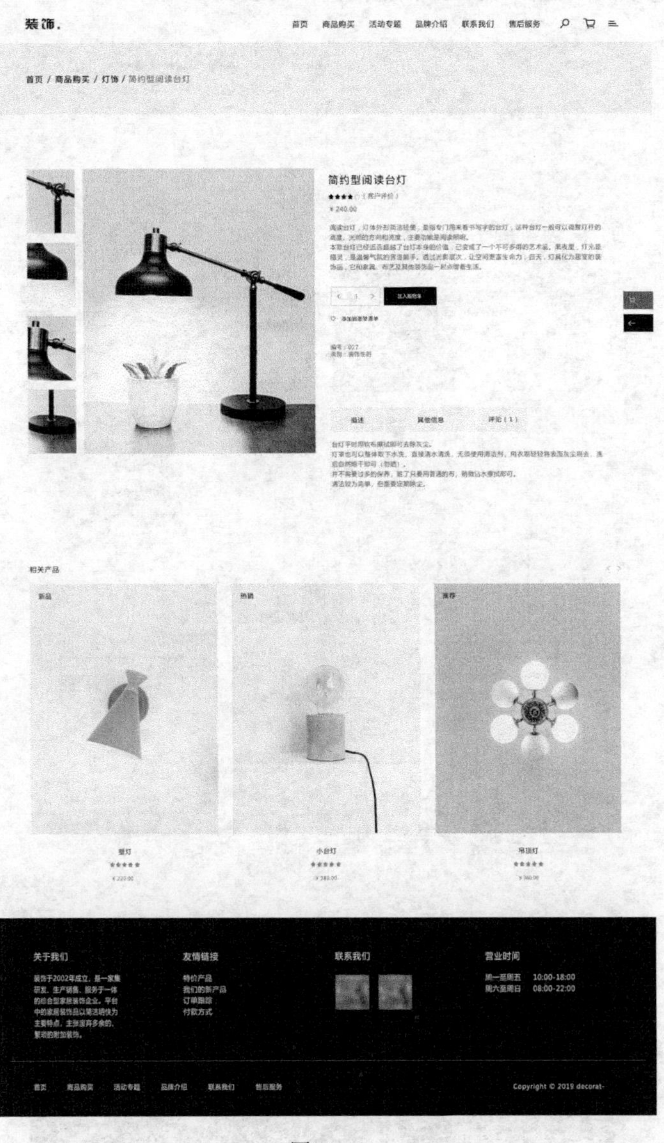

图14-42

14.3 课后习题——制作家具电商网站列表页

【习题知识要点】使用“新建参考线”和“新建参考线版面”命令添加参考线，使用“置入”命令置入图片，使用移动工具调整按钮的位置，使用矩形工具和“创建剪贴蒙版”命令制作产品图片，使用圆角矩形工具、矩形工具和直线工具绘制装饰图形，使用横排文字工具添加文字，最终效果如图 14–43 所示。

【效果所在位置】Ch14\ 效果 \ 制作家具电商网站列表页.psd。

图14–43

第15章 UI 设计

本章介绍

UI 设计（或称界面设计）是指对软件的人机交互、操作逻辑、界面外观的整体设计。本章以社交类 App 的界面设计为例，讲解 UI 设计的方法与技巧。

学习目标

- 了解 UI 的设计方法。
- 掌握 UI 的制作技巧。

15.1 社交类 App 界面设计

【案例知识要点】使用“新建参考线”命令添加参考线，使用“置入嵌入对象”命令置入图片素材，使用“创建剪贴蒙版”命令剪切图片，使用移动工具添加图形素材，使用横排文字工具输入文字信息，使用直线工具、矩形工具、圆角矩形工具和椭圆工具绘制图形，使用图层样式制作阴影和渐变效果，最终效果如图 15-1 所示。

【效果所在位置】Ch15\ 效果 \ 制作闪屏页 .psd、制作登录页 .psd、制作个人中心页.psd。

图15-1

15.1.1 制作闪屏页

（1）按 Ctrl+N 组合键，弹出“新建文档”对话框，设置宽度为 750 像素，高度为 1334 像素，分辨率为 72 像素 / 英寸，颜色模式为 RGB，背景内容为白色，单击“创建”按钮，新建一个文件。

（2）选择“文件 > 置入嵌入对象”命令，弹出“置入嵌入的对象”对话框。选择本书学习资源中的“Ch15\ 素材 \ 制作闪屏页 \01”文件，单击“置入”按钮，将图片置入图像窗口中，按 Enter 键确认操作，效果如图 15-2 所示，在“图层”控制面板中生成新的图层并将其命名为“底图”。

（3）按 Ctrl+T 组合键，图像周围出现变换框，拖曳变换框右上角的控制手柄，调整图片的大小及其位置，按 Enter 键确认操作，效果如图 15-3 所示。

图15-2　　图15-3

（4）选择“视图 > 新建参考线”命令，在弹出的对话框中进行设置，如图 15-4 所示，单击“确定”按钮，效果如图 15-5 所示。

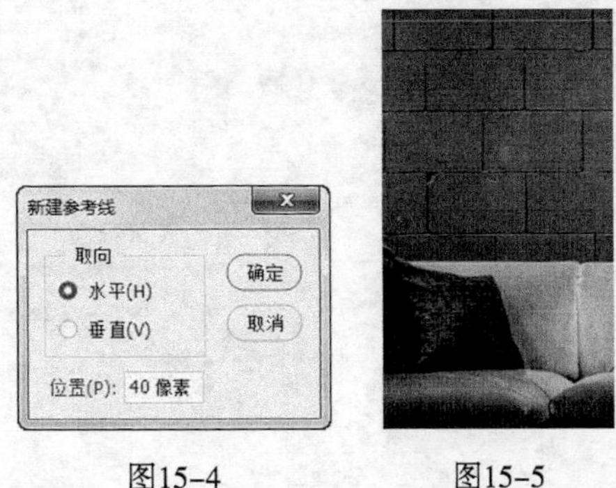

图15-4　　图15-5

（5）选择“文件 > 置入嵌入对象”命令，弹出“置入嵌入的对象”对话框。选择本书学习资源中的“Ch15\ 素材 \ 制作闪屏页 \02”文件，单击“置入”按钮，将图片置入图像窗口中，并将其拖曳到适当的位置，按 Enter 键确认操作，效果如图 15-6 所示，在“图层”控制面板中生成新的图层并将其命名为“状态栏”。

图15-6

（6）选择横排文字工具 T.，输入需要的文字并选取文字，在属性栏中选择合适的字体并设置文字大小，设置文字颜色为白色，效果如图 15-7 所示，在“图层”控制面板中生成新的文字图层。

（7）选择椭圆工具 ○.，在属性栏的“选择工具模式”选项中选择“形状”，将“填充”颜色设为白色，“描边”颜色设为“无”。按住 Shift 键的同时，在图像窗口中绘制一个圆形，如图 15-8 所示，在“图层”控制面板中生成新的形状图层“椭圆 1”。

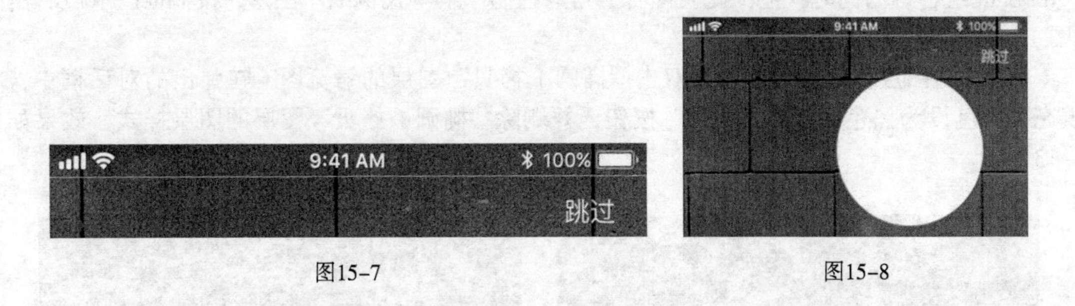

图15-7　　图15-8

（8）单击“图层”控制面板下方的“添加图层样式”按钮 fx，在弹出的菜单中选择“描边”命令，弹出对话框，在“填充类型”选项的下拉列表中选择“渐变”，单击“渐变”选项右侧的“点按可编辑渐变”按钮，弹出“渐变编辑器”对话框，将渐变色设为从橘红色（254、72、49）到橘黄色（255、130、18），如图 15-9 所示。单击“确定”按钮，返回“图层样式”对话框，其他选项的设置如图 15-10 所示，单击“确定”按钮，效果如图 15-11 所示。

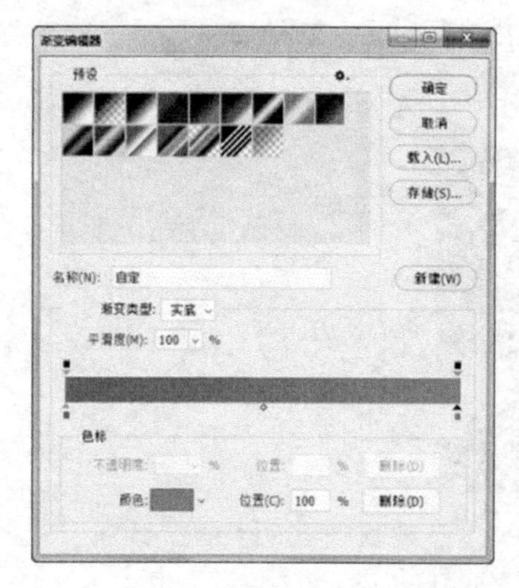

图15-9

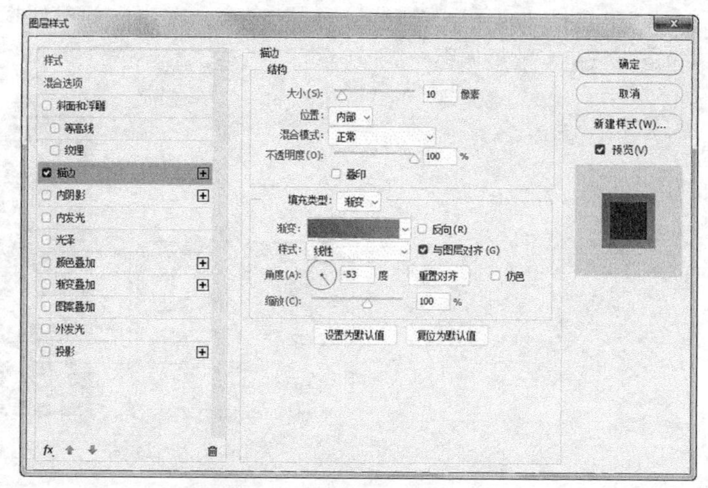

图15-10

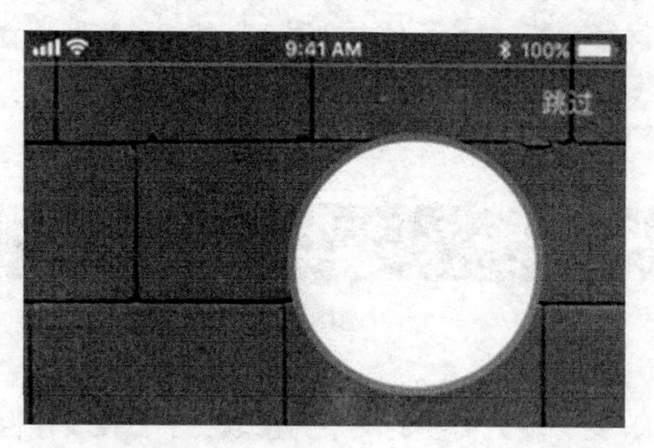

图15-11

（9）将“椭圆 1”图层拖曳到“图层”控制面板下方的“创建新图层”按钮 上进行复制，在“图层”控制面板中生成新的形状图层“椭圆 1 拷贝”。按 Ctrl+T 组合键，图像周围出现变换框，按住 Alt+Shift 组合键的同时，拖曳变换框右上角的控制手柄等比例缩小图形，按 Enter 键确认操作，如图 15-12 所示。

（10）在“图层”控制面板中，双击“椭圆 1 拷贝”图层的缩览图，在弹出的对话框中，将“填充”颜色设为黑色，单击“确定”按钮，并删除“椭圆 1 拷贝”图层的图层样式，效果如图 15-13 所示。

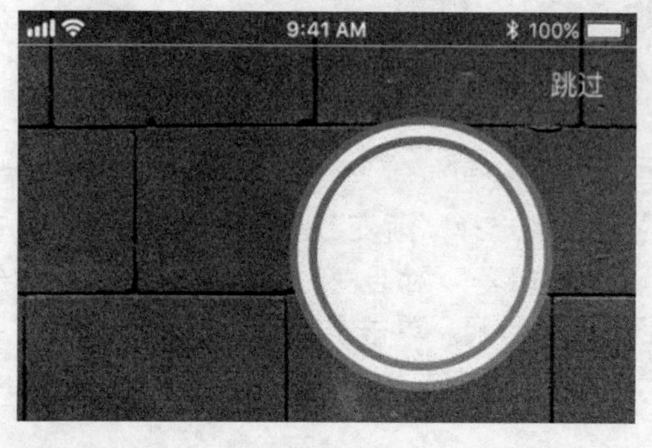

图15-12

图15-13

（11）选择“文件 > 置入嵌入对象”命令，弹出“置入嵌入的对象”对话框。选择本书学习资源中的“Ch15\ 素材 \ 制作闪屏页 \03”文件，单击“置入”按钮，将图片置入图像窗口中，拖曳到适当的位置并调整大小，按 Enter 键确认操作，效果如图 15–14 所示，在“图层”控制面板中生成新的图层并将其命名为“人物 1”。按 Alt+Ctrl+G 组合键，为“人物 1”图层创建剪贴蒙版，效果如图 15–15 所示。

（12）在“图层”控制面板中，按住 Shift 键的同时，单击“椭圆 1”图层，将需要的图层同时选取。按 Ctrl+G 组合键，群组图层并将其命名为“头像 1”，如图 15–16 所示。

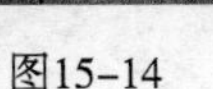
图15–14

图15–15

图15–16

（13）将“头像 1”图层组拖曳到“图层”控制面板下方的“创建新图层”按钮 上进行复制，在“图层”控制面板中生成新的图层组“头像 1 拷贝”，将其命名为“头像 2”，如图 15–17 所示。按 Ctrl+T 组合键，图像周围出现变换框，选择移动工具 ，将其拖曳到适当的位置并调整大小，按 Enter 键确认操作，效果如图 15–18 所示。

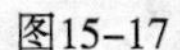
图15–17

图15–18

（14）在“图层”控制面板中，单击“头像 2”图层组左侧的 图标，展开图层组，选中“人物 1”图层，按 Delete 键，删除该图层，如图 15–19 所示，效果如图 15–20 所示。

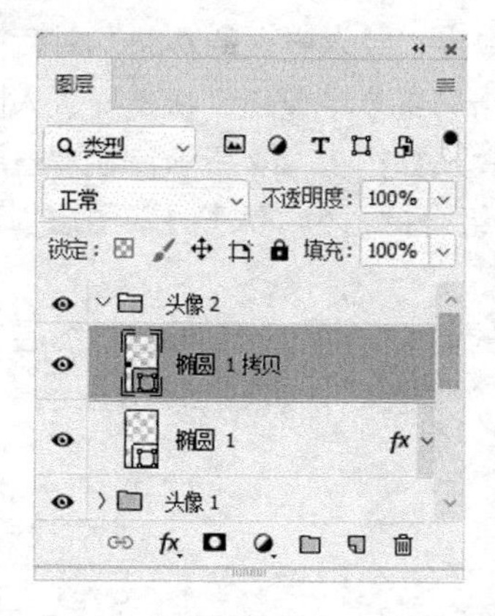

图15-19

图15-20

（15）选择“文件 > 置入嵌入对象”命令，弹出“置入嵌入的对象”对话框。选择本书学习资源中的“Ch15\素材\制作闪屏页\04”文件，单击“置入”按钮，将图片置入图像窗口中，拖曳到适当的位置并调整其大小，按 Enter 键确认操作，效果如图 15-21 所示，在“图层”控制面板中生成新的图层并将其命名为“人物 2”。按 Alt+Ctrl+G 组合键，为“人物 2”图层创建剪贴蒙版，效果如图 15-22 所示。

图15-21

图15-22

（16）在“图层”控制面板中，双击“椭圆 1”图层的“描边”图层样式，弹出“图层样式”对话框，选项的设置如图 15-23 所示，单击“确定”按钮，效果如图 15-24 所示。

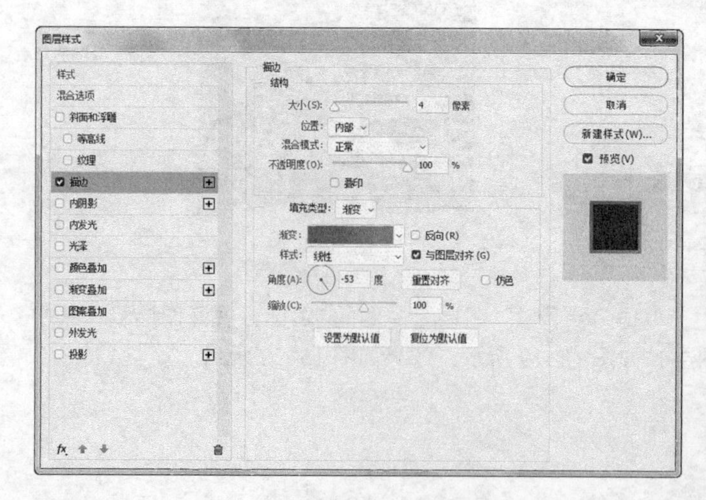

图15-23

图15-24

（17）在“图层”控制面板中，单击“头像 2”图层组左侧的⌄图标，折叠图层组，如图 15-25 所示。选择椭圆工具○，在属性栏中将“填充”颜色设为白色，“描边”颜色设为“无”。按住 Shift 键的同时，在图像窗口中绘制一个圆形，如图 15-26 所示，在“图层”控制面板中生成新的形状图层“椭圆 2”。

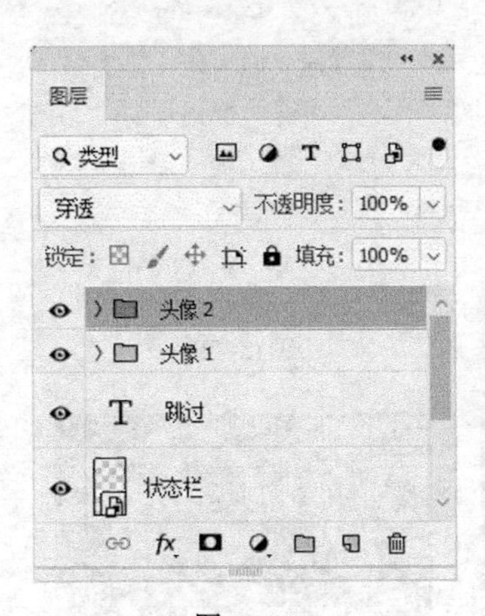

图15-25

图15-26

（18）选择“文件 > 置入嵌入对象”命令，弹出“置入嵌入的对象”对话框。选择本书学习资源中的“Ch15\ 素材 \ 制作闪屏页 \08”文件，单击“置入”按钮，将图片置入图像窗口中，拖曳到适当的位置并调整其大小，按 Enter 键确认操作，效果如图 15-27 所示，在“图层”控制面板中生成新的图层并将其命名为“人物 3”。按 Alt+Ctrl+G 组合键，为“人物 3”图层创建剪贴蒙版，效果如图 15-28 所示。

图15-27

图15-28

（19）使用相同的方法制作其他图形和图片，制作出图 15-29 所示的效果。在“图层”控制面板中，按住 Shift 键的同时，单击“椭圆 2”图层，将需要的图层同时选取。按 Ctrl+G 组合键，群组图层并将其命名为“更多头像”，如图 15-30 所示。

（20）选择横排文字工具 T.，输入需要的文字并选取文字，在属性栏中选择合适的字体并设置文字大小，设置文字颜色为白色，如图 15-31 所示，在“图层”控制面板中生成新的文字图层。按 Alt+ ↓组合键，调整行距，效果如图 15-32 所示。

（21）使用相同的方法再次输入文字并选取文字，在属性栏中选择合适的字体并设置文字大小，设置文字颜色为白色，如图 15-33 所示，在“图层”控制面板中生成新的文字图层。按 Alt+ ←组合键，调整文字间距，再按 Alt+ ↓组合键，调整行距，效果如图 15-34 所示。社交类 App 闪屏页制作完成。

图15-29　　图15-30

图15-31　　图15-32

图15-33　　图15-34

15.1.2　制作登录页

（1）按 Ctrl+N 组合键，弹出“新建文档”对话框，设置宽度为 750 像素，高度为 1334 像素，分辨率为 72 像素 / 英寸，颜色模式为 RGB，背景内容为白色，单击“创建”按钮，新建一个文件。

（2）选择“文件 > 置入嵌入对象”命令，弹出“置入嵌入的对象”对话框。选择本书学习资源中的“Ch15\ 素材 \ 制作登录页 \01”文件，单击“置入”按钮，将图片置入图像窗口中，按 Enter 键确认操作，效果如图 15-35 所示，在“图层”控制面板中生成新的图层并将其命名为“背景图”。

（3）按 Ctrl+T 组合键，图像周围出现变换框，拖曳变换框右上角的控制手柄，调整图片的大小及其位置，按 Enter 键确认操作，效果如图 15-36 所示。

图15-35　　图15-36

（4）选择“视图 > 新建参考线”命令，在弹出的对话框中进行设置，如图 15-37 所示，单击“确定”按钮，效果如图 15-38 所示。

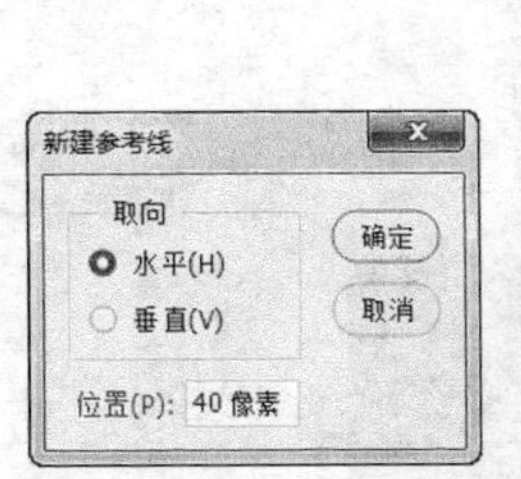

图15-37　　图15-38

（5）选择“文件 > 置入嵌入对象”命令，弹出“置入嵌入的对象”对话框。选择本书学习资源中的“Ch15\ 素材 \ 制作登录页 \02”文件，单击“置入”按钮，将图片置入图像窗口中，并将其拖曳到适当的位置，按 Enter 键确认操作，效果如图 15-39 所示，在“图层”控制面板中生成新的图层并将其命名为“状态栏”。

（6）选择横排文字工具 T.，输入需要的文字并选取文字，在属性栏中选择合适的字体并设置文字大小，设置文字颜色为白色，按 Alt+ →组合键，调整文字间距，效果如图 15-40 所示，在“图层”控制面板中生成新的文字图层。

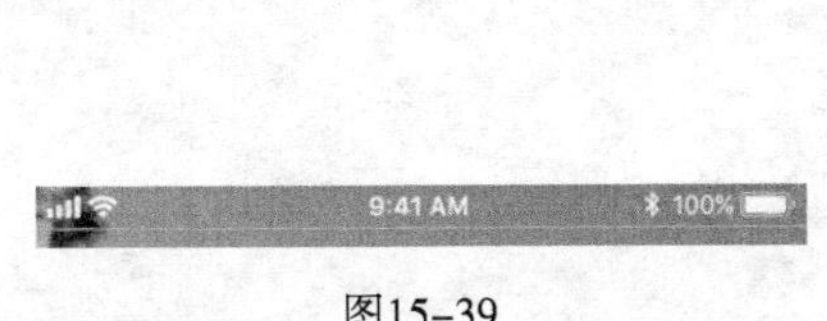

图15-39　　图15-40

（7）使用相同的方法，再次分别输入需要的文字并选取文字，在属性栏中分别选择合适的字体并设置文字大小，设置文字颜色为白色。选取文字“邮箱”，按 Alt+ →组合键，调整文字间距，效果如图 15-41 所示，在“图层”控制面板中分别生成新的文字图层。

（8）选择直线工具 ⁄.，在属性栏的“选择工具模式”选项中选择“形状”，将“填充”颜色设为无，“描边”颜色设为白色，“粗细”选项设为 1 像素。按住 Shift 键的同时，在图像窗口中绘制一条直线，效果如图 15-42 所示，在“图层”控制面板中生成新的形状图层“形状 1”。

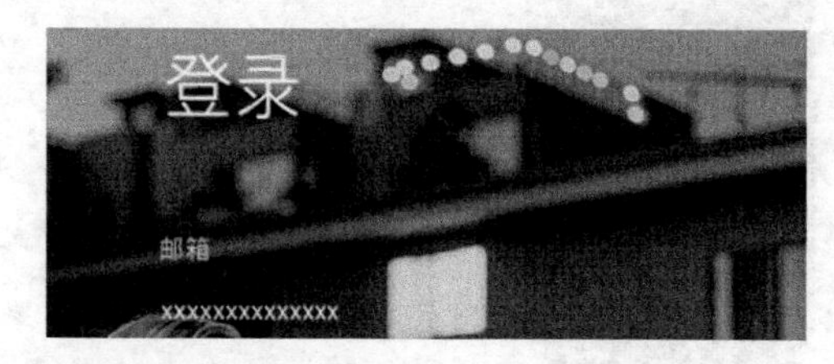

图15-41

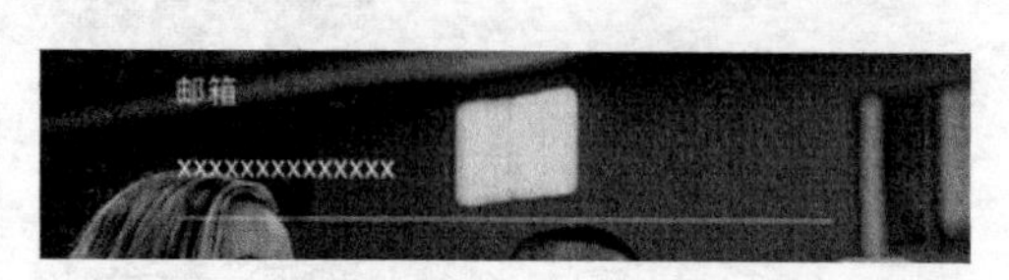

图15-42

（9）使用上述方法分别输入需要的文字并绘制直线，效果如图 15-43 所示，在“图层”控制面板中分别生成新的文字图层和形状图层“形状 2”，如图 15-44 所示。

图15-43

图15-44

（10）在“图层”控制面板中，按住 Shift 键的同时，单击“邮箱”图层，将需要的图层同时选取。按 Ctrl+G 组合键，群组图层并将其命名为“个人信息”，如图 15-45 所示。

（11）选择圆角矩形工具 ，在属性栏中将“填充”颜色设为黑色，“描边”颜色设为“无”，“半径”选项设为 10 像素。在图像窗口中绘制一个圆角矩形，效果如图 15-46 所示，在“图层”控制面板中生成新的形状图层“圆角矩形 1”。

图15-45

图15-46

（12）单击“图层”控制面板下方的“添加图层样式”按钮 fx，在弹出的菜单中选择“渐变叠加”命令，弹出对话框，单击“点按可编辑渐变”按钮，弹出“渐变编辑器”对话框，将渐变颜色设为从橘黄色（255、134、16）到橘红色（254、44、60），单击“确定”按钮。返回“图层样式”对话框，其他选项的设置如图 15-47 所示，单击“确定”按钮，效果如图 15-48 所示。

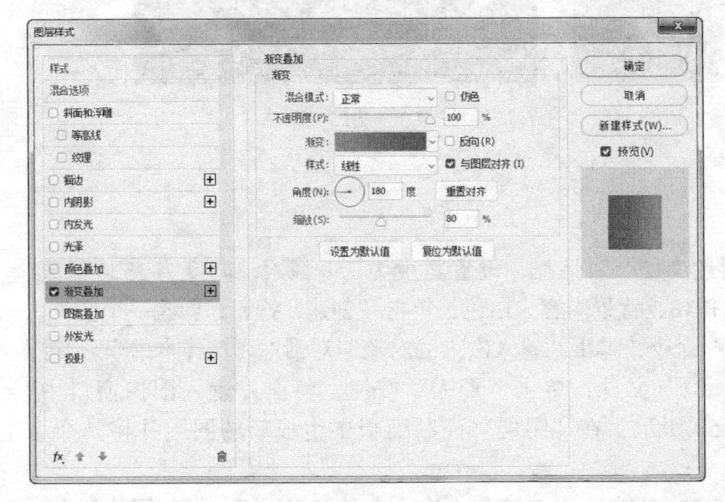

图15-47

图15-48

（13）选择横排文字工具 T，输入需要的文字并选取文字，在属性栏中选择合适的字体并设置文字大小，设置文字颜色为白色，按 Alt+ →组合键，调整文字间距，效果如图 15-49 所示，在“图层”控制面板中生成新的文字图层。

（14）按 Ctrl+O 组合键，打开本书学习资源中的“Ch15\素材\制作登录页\03”文件。选择移动工具 ✥，将“QQ”图形拖曳到图像窗口中适当的位置并调整其大小，效果如图 15-50 所示，在“图层”控制面板中生成新的形状图层“QQ”。

图15-49

图15-50

（15）使用相同的方法将其他图形拖曳到适当的位置，效果如图 15-51 所示，在“图层”控制面板中分别生成新的形状图层“微信”和“微博”。

（16）选择横排文字工具 T，输入需要的文字并选取文字，在属性栏中选择合适的字体并设置文字大小，设置文字颜色为白色，按 Alt+ ←组合键，调整文字间距，效果如图 15-52 所示，在“图层”控制面板中生成新的文字图层。社交类 App 登录页制作完成。

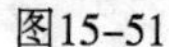
图15-51

图15-52

15.1.3　制作个人中心页

（1）按 Ctrl+N 组合键，弹出“新建文档”对话框，设置宽度为 750 像素，高度为 1334 像素，分辨率为 72 像素 / 英寸，颜色模式为 RGB，背景内容为白色，单击“创建”按钮，新建一个文件。

（2）选择“文件 > 置入嵌入对象”命令，弹出“置入嵌入的对象”对话框。选择本书学习资源中的“Ch15\ 素材 \ 制作个人中心页 \01”文件，单击“置入”按钮，将图片置入图像窗口中，按 Enter 键确认操作，效果如图 15-53 所示，在“图层”控制面板中生成新的图层并将其命名为“底图”。

（3）按 Ctrl+T 组合键，图像周围出现变换框，拖曳变换框右上角的控制手柄，调整图片的大小及其位置，按 Enter 键确认操作，效果如图 15-54 所示。

图15-53　　图15-54

（4）选择“视图 > 新建参考线”命令，在弹出的对话框中进行设置，如图 15-55 所示，单击“确定”按钮，效果如图 15-56 所示。

图15-55　　图15-56

（5）选择“文件 > 置入嵌入对象”命令，弹出“置入嵌入的对象”对话框。选择本书学习资源中的“Ch15\素材\制作个人中心页\02”文件，单击“置入”按钮，将图片置入图像窗口中，并将其拖曳到适当的位置，按Enter键确认操作，效果如图15-57所示，在“图层”控制面板中生成新的图层并将其命名为“状态栏”。

图15-57

（6）选择“视图 > 新建参考线”命令，在弹出的对话框中进行设置，如图15-58所示，设置完成后单击“确定”按钮。使用相同的方法在718像素的位置再次创建一条垂直参考线，效果如图15-59所示。

（7）选择横排文字工具 T，输入需要的文字并选取文字，在属性栏中选择合适的字体并设置文字大小，设置文字颜色为白色，按Alt+→组合键，调整文字间距，效果如图15-60所示，在“图层”控制面板中生成新的文字图层。

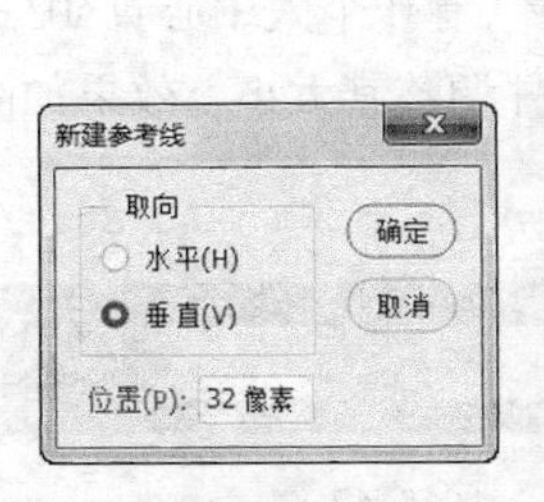

图15-58

图15-59

图15-60

（8）使用相同的方法再次分别输入需要的文字并选取文字，在属性栏中分别选择合适的字体并设置文字大小，设置文字颜色为白色，效果如图15-61所示，在“图层”控制面板中分别生成新的文字图层，如图15-62所示。

（9）在“图层”控制面板中，按住Shift键的同时，单击“林樱”图层，将需要的图层同时选取。按Ctrl+G组合键，群组图层并将其命名为“个人简介”，如图15-63所示。

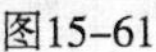

图15-61

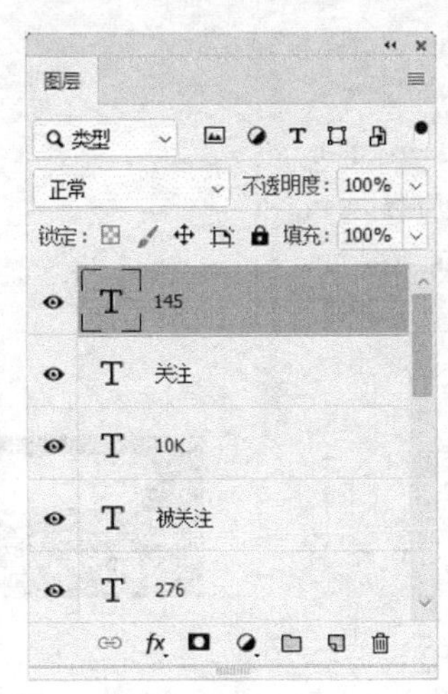

图15-62

图15-63

（10）选择圆角矩形工具，在属性栏的“选择工具模式”选项中选择“形状”，将“填充”颜色设为白色，“描边”颜色设为“无”。在图像窗口中绘制一个圆角矩形，效果如图 15-64 所示，在“图层”控制面板中生成新的形状图层“圆角矩形 1”。

（11）选择横排文字工具，输入需要的文字并选取文字，在属性栏中选择合适的字体并设置文字大小，设置文字颜色为黑色，效果如图 15-65 所示，在“图层”控制面板中生成新的文字图层。

图15-64

图15-65

（12）选择圆角矩形工具，在属性栏中将“填充”颜色设为无，“描边”颜色设为白色，“描边宽度”选项设为 2 像素，“半径”选项设为 10 像素。按住 Shift 键的同时，在图像窗口中绘制一个圆角矩形，效果如图 15-66 所示，在“图层”控制面板中生成新的形状图层“圆角矩形 2”。

（13）按 Ctrl+O 组合键，打开本书学习资源中的“Ch15\素材\制作个人中心页\03”文件。选择移动工具，将“设置”图形拖曳到图像窗口中适当的位置并调整其大小，效果如图 15-67 所示，在“图层”控制面板中生成新的形状图层“设置”。

图15-66 图15-67

（14）在“图层”控制面板中，按住 Shift 键的同时，单击“圆角矩形 1”图层，将需要的图层同时选取。按 Ctrl+G 组合键，群组图层并将其命名为“编辑简介”，如图 15-68 所示。

（15）选择横排文字工具，分别输入需要的文字并选取文字，在属性栏中选择合适的字体并设置文字大小，设置文字颜色为白色，效果如图 15-69 所示，在“图层”控制面板中分别生成新的文字图层。

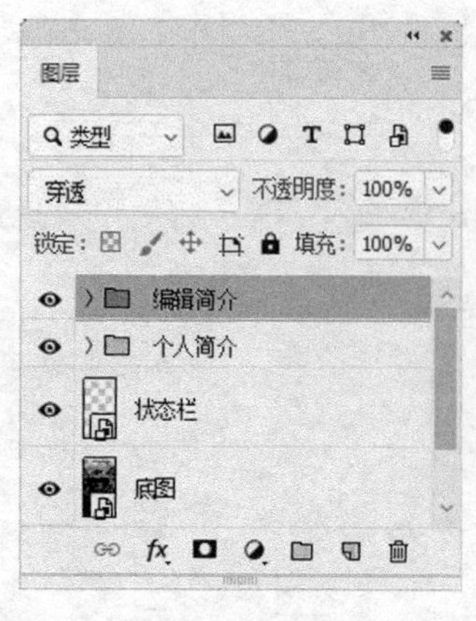

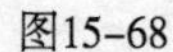

图15-68

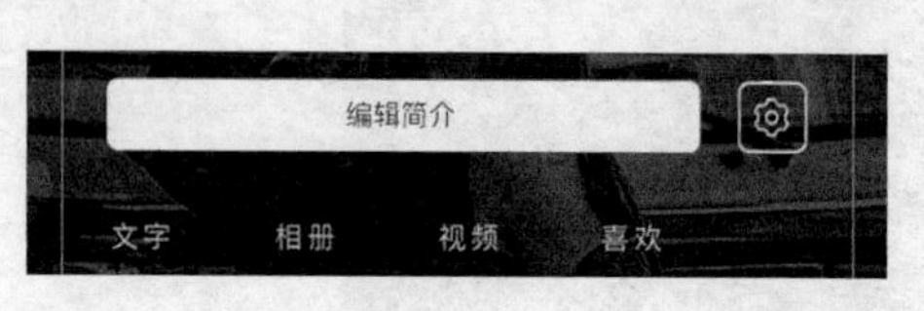

图15-69

（16）选择矩形工具□，在属性栏中将“填充”颜色设为粉红色（254、32、66），“描边”颜色设为“无”。在图像窗口中绘制一个矩形，效果如图 15-70 所示，在“图层”控制面板中生成新的形状图层“矩形 1”。在“图层”控制面板中，按住 Shift 键的同时，单击“文字”图层，将需要的图层同时选取。按 Ctrl+G 组合键，群组图层并将其命名为“文字”，如图 15-71 所示。

图15-70　　图15-71

（17）选择圆角矩形工具▢，在图像窗口中绘制一个圆角矩形，在属性栏中将“填充”颜色设为白色，“描边”颜色设为“无”，如图 15-72 所示，在“图层”控制面板中生成新的形状图层“圆角矩形 3”。在“属性”面板中设置“圆角半径”参数，如图 15-73 所示，效果如图 15-74 所示。

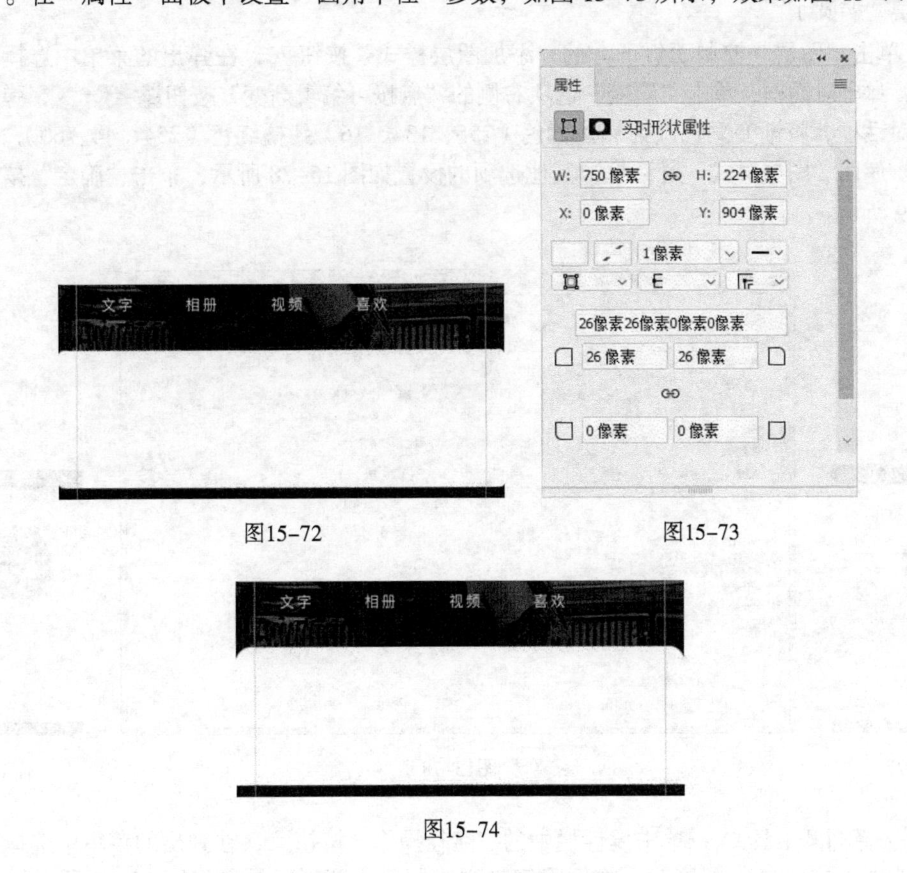

图15-72　　图15-73

图15-74

（18）单击“图层”控制面板下方的“添加图层样式”按钮 fx，在弹出的菜单中选择“投影”命令，在弹出的对话框中进行设置，如图 15-75 所示，单击“确定”按钮，效果如图 15-76 所示。

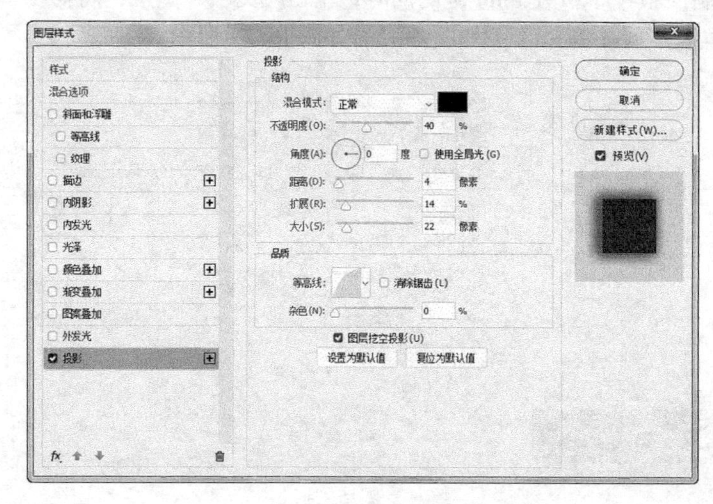

图15-75

图15-76

（19）选择椭圆工具 ○，按住 Shift 键的同时，在图像窗口中绘制一个圆形，在属性栏中将“填充”颜色设为黑色，“描边”颜色设为“无”，效果如图 15-77 所示，在“图层”控制面板中生成新的形状图层“椭圆 1”。

（20）单击“图层”控制面板下方的“添加图层样式”按钮 fx，在弹出的菜单中选择“渐变叠加”命令，弹出对话框，单击“渐变”选项右侧的“点按可编辑渐变”按钮，弹出“渐变编辑器”对话框，将渐变颜色设为从橘黄色（255、134、16）到橘红色（254、44、60），单击“确定”按钮。返回“图层样式”对话框，其他选项的设置如图 15-78 所示，单击“确定”按钮，效果如图 15-79 所示。

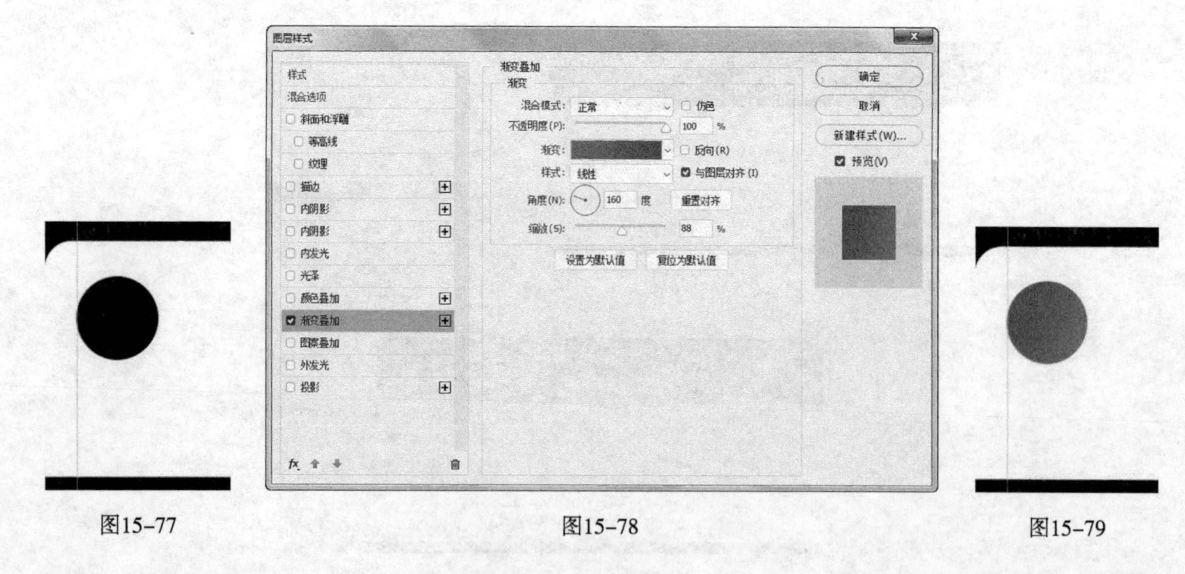

图15-77　　图15-78　　图15-79

（21）选择椭圆工具 ○，单击属性栏中的“路径操作”按钮 □，在弹出的菜单中选择“排除重叠形状”选项，按住 Shift 的同时，在图像窗口中绘制一个圆形，效果如图 15-80 所示。按住 Shift

键的同时，再次绘制一个圆形，在属性栏中将“填充”颜色设为黑色，“描边”颜色设为“无”，在“图层”控制面板中生成新的形状图层“椭圆 2”，效果如图 15-81 所示。

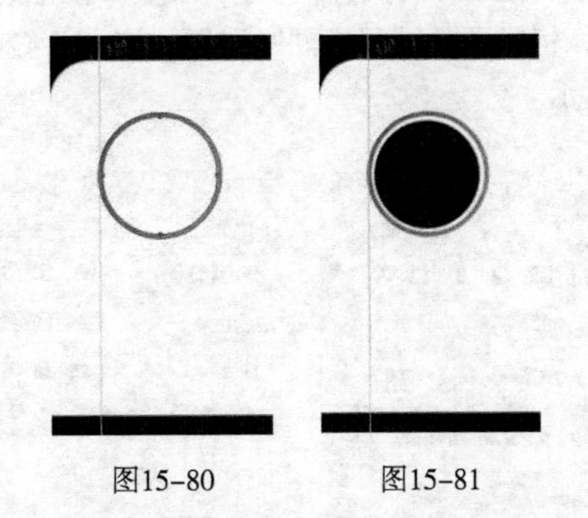

图15-80　　图15-81

（22）选择“文件 > 置入嵌入对象”命令，弹出“置入嵌入的对象”对话框。选择本书学习资源中的“Ch15\素材\制作个人中心页\04”文件，单击“置入”按钮，将图片置入图像窗口中，拖曳到适当的位置并调整大小，按 Enter 键确认操作，效果如图 15-82 所示，在“图层”控制面板中生成新的图层并将其命名为“头像”。按 Alt+Ctrl+G 组合键，为“头像”图层创建剪贴蒙版，效果如图 15-83 所示。

图15-82　　图15-83

（23）使用上述方法分别添加文字和图形，制作出图 15-84 所示的效果，在“图层”控制面板中分别生成新的文字图层和形状图层，如图 15-85 所示。

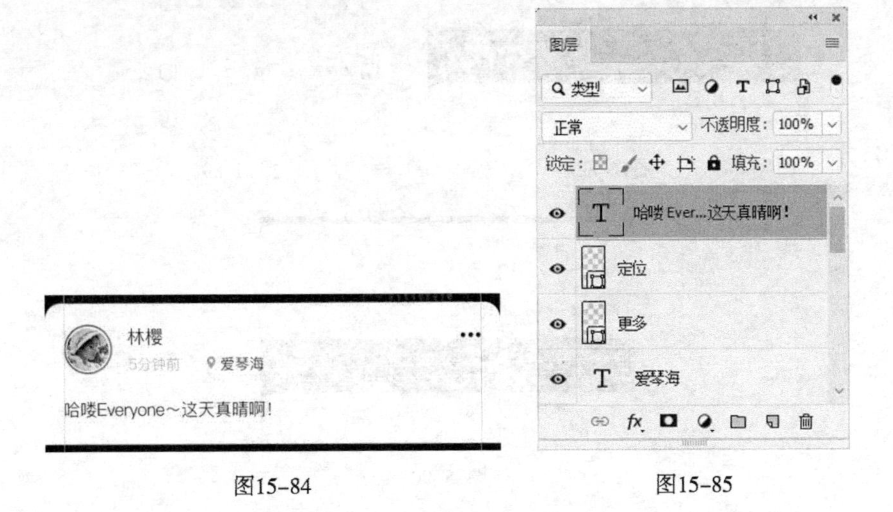

图15-84　　图15-85

（24）在“图层”控制面板中，按住 Shift 键的同时，单击“圆角矩形 3”图层，将需要的图层同时选取。按 Ctrl+G 组合键，群组图层并将其命名为“林樱”，如图 15-86 所示。按住 Shift 键的同时，单击“个人简介”图层组，将需要的图层组同时选取。按 Ctrl+G 组合键，群组图层组并将其命名为“内容区”，如图 15-87 所示。

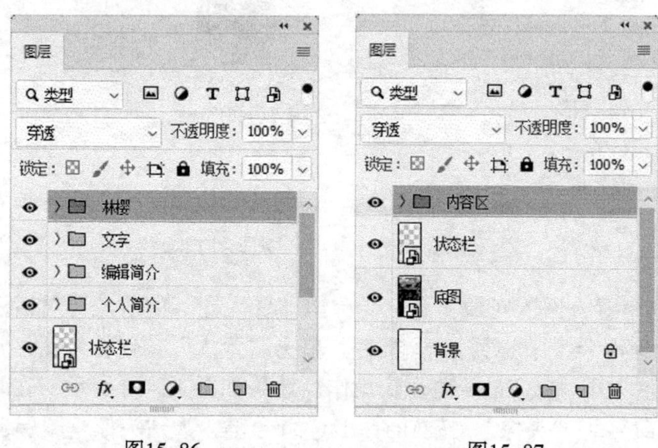

图15-86　　图15-87

（25）选择圆角矩形工具，在属性栏中将“填充”颜色设为白色，“描边”颜色设为“无”，“半径”选项设为 26 像素，在图像窗口中绘制一个圆角矩形，如图 15-88 所示，在“图层”控制面板中生成新的形状图层“圆角矩形 4”。在“属性”面板中设置“圆角半径”参数，如图 15-89 所示，效果如图 15-90 所示。

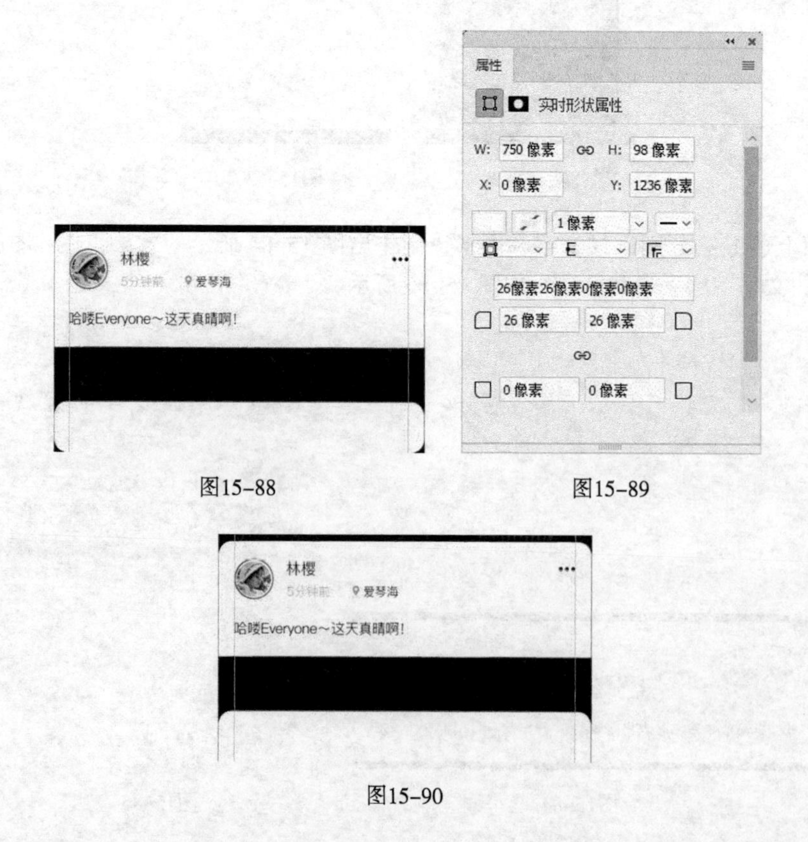

图15-88　　图15-89

图15-90

（26）单击“图层”控制面板下方的“添加图层样式”按钮 fx，在弹出的菜单中选择“投影”命令，在弹出的对话框中进行设置，如图 15-91 所示，单击“确定”按钮，效果如图 15-92 所示。

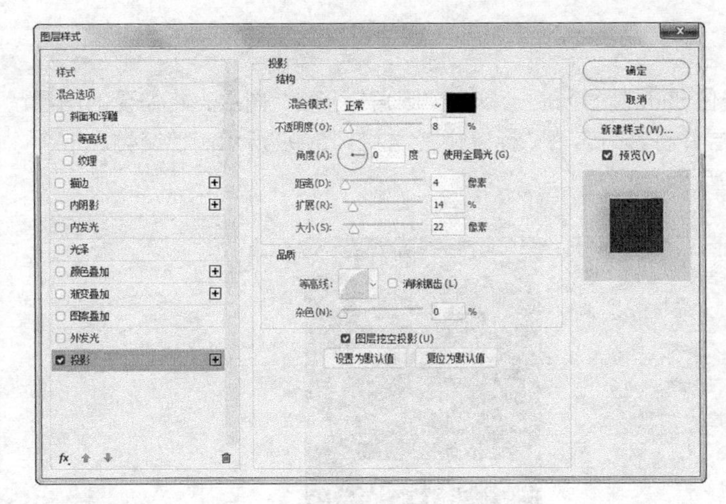

图15-91

图15-92

（27）在“03”图像窗口中，选中“主页”图层，选择移动工具 ✥，将其拖曳到图像窗口中适当的位置并调整大小，效果如图 15-93 所示，在“图层”控制面板中生成新的形状图层“主页”。使用相同的方法，将其他需要的图形拖曳到适当的位置并调整大小，效果如图 15-94 所示，在“图层”控制面板中分别生成新的形状图层。

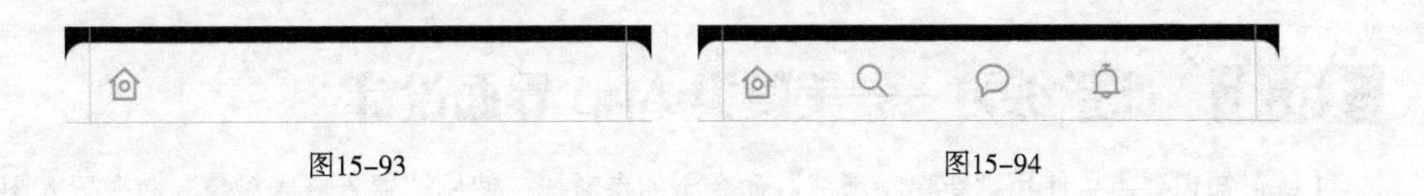

图15-93　　图15-94

（28）选择椭圆工具 ○，按住 Shift 键的同时，在图像窗口中绘制一个圆形，在属性栏中将“填充”颜色设为黑色，“描边”颜色设为“无”，效果如图 15-95 所示，在“图层”控制面板中生成新的形状图层“椭圆 3”。

（29）在“03”图像窗口中，选中“我的”图层，选择移动工具 ✥，将其拖曳到图像窗口中适当的位置并调整大小，效果如图 15-96 所示，在“图层”控制面板中生成新的形状图层“我的”。

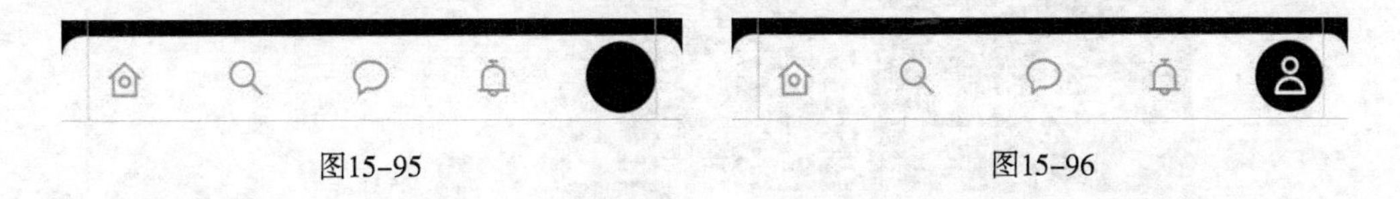

图15-95　　图15-96

（30）选择椭圆工具 ○，按住 Shift 键的同时，在图像窗口中绘制一个圆形，在属性栏中将“填充”颜色设为红色（255、0、0），“描边”颜色设为“无”，效果如图 15-97 所示，在“图层”控制面板中生成新的形状图层“椭圆 4”。

（31）选择横排文字工具 T，输入需要的文字并选取文字，在属性栏中选择合适的字体并设置文字大小，设置文字颜色为白色，效果如图 15-98 所示，在“图层”控制面板中生成新的文字图层。

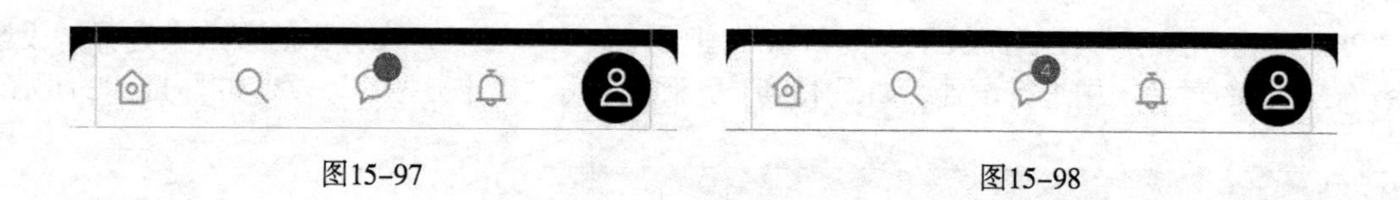

图15-97　　　　图15-98

（32）在“图层”控制面板中，按住 Shift 键的同时，单击“圆角矩形 4”图层，将需要的图层同时选取。按 Ctrl+G 组合键，群组图层并将其命名为“标签栏”，如图 15-99 所示。社交类 App 个人中心页制作完成，效果如图 15-100 所示。

图15-99　　　　图15-100

15.2 课堂练习——美食类 App 界面设计

【练习知识要点】使用“新建参考线”命令添加参考线，使用“置入嵌入对象”命令置入图片素材，使用“创建剪贴蒙版”命令制作产品图片，使用移动工具添加图形素材，使用横排文字工具输入文字信息，使用矩形工具、圆角矩形工具和椭圆工具绘制图形，最终效果如图 15-101 所示。

【效果所在位置】Ch15\ 效果 \ 制作闪屏页 .psd、制作首页 .psd、制作筛选页.psd。

图15-101

15.3 课后习题——医疗类 App 界面设计

【习题知识要点】使用“新建参考线”命令添加参考线，使用“置入嵌入对象”命令置入图片素材，使用“创建剪贴蒙版”命令制作宣传图片，使用移动工具添加图形素材，使用横排文字工具输入文字信息，使用直线工具、多边形工具、矩形工具、圆角矩形工具和椭圆工具绘制图形，使用图层样式制作投影，最终效果如图 15-102 所示。

【效果所在位置】Ch15\ 效果 \ 制作闪屏页 .psd、制作首页 .psd、制作医生列表页.psd。

图15-102

第16章 H5设计

本章介绍

随着移动互联网的兴起，H5 逐渐成为互联网传播领域的一种重要传播方式。因此，对于互联网从业人员来说，学习和掌握 H5 就显得尤为重要了。本章以金融理财行业节日祝福 H5 的页面设计为例，讲解 H5 页面的设计方法和制作技巧。

学习目标

- 了解 H5 页面的设计方法。
- 掌握 H5 页面的制作技巧。

16.1 金融理财行业节日祝福 H5 页面设计

【案例知识要点】使用“置入嵌入对象”命令置入素材图片，使用横排文字工具和直排文字工具输入文字信息，使用图层样式制作阴影和颜色叠加效果，最终效果如图 16–1 所示。

【效果所在位置】Ch16\ 效果 \ 金融理财行业节日祝福 H5 页面设计 .psd。

图16–1

16.1.1 制作首页

（1）按 Ctrl+N 组合键，弹出“新建文档”对话框，设置宽度为 750 像素，高度为 1206 像素，分辨率为 72 像素 / 英寸，颜色模式为 RGB，背景内容为白色，单击“创建”按钮，新建一个文件。

（2）选择“文件 > 置入嵌入对象”命令，弹出“置入嵌入的对象”对话框。选择本书学习资源中的“Ch16\ 素材 \ 金融理财行业节日祝福 H5 页面设计 \01”文件，单击“置入”按钮，将图片置入图像窗口中，按 Enter 键确认操作，效果如图 16–2 所示，在“图层”控制面板中生成新的图层并将其命名为“底图”，如图 16–3 所示。

图16–2

图16–3

（3）选择矩形工具 □，在属性栏的“选择工具模式”选项中选择“形状”，在页面中单击，弹出“创建矩形”对话框，选项的设置如图 16–4 所示，单击“确定”按钮，在“图层”控制面板中生成新的形状图层“矩形 1”。选择移动工具 ✥，将矩形拖曳到适当的位置，如图 16–5 所示。

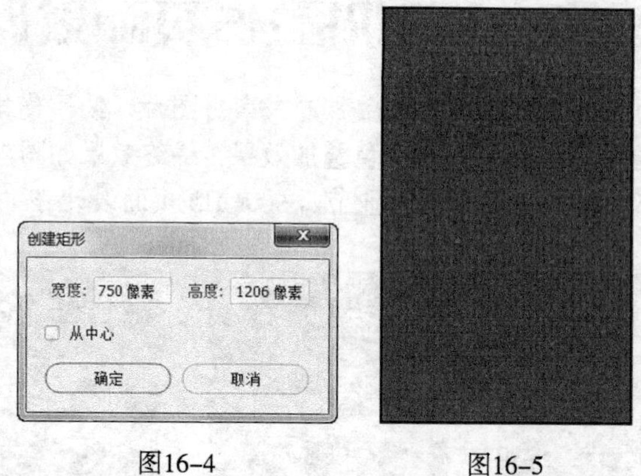

图16-4　　　　图16-5

（4）选择矩形工具□，在属性栏中将“填充”选项设为无，单击“描边”选项，在弹出的面板中单击“渐变”按钮，选择“橙，黄，橙渐变”预设，如图 16-6 所示，将“描边宽度”选项设为 8 像素，效果如图 16-7 所示。

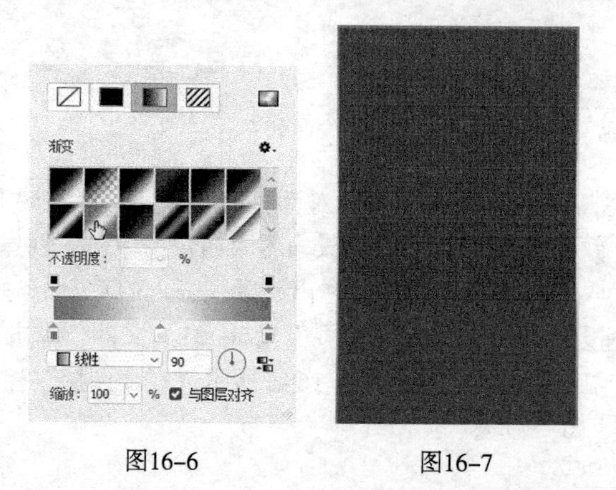

图16-6　　　　图16-7

（5）选择圆角矩形工具□，在属性栏中将“半径”选项设为 40 像素，在图像窗口中绘制一个圆角矩形。在属性栏中将“填充”颜色设为无，“描边”颜色设为金黄色（255、207、126），“描边宽度”选项设为 4 像素，效果如图 16-8 所示，在“图层”控制面板中生成新的形状图层“圆角矩形 1”。

（6）选择“文件 > 置入嵌入对象”命令，弹出“置入嵌入的对象”对话框。选择本书学习资源中的“Ch16\ 素材 \ 金融理财行业节日祝福 H5 页面设计 \02”文件，单击“置入”按钮，将图片置入图像窗口中，并调整其位置和大小，按 Enter 键确认操作，效果如图 16-9 所示，在“图层”控制面板中生成新的图层并将其命名为“云彩”。

（7）在“图层”控制面板中，按住 Shift 键的同时，单击“矩形 1”图层，将需要的图层同时选取。按 Ctrl+G 组合键，群组图层并将其命名为“边框”，如图 16-10 所示。

（8）选择“文件 > 置入嵌入对象”命令，弹出“置入嵌入的对象”对话框。选择本书学习资源中的“Ch16\ 素材 \ 金融理财行业节日祝福 H5 页面设计 \03、04”文件，单击“置入”按钮，将图片分别置入图像窗口中，并调整其位置和大小，按 Enter 键确认操作，效果如图 16-11 所示，在“图层”控制面板中生成新的图层并将其分别命名为“梅花”和“文字框”。

（9）选择直排文字工具 IT.，输入需要的文字并选取文字，在属性栏中选择合适的字体并设置文字大小，设置文字颜色为金黄色（255、207、126），如图 16-12 所示。按 Alt+ ↑组合键，调整行距，按 Alt+ →组合键，调整文字间距，效果如图 16-13 所示，在“图层”控制面板中生成新的文字图层。

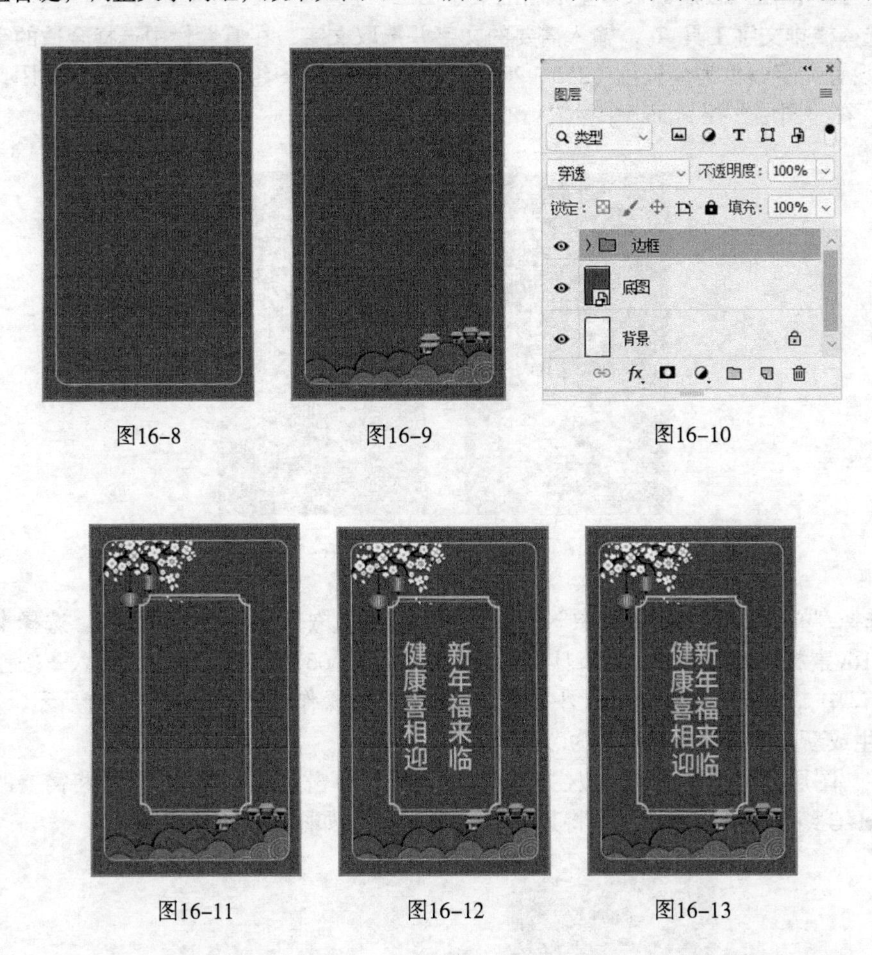

图16-8　图16-9　图16-10

图16-11　图16-12　图16-13

（10）单击“图层”控制面板下方的“添加图层样式”按钮 fx，在弹出的菜单中选择“投影”命令，在弹出的对话框中进行设置，如图 16-14 所示，单击“确定”按钮，效果如图 16-15 所示。

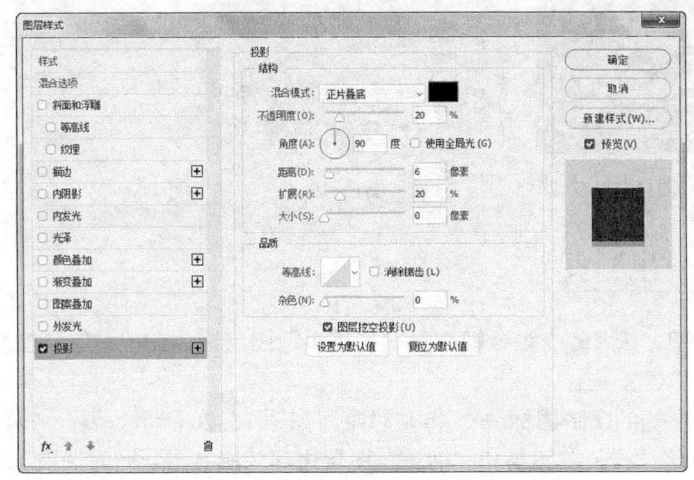

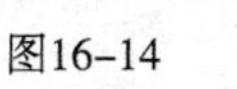

图16-14　图16-15

（11）选择直排文字工具 IT，输入需要的文字并选取文字，在属性栏中选择合适的字体并设置文字大小，设置文字颜色为金黄色（255、207、126），按 Alt+ →组合键，调整文字间距，效果如图 16–16 所示，在“图层”控制面板中生成新的文字图层。

（12）选择横排文字工具 T，输入需要的文字并选取文字，在属性栏中选择合适的字体并设置文字大小，设置文字颜色为金黄色（255、207、126），按 Alt+ →组合键，调整文字间距，效果如图 16–17 所示，在“图层”控制面板中生成新的文字图层。

图16–16

图16–17

（13）选择“文件 > 置入嵌入对象”命令，弹出“置入嵌入的对象”对话框。选择本书学习资源中的“Ch16\ 素材 \ 金融理财行业节日祝福 H5 页面设计 \05”文件，单击“置入”按钮，将图片置入图像窗口中，并调整其位置和大小，按 Enter 键确认操作，效果如图 16–18 所示，在“图层”控制面板中生成新的图层并将其命名为“祥云”。

（14）在“图层”控制面板中，按住 Shift 键的同时，单击“边框”图层组，将需要的图层同时选取。按 Ctrl+G 组合键，群组图层并将其命名为“首页”，如图 16–19 所示。

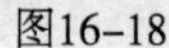

图16–18

图16–19

16.1.2 制作“尊享一生”页

（1）在“图层”控制面板中，按 Ctrl+J 组合键，复制“首页”图层组，在“图层”控制面板中生成新的图层组并将其命名为“尊享一生”。

（2）单击“首页”图层组左侧的眼睛图标 ，将其隐藏，如图 16–20 所示。展开“尊享一生”图层组，按住 Shift 键的同时，将“祥云”图层和“梅花”图层之间的所有图层同时选取，按 Delete

键删除，如图 16–21 所示，效果如图 16–22 所示。

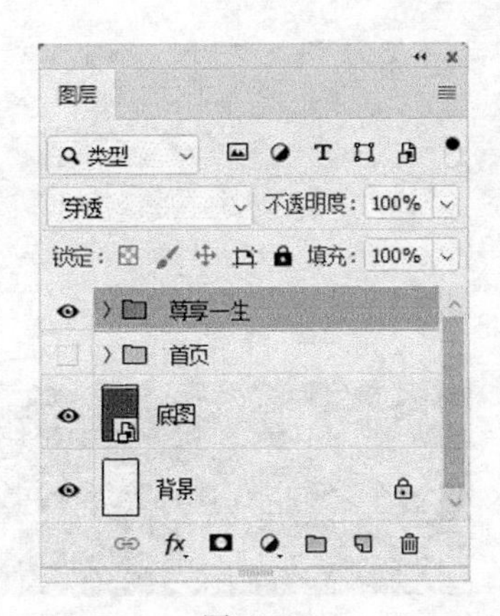

图16–20

图16–21

图16–22

（3）选中“边框”图层组。选择“文件 > 置入嵌入对象”命令，弹出“置入嵌入的对象”对话框。选择本书学习资源中的“Ch16\ 素材 \ 金融理财行业节日祝福 H5 页面设计 \06、07”文件，单击“置入”按钮，将图片分别置入图像窗口中，并调整其位置和大小，按 Enter 键确认操作，效果如图 16–23 所示，在“图层”控制面板中生成新的图层并将其命名为“屋顶”和“边框”。

（4）选择横排文字工具 T.，输入需要的文字并选取文字，在属性栏中选择合适的字体并设置文字大小，设置文字颜色为金黄色（255、207、126），效果如图 16–24 所示，在“图层”控制面板中生成新的文字图层。

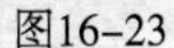
图16–23

图16–24

（5）单击“图层”控制面板下方的“添加图层样式”按钮 fx，在弹出的菜单中选择“投影”命令，在弹出的对话框中进行设置，如图 16–25 所示，单击“确定”按钮，效果如图 16–26 所示。

（6）选择横排文字工具 T.，输入需要的文字并选取文字，在属性栏中选择合适的字体并设置文字大小，设置文字颜色为金黄色（255、207、126），效果如图 16–27 所示，在“图层”控制面板中生成新的文字图层。

（7）选择“文件 > 置入嵌入对象”命令，弹出“置入嵌入的对象”对话框。选择本书学习资源中的“Ch16\ 素材 \ 制作金融理财行业节日祝福 H5\08、09”文件，单击“置入”按钮，将图片分别置入图像窗口中，并调整其位置和大小，按 Enter 键确认操作，效果如图 16–28 所示，在“图层”控制面板中生成新的图层并将其命名为“装饰 1”和“费用”。

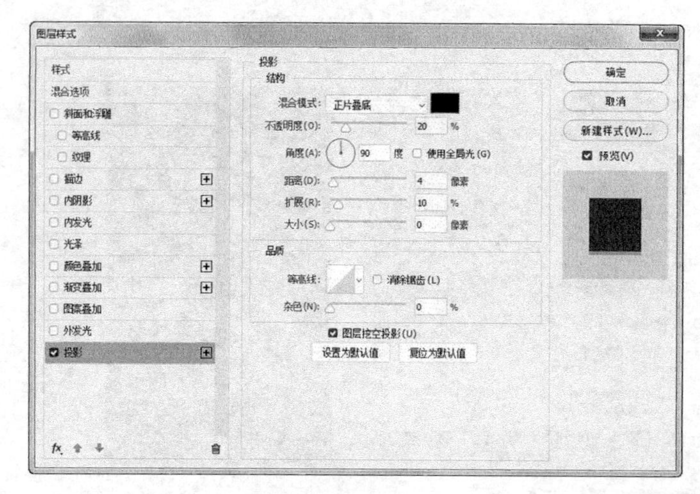

图16-25

图16-26

图16-27

图16-28

（8）选择横排文字工具 T，输入需要的文字并选取文字，在属性栏中分别选择合适的字体并设置文字大小，设置文字颜色为金黄色（255、207、126），效果如图 16-29 所示，在“图层”控制面板中生成新的文字图层。

（9）在“图层”控制面板中，按住 Shift 键的同时，单击“装饰 1”图层，将需要的图层同时选取。按 Ctrl+G 组合键，群组图层并将其命名为“住院”，如图 16-30 所示。

（10）使用相同的方法置入需要的素材并输入需要的文字，制作出图 16-31 所示的效果，在“图层”控制面板中生成新的图层组，并折叠“尊享一生”图层组。

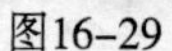

图16-29

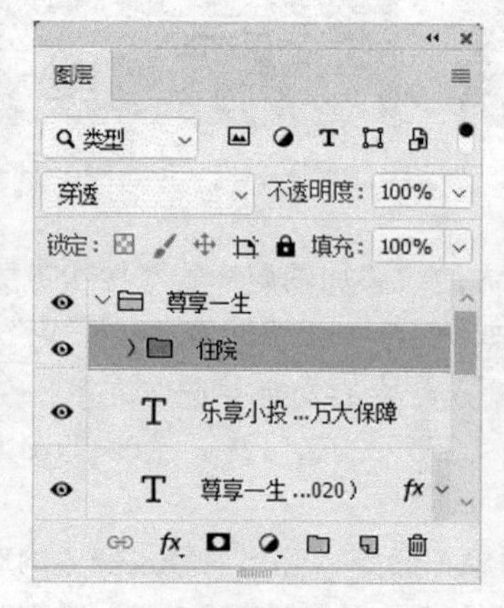

图16-30

图16-31

16.1.3 制作“步步高升”页

（1）在“图层”控制面板中，选中“尊享一生”图层组，按 Ctrl+J 组合键，复制图层组，在“图层”控制面板中生成新的图层组并将其命名为“步步高升”。

（2）单击“尊享一生”图层组左侧的眼睛图标 👁，将其隐藏，如图 16-32 所示。展开“步步高升”图层组，按住 Shift 键的同时，将“保障范围”图层组和“屋顶”图层之间的所有图层同时选取，按 Delete 键删除，效果如图 16-33 所示。

（3）选中“边框”图层组。选择“文件 > 置入嵌入对象”命令，弹出“置入嵌入的对象”对话框。选择本书学习资源中的“Ch16\素材\金融理财行业节日祝福 H5 页面设计\15、16”文件，单击“置入”按钮，将图片分别置入图像窗口中，并调整其位置和大小，按 Enter 键确认操作，效果如图 16-34 所示，在“图层”控制面板中生成新的图层并将其命名为“梅花”和“帽子”。

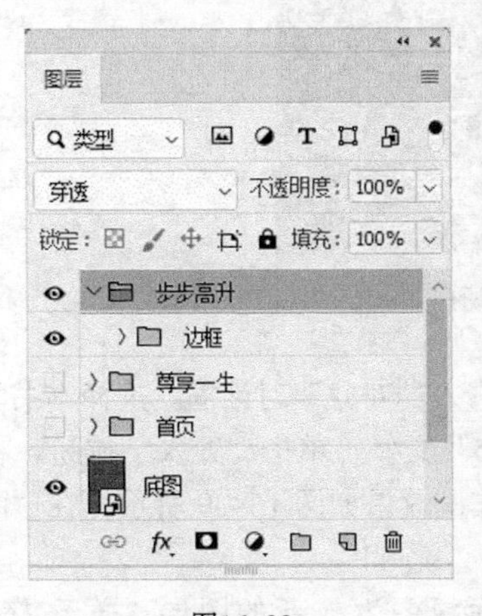

图16-32

图16-33

图16-34

（4）选中“梅花”图层。单击“图层”控制面板下方的“添加图层样式”按钮 fx，在弹出的菜单中选择“颜色叠加”命令，弹出对话框，将叠加颜色设为金黄色（255、207、126），其他选项的设置如图 16-35 所示，单击“确定”按钮，效果如图 16-36 所示。

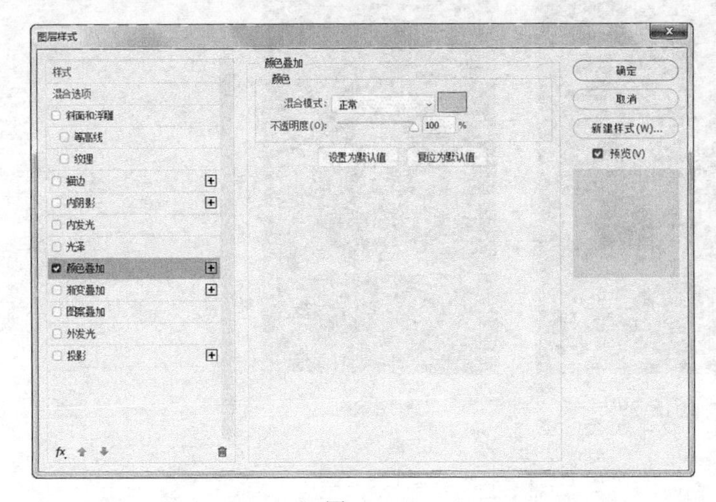

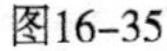
图16-35

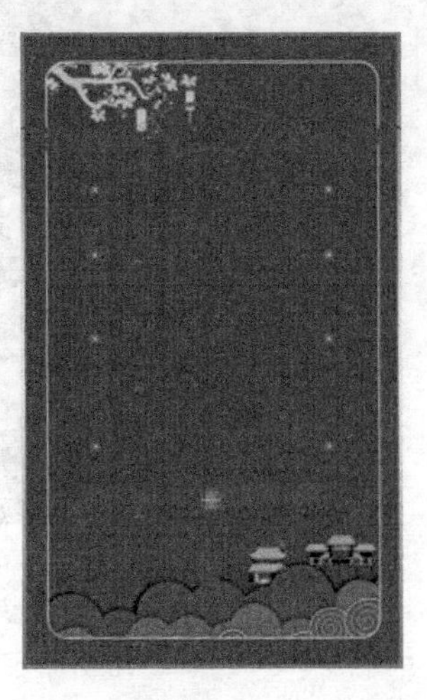
图16-36

（5）在“图层”控制面板中的“梅花”图层上单击鼠标右键，在弹出的菜单中选择“拷贝图层样式”命令，拷贝图层样式。在“帽子”图层上单击鼠标右键，在弹出的菜单中选择“粘贴图层样式”命令，粘贴图层样式，效果如图 16-37 所示。

（6）选择直排文字工具 IT，输入需要的文字并选取文字，在属性栏中选择合适的字体并设置文字大小，设置文字颜色为金黄色（255、207、126），效果如图 16-38 所示，在“图层”控制面板中生成新的文字图层。

图16-37

图16-38

（7）选择“文件 > 置入嵌入对象”命令，弹出“置入嵌入的对象”对话框。选择本书学习资源中的“Ch16\素材\金融理财行业节日祝福 H5 页面设计\05”文件，单击“置入”按钮，将图片置入图像窗口中，并调整其位置和大小，按 Enter 键确认操作，效果如图 16-39 所示，在“图层”控制面板中生成新的图层并将其命名为“祥云”。

（8）按 Ctrl+J 组合键，复制图层，在“图层”控制面板中生成新的图层“祥云 拷贝”。按 Ctrl+T 组合键，图像周围出现变换框，在变换框中单击鼠标右键，在弹出的菜单中选择“水平翻转”命令，水平翻转图像，将其拖曳到适当的位置，按 Enter 键确认操作，效果如图 16-40 所示。金融理财行业节日祝福 H5 页面制作完成。

图16-39

图16-40

16.2 课堂练习——文化传媒行业活动推广 H5 页面设计

【练习知识要点】使用“置入嵌入对象”命令置入素材图片，使用图层蒙版和画笔工具修饰文字，使用横排文字工具输入文字信息，使用矩形工具绘制装饰图形，使用图层样式添加描边，最终效果如图 16-41 所示。

【效果所在位置】Ch16\ 效果 \ 文化传媒行业活动推广 H5 页面设计 .psd。

图16-41

16.3 课后习题——汽车工业行业活动邀请 H5 页面设计

【习题知识要点】使用“置入嵌入对象”命令置入素材图片，使用图层蒙版和渐变工具修饰背景图，使用横排文字工具输入文字信息，使用椭圆工具和矩形工具绘制装饰图形，使用图层样式添加描边，最终效果如图 16-42 所示。

【效果所在位置】Ch16\ 效果 \ 汽车工业行业活动邀请 H5 页面设计 .psd。

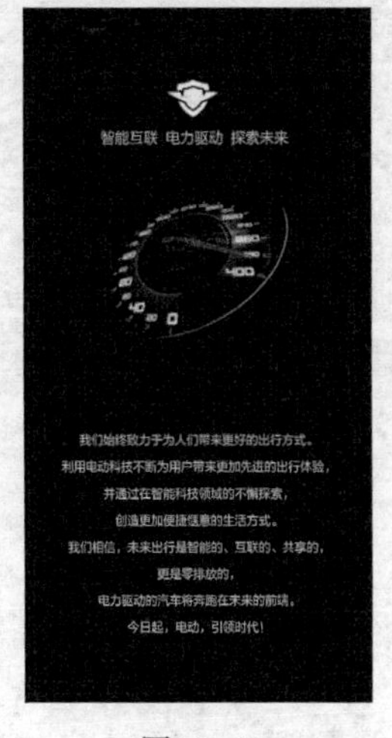

图16-42

第 17 章 VI 设计

本章介绍

VI 是企业形象设计的整合。它通过具体的符号将企业理念、企业规范等抽象概念进行充分的表达，以标准化、系统化、统一化的方式塑造良好的企业形象，传播企业文化。本章以天鸿达科技 VI 手册设计为例，讲解 VI 的设计方法和制作技巧。

学习目标

- 了解 VI 的设计方法。
- 掌握 VI 的制作技巧。

17.1 制作天鸿达科技 VI 手册

【案例知识要点】使用“置入嵌入对象”命令置入素材图片，使用横排文字工具输入文字信息，使用矩形工具、圆角矩形工具、直线工具和钢笔工具绘制图形，使用图层样式制作颜色叠加效果，最终效果如图 17–1 所示。

【效果所在位置】Ch17\ 效果 \ 制作天鸿达科技 VI 手册.psd。

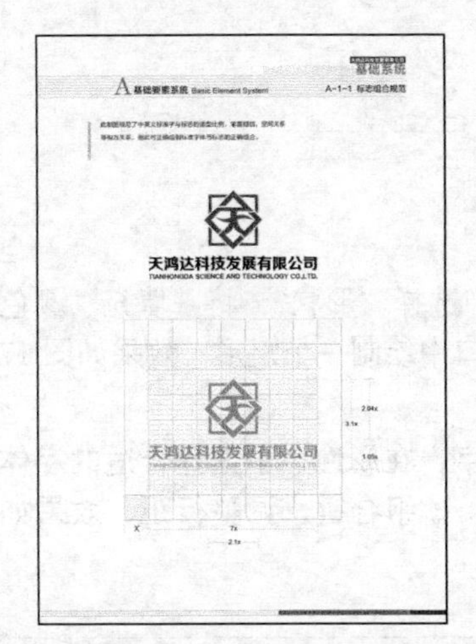

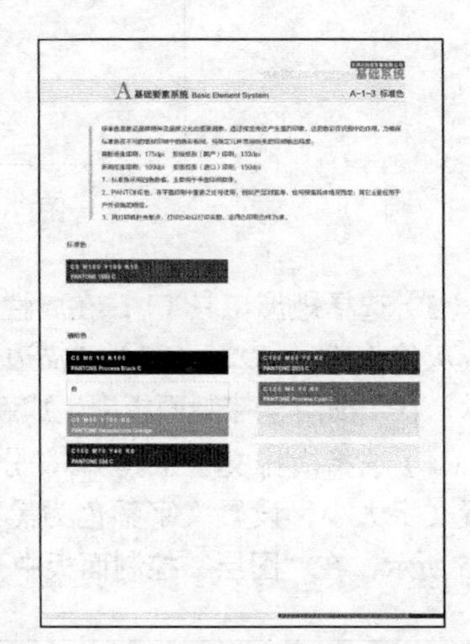
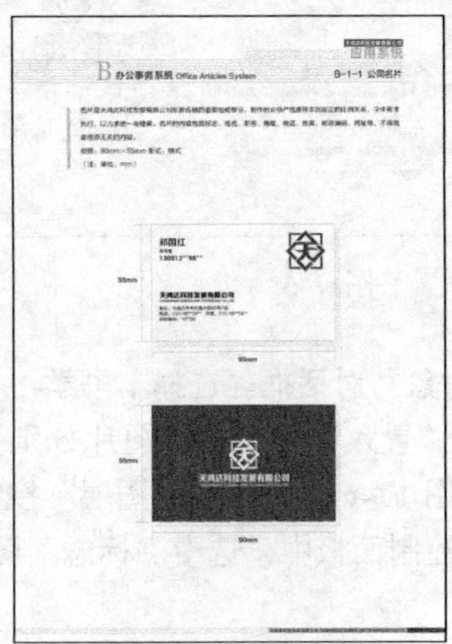
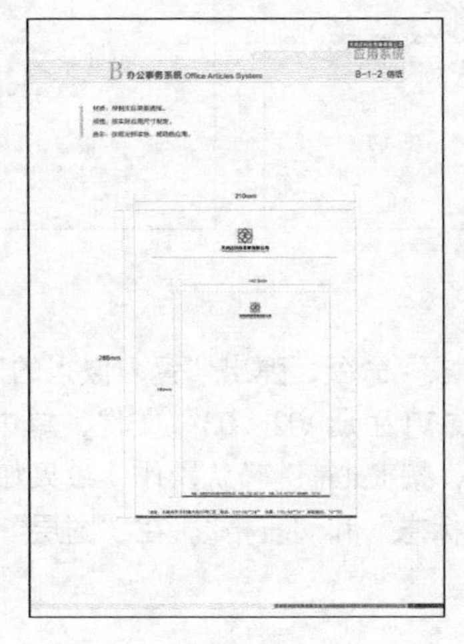
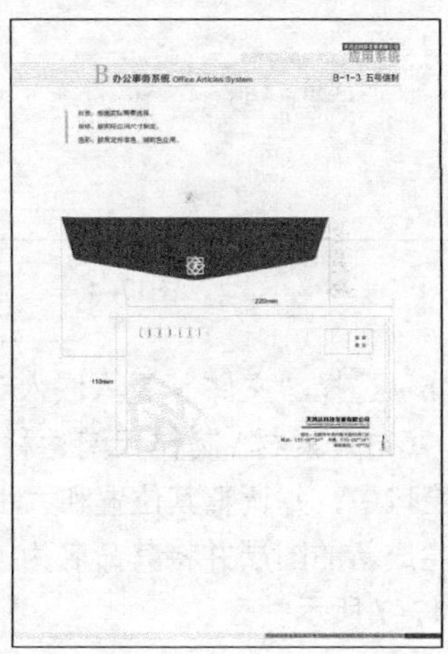

图17–1

17.1.1 制作标志组合规范

（1）按 Ctrl+N 组合键，弹出“新建文档”对话框，设置宽度为 21 厘米，高度为 29.7 厘米，分辨率为 150 像素 / 英寸，颜色模式为 RGB，背景内容为白色，单击“创建”按钮，新建一个文件。

（2）选择“文件 > 置入嵌入对象”命令，弹出“置入嵌入的对象”对话框。选择本书学习资源中的“Ch17\ 素材 \ 制作天鸿达科技 VI 手册 \01”文件，单击“置入”按钮，将图片置入图像窗口中，按 Enter 键确认操作，效果如图 17–2 所示，在“图层”控制面板中生成新的图层并将其命名为“模板 A”，如图 17–3 所示。

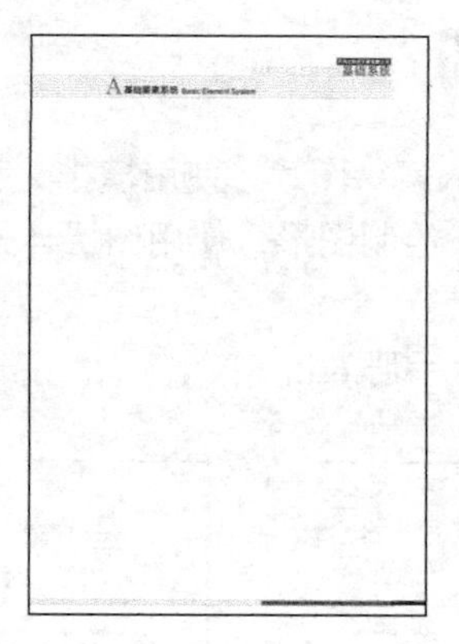

图17-2

图17-3

（3）选择矩形工具 □，在属性栏的“选择工具模式”选项中选择“形状”，将“填充”颜色设为浅灰色（189、192、197），“描边”颜色设为“无”，在图像窗口中绘制一个矩形，效果如图 17-4 所示，在“图层”控制面板中生成新的形状图层“矩形 1”。

（4）选择横排文字工具 T，分别输入需要的文字并选取文字，在属性栏中选择合适的字体并设置文字大小，设置文字颜色为黑色。选中需要的文字，按 Alt+ ↓组合键，调整行距，效果如图 17-5 所示，在“图层”控制面板中分别生成新的文字图层。

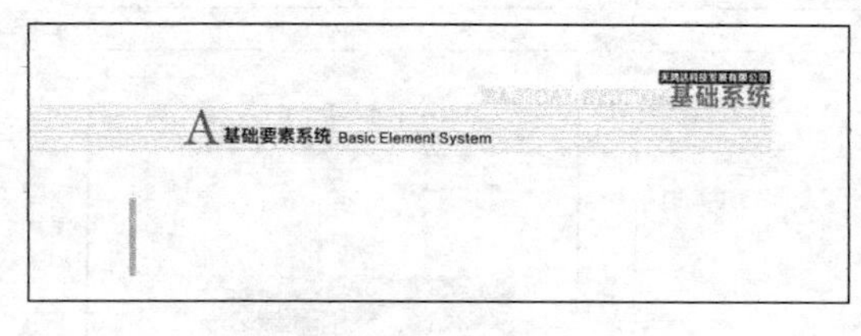

图17-4

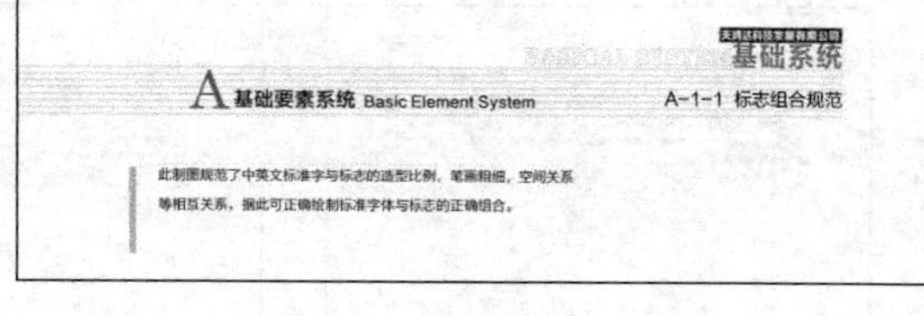

图17-5

（5）选择“文件 > 置入嵌入对象”命令，弹出“置入嵌入的对象”对话框。选择本书学习资源中的“Ch17\素材\制作天鸿达科技 VI 手册\02、03”文件，单击“置入”按钮，将图片分别置入图像窗口中，并调整其位置和大小，按 Enter 键确认操作，效果如图 17-6 所示，在“图层”控制面板中生成新的图层并将其命名为“标志”和“表格”。在“图层”控制面板中，选中“标志”图层，如图 17-7 所示。

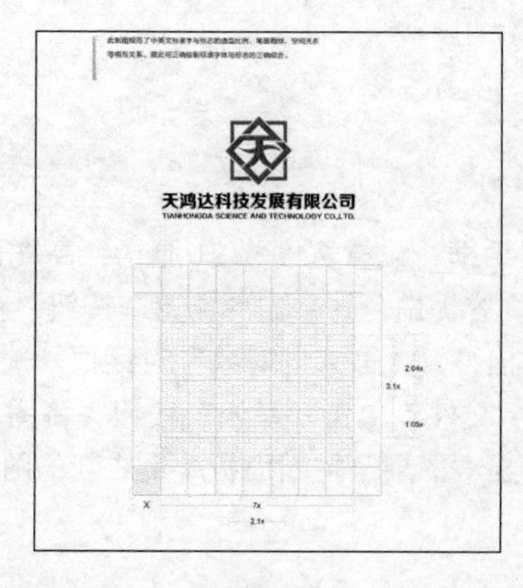

图17-6

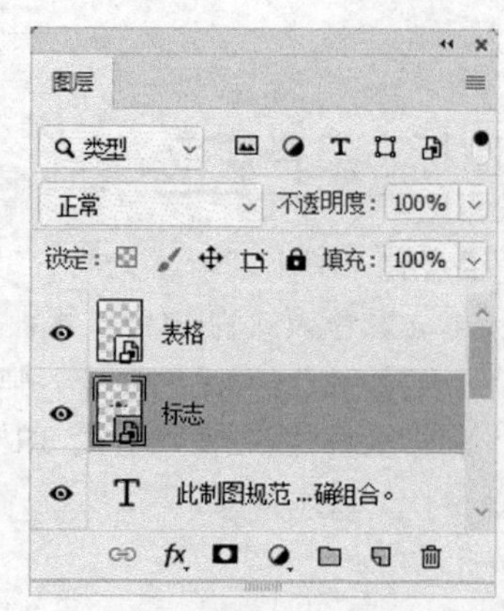

图17-7

（6）按Ctrl+J组合键，复制图层，在“图层”控制面板中生成新的图层“标志 拷贝”，并将其拖曳到“表格”图层的上方，如图17-8所示。选择移动工具 ，按住Shift键的同时，将图像垂直向下拖曳到适当的位置，效果如图17-9所示。

图17-8

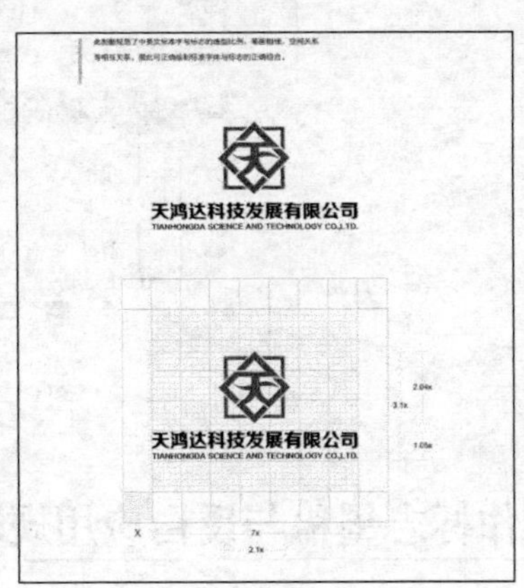

图17-9

（7）单击“图层”控制面板下方的“添加图层样式”按钮 fx，在弹出的菜单中选择“颜色叠加”命令，弹出对话框，将叠加颜色设为灰色（159、159、160），其他选项的设置如图17-10所示，单击“确定”按钮，效果如图17-11所示。

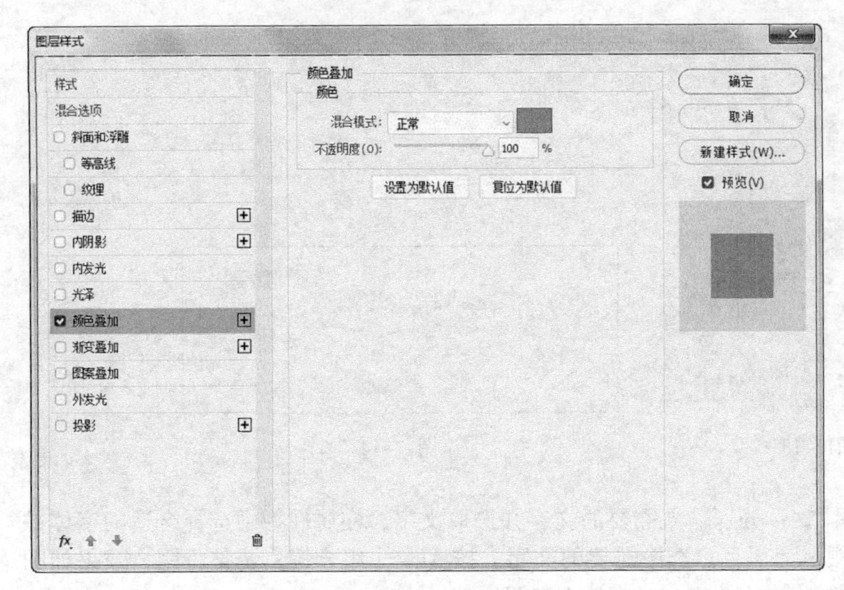

图17-10

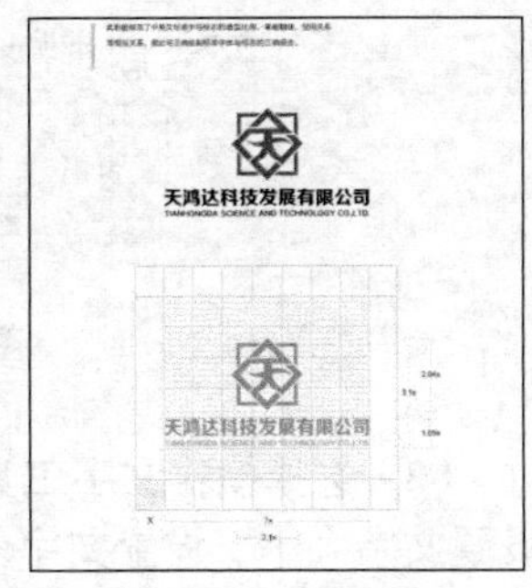

图17-11

（8）在“图层”控制面板中，按住Shift键的同时，单击“矩形1”图层，将需要的图层同时选取。按Ctrl+G组合键，群组图层并将其命名为“标志组合规范”，如图17-12所示。

图17-12

17.1.2 制作标志墨稿与反白应用规范

（1）在“图层”控制面板中，单击“标志组合规范”图层组左侧的眼睛图标 ，将其隐藏，如图 17-13 所示。

（2）选择矩形工具 ，在属性栏中将“填充”颜色设为浅灰色（189、192、197），“描边”颜色设为“无”，在图像窗口中绘制一个矩形，效果如图 17-14 所示，在“图层”控制面板中生成新的形状图层“矩形 2”。

图17-13

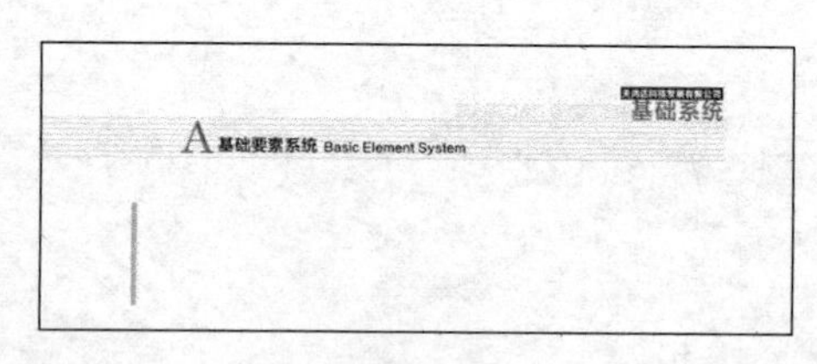

图17-14

（3）选择横排文字工具 ，分别输入需要的文字并选取文字，在属性栏中选择合适的字体并设置文字大小，设置文字颜色为黑色。选中需要的文字，按 Alt+ ↓ 组合键，调整行距，效果如图 17-15 所示，在“图层”控制面板中分别生成新的文字图层。

（4）选择“文件 > 置入嵌入对象”命令，弹出“置入嵌入的对象”对话框。选择本书学习资源中的“Ch17\ 素材 \ 制作天鸿达科技 VI 手册 \02”文件，单击“置入”按钮，将图片置入图像窗口中，并调整其位置和大小，按 Enter 键确认操作，效果如图 17-16 所示，在“图层”控制面板中生成新的图层并将其命名为“标志”。

（5）单击“图层”控制面板下方的“添加图层样式”按钮 ，在弹出的菜单中选择“颜色叠加”命令，在弹出的对话框中进行设置，如图 17-17 所示，单击“确定”按钮，效果如图 17-18 所示。

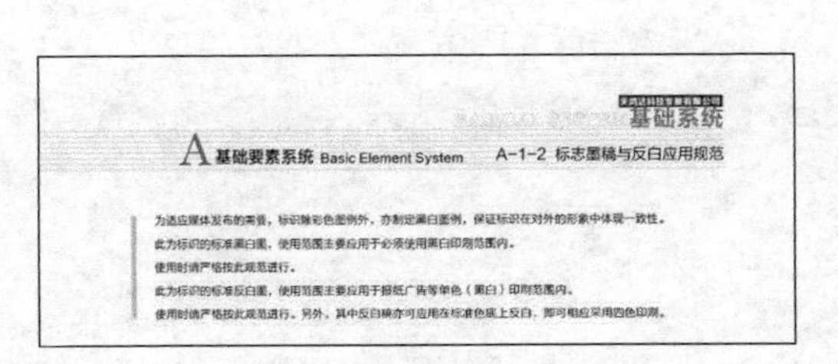

图17-15

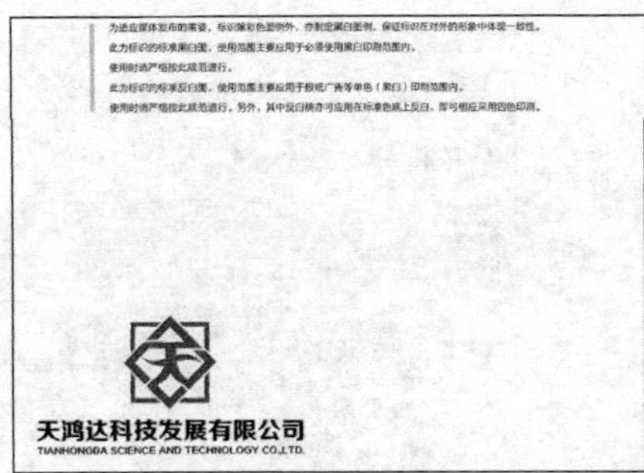

图17-16

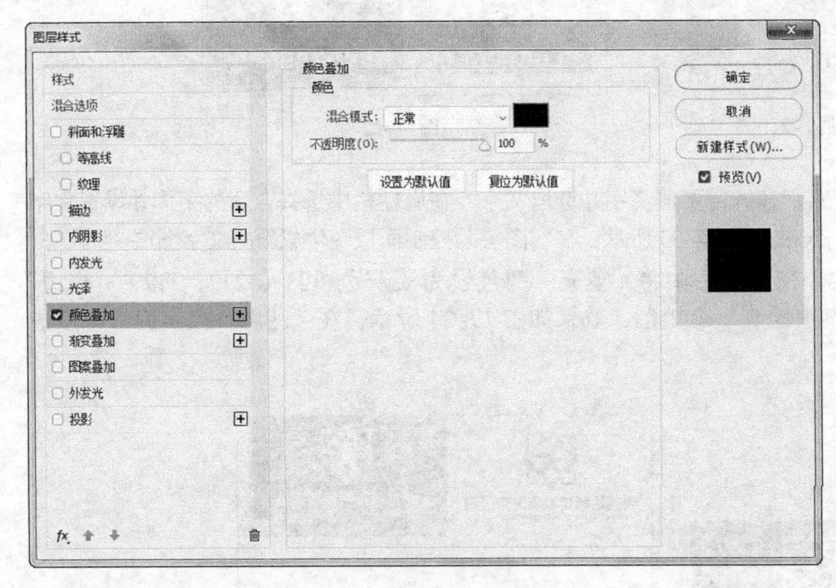

图17-17

图17-18

（6）按 Ctrl+J 组合键，复制“标志”图层，在“图层”控制面板中生成新的图层“标志 拷贝”。选择移动工具 ，按住 Shift 键的同时，将图像水平向右拖曳到适当的位置并调整大小，效果如图 17-19 所示。

（7）选择矩形工具 ，在属性栏中将“填充”颜色设为黑色，“描边”颜色设为“无”，在图像窗口中绘制一个矩形，效果如图 17-20 所示，在“图层”控制面板中生成新的形状图层“矩形 3”。

图17-19

图17-20

（8）在“图层”控制面板中，选中“标志 拷贝”图层，将其拖曳到“矩形 3”图层的上方，如图 17-21 所示。双击“颜色叠加”图层样式，弹出对话框，将叠加颜色设为白色，单击“确定”按钮，效果如图 17-22 所示。

图17-21

图17-22

（9）选择横排文字工具 T.，输入需要的文字并选取文字，在属性栏中选择合适的字体并设置文字大小，设置文字颜色为白色，效果如图 17-23 所示，在“图层”控制面板中生成新的文字图层。

（10）选择矩形工具 □.，在属性栏中将“填充”颜色设为淡灰色（239、239、239），“描边”颜色设为“无”，在图像窗口中绘制一个矩形，效果如图 17-24 所示，在“图层”控制面板中生成新的形状图层“矩形 4”。

图17-23

图17-24

（11）按 Ctrl+J 组合键，复制“矩形 4”图层，在“图层”控制面板中生成新的图层“矩形 4 拷贝”。选择移动工具 ✥.，按住 Shift 键的同时，将图形水平向右拖曳到适当的位置，复制图形。在属性栏中将“填充”颜色设为中灰色（220、221、221），效果如图 17-25 所示。使用相同的方法复制多个矩形，分别将其拖曳到适当的位置并填充相应的颜色，效果如图 17-26 所示，在“图层”控制面板中分别生成新的形状图层。

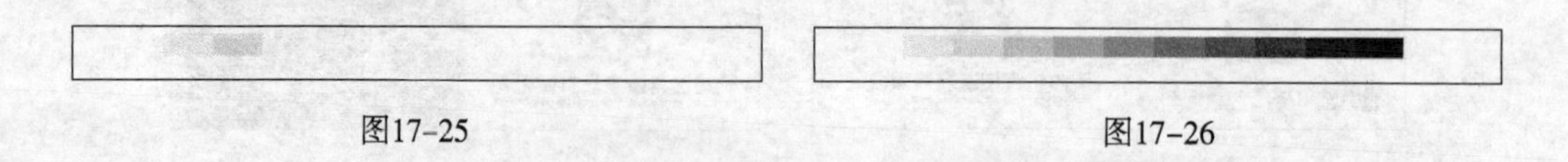

图17-25　　图17-26

（12）选择横排文字工具 T.，分别输入需要的文字并选取文字，在属性栏中选择合适的字体并设置文字大小，设置文字颜色为黑色，效果如图 17-27 所示，在“图层”控制面板中分别生成新的文字图层。

（13）选择直线工具 ⁄.，在属性栏中将“填充”颜色设为无，“描边”颜色设为灰色（201、202、202），“粗细”选项设为 2 像素。按住 Shift 键的同时，在图像窗口中绘制一条直线，效果如图

17-28所示，在“图层”控制面板中生成新的形状图层“形状1”。

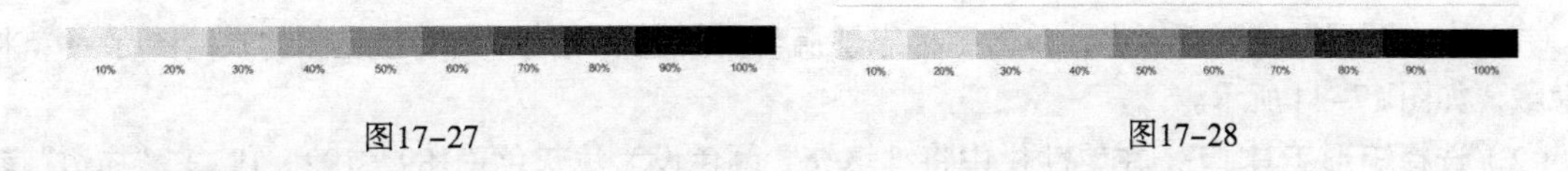

图17-27　　图17-28

（14）按住Shift键的同时，在图像窗口中绘制一条竖线，效果如图17-29所示，在“图层”控制面板中生成新的形状图层“形状2”。选择移动工具 ⊕，按住Alt+Shift组合键的同时，将竖线水平向右拖曳到适当的位置，复制竖线，在“图层”控制面板中生成新的形状图层“形状2拷贝”。使用相同的方法再次复制一条竖线，效果如图17-30所示。

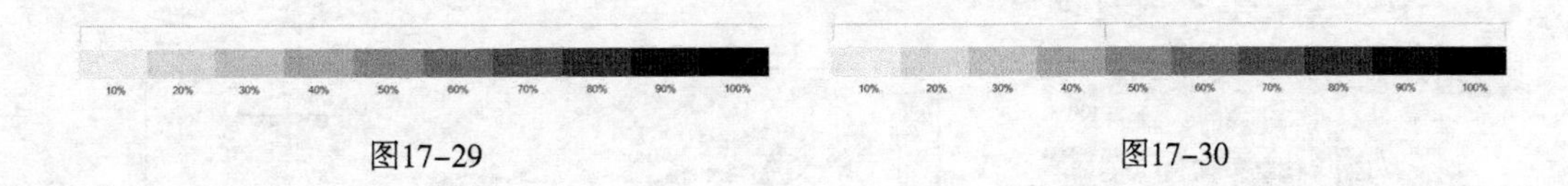

图17-29　　图17-30

（15）选择横排文字工具 T，分别输入需要的文字并选取文字，在属性栏中选择合适的字体并设置文字大小，设置文字颜色为黑色，效果如图17-31所示，在“图层”控制面板中分别生成新的文字图层。

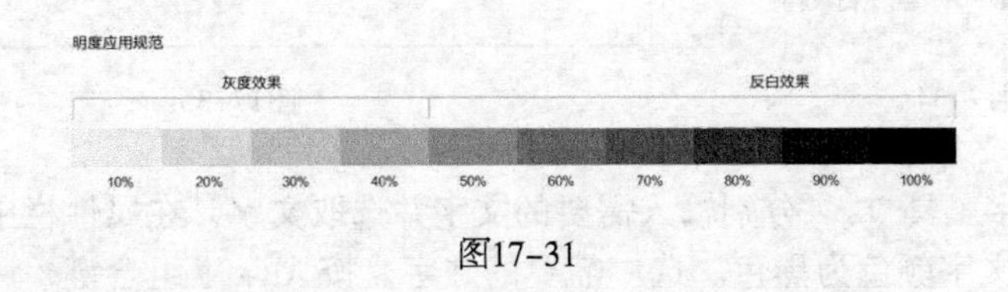

图17-31

（16）在“图层”控制面板中，按住Shift键的同时，单击“矩形4”图层，将需要的图层同时选取。按Ctrl+G组合键，群组图层并将其命名为“明度应用规范”，如图17-32所示。按住Shift键的同时，单击“矩形2”图层，将需要的图层同时选取。按Ctrl+G组合键，群组图层并将其命名为“标志墨稿与反白应用规范”，如图17-33所示。

图17-32

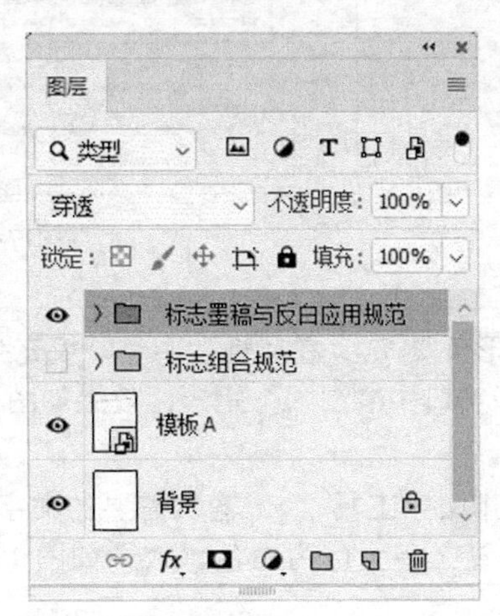

图17-33

17.1.3 制作标准色

（1）在“图层”控制面板中，单击“标志墨稿与反白应用规范”图层组左侧的眼睛图标 ，将其隐藏，如图 17–34 所示。

（2）选择矩形工具 ，在属性栏中将“填充”颜色设为浅灰色（189、192、197），“描边”颜色设为“无”，在图像窗口中绘制一个矩形，效果如图 17–35 所示，在“图层”控制面板中生成新的形状图层“矩形 5”。

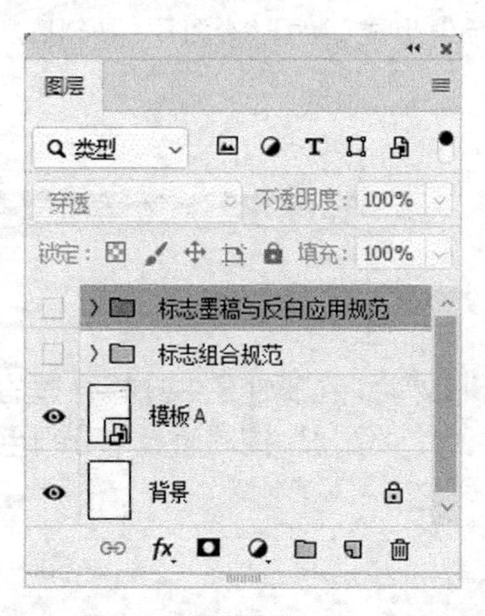

图17–34

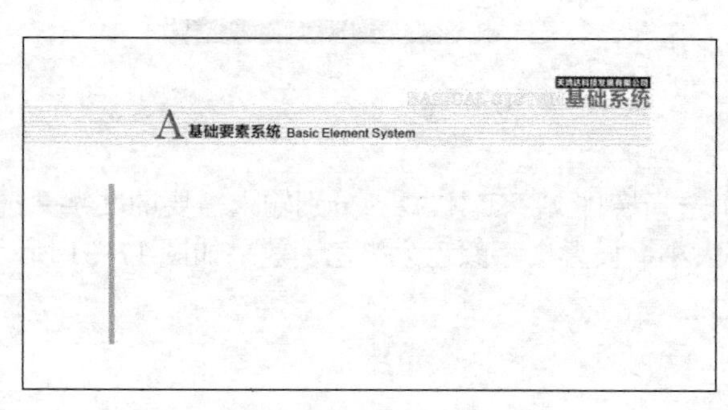

图17–35

（3）选择横排文字工具 ，分别输入需要的文字并选取文字，在属性栏中选择合适的字体并设置文字大小，设置文字颜色为黑色。选中需要的文字，按 Alt+ ↓组合键，调整行距，效果如图 17–36 所示，在“图层”控制面板中分别生成新的文字图层。

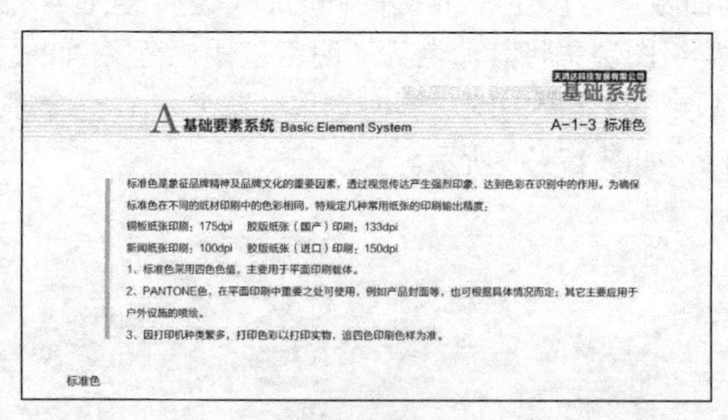

图17–36

（4）选择矩形工具 ，在属性栏中将“填充”颜色设为红色（195、24、31），“描边”颜色设为“无”，在图像窗口中绘制一个矩形，效果如图 17–37 所示，在“图层”控制面板中生成新的形状图层“矩形 6”。

（5）选择横排文字工具 ，输入需要的文字并选取文字，在属性栏中选择合适的字体并设置文字大小，设置文字颜色为白色，效果如图 17–38 所示，在“图层”控制面板中生成新的文字图层。

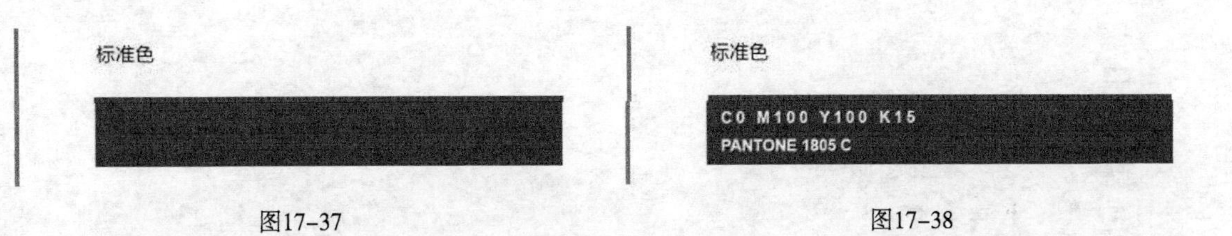

图17-37　　　　图17-38

（6）在“图层”控制面板中，按住Shift键的同时，单击“标准色”文字图层，将需要的图层同时选取。按Ctrl+J组合键，复制图层，在“图层”控制面板中生成新的拷贝图层，如图17-39所示。选择移动工具 ，按Ctrl+T组合键，图像周围出现变换框，将复制的图形和文字拖曳到适当的位置，效果如图17-40所示。

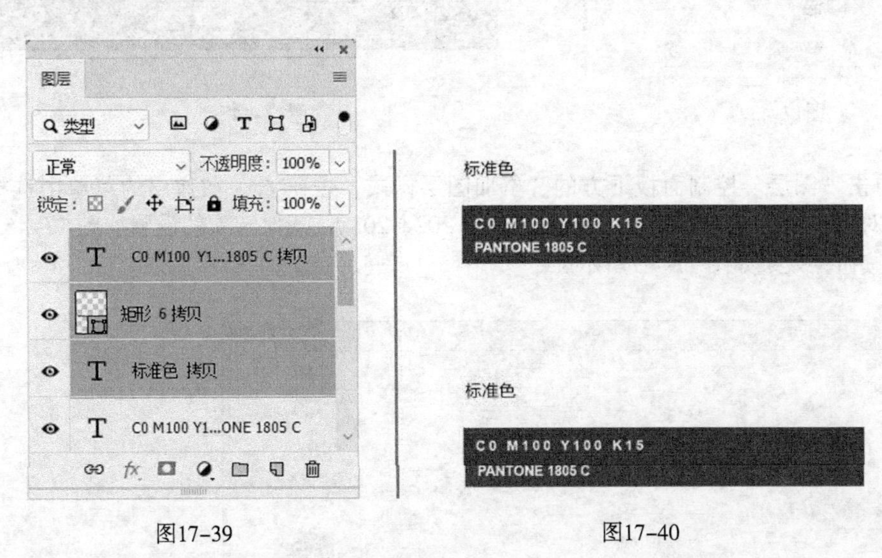

图17-39　　　　图17-40

（7）选择横排文字工具 T，分别选取并修改文字，效果如图17-41所示。在“图层”控制面板中，选中“矩形6拷贝”图层，选择矩形工具 ，在属性栏中将“填充”颜色设为黑色，效果如图17-42所示。

图17-41　　　　图17-42

（8）按Ctrl+J组合键，复制图层，在“图层”控制面板中生成新的图层“矩形6拷贝2”，将其拖曳到“C0 M0 Y0 K1…ess Black C”文字图层的上方，如图17-43所示。

（9）选择移动工具 ，按住Shift键的同时，将复制的图形垂直向下拖曳到适当的位置，效果如图17-44所示。选择矩形工具 ，在属性栏中将“填充”颜色设为白色。

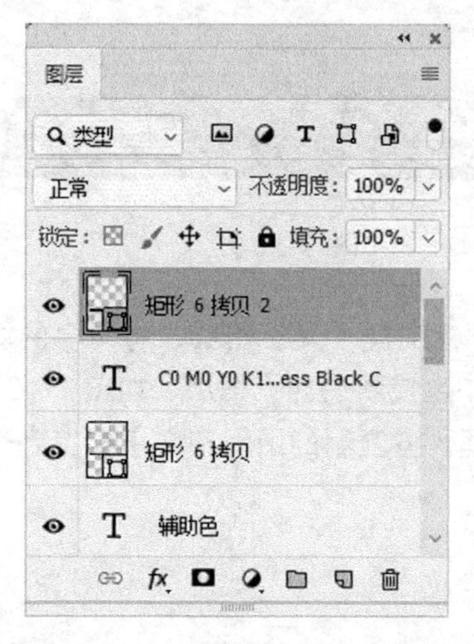

图17-43

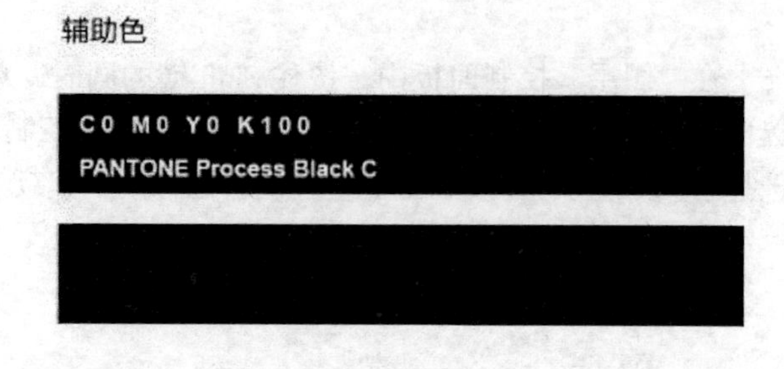

图17-44

（10）单击“图层”控制面板下方的“添加图层样式”按钮 fx，在弹出的菜单中选择“描边”命令，弹出对话框，将描边颜色设为灰色（201、202、202），其他选项的设置如图 17-45 所示，单击“确定”按钮，效果如图 17-46 所示。

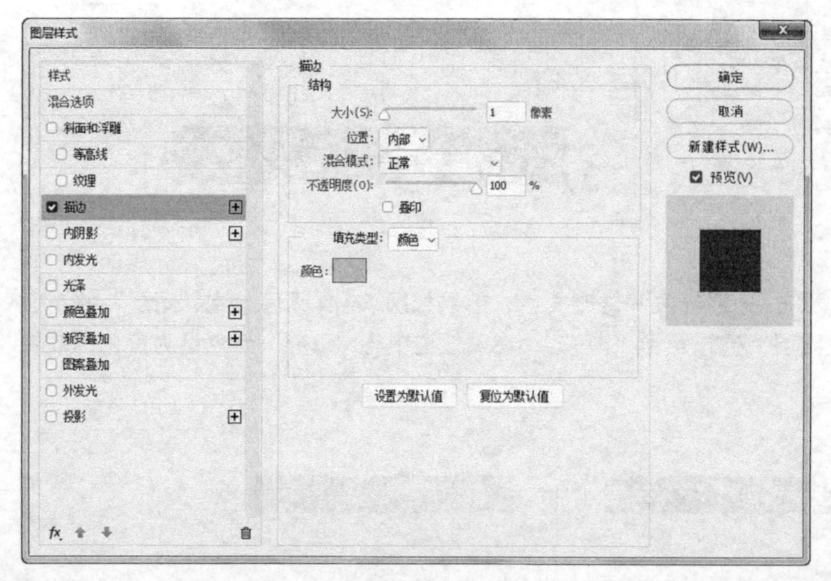

图17-45

图17-46

（11）选择横排文字工具 T，输入需要的文字并选取文字，在属性栏中选择合适的字体并设置文字大小，设置文字颜色为黑色，效果如图 17-47 所示，在“图层”控制面板中生成新的文字图层。

（12）使用上述方法再次分别复制图形和文字，将其分别拖曳到适当的位置并修改文字和相应的填充颜色，制作出图 17-48 所示的效果，在“图层”控制面板中分别生成新的图层。

（13）在“图层”控制面板中，按住 Shift 键的同时，单击“矩形 5”图层，将需要的图层同时选取。按 Ctrl+G 组合键，群组图层并将其命名为“标准色”，如图 17-49 所示。按住 Shift 键的同时，单击“模板 A”图层，将需要的图层同时选取。按 Ctrl+G 组合键，群组图层并将其命名为“基础要素系统”，如图 17-50 所示。

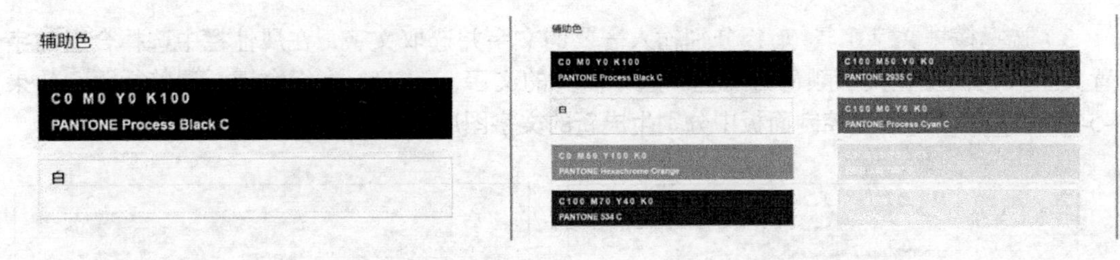

图17-47　　图17-48

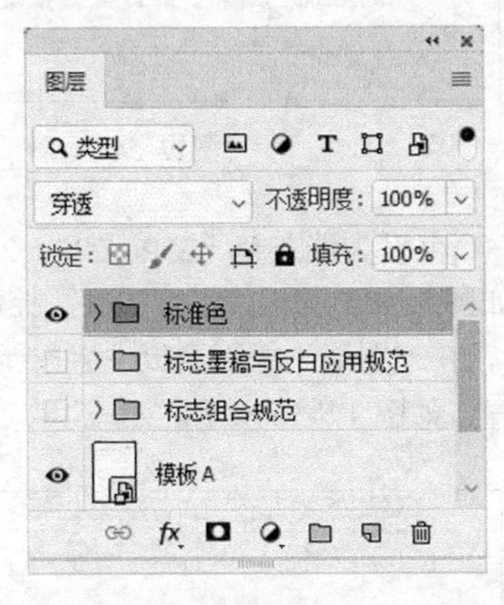

图17-49

图17-50

17.1.4　制作公司名片

（1）选择“文件 > 置入嵌入对象”命令，弹出“置入嵌入的对象”对话框。选择本书学习资源中的“Ch17\素材\制作天鸿达科技 VI 手册\04”文件，单击“置入”按钮，将图片置入图像窗口中，按 Enter 键确认操作，效果如图 17-51 所示，在“图层”控制面板中生成新的图层并将其命名为“模板 B”，如图 17-52 所示。

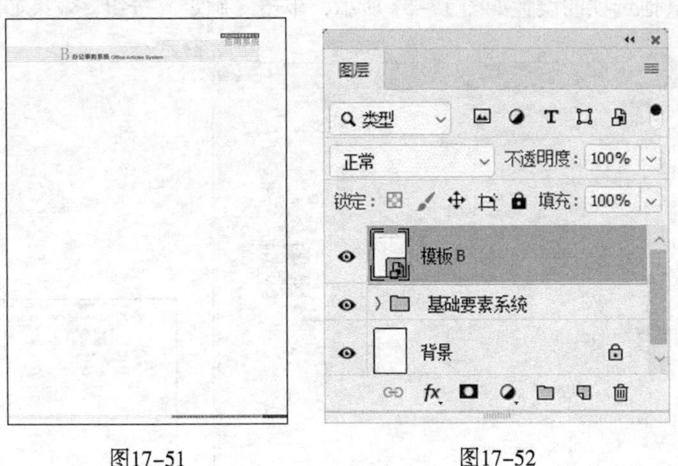

图17-51　　图17-52

（2）选择矩形工具□，在属性栏中将“填充”颜色设为浅灰色（189、192、197），“描边”颜色设为“无”，在图像窗口中绘制一个矩形，效果如图 17-53 所示，在“图层”控制面板中生成新的形状图层“矩形 7”。

（3）选择横排文字工具 T.，分别输入需要的文字并选取文字，在属性栏中选择合适的字体并设置文字大小，设置文字颜色为黑色。选中需要的文字，按 Alt+ ↓ 组合键，调整行距，效果如图 17–54 所示，在“图层”控制面板中分别生成新的文字图层。

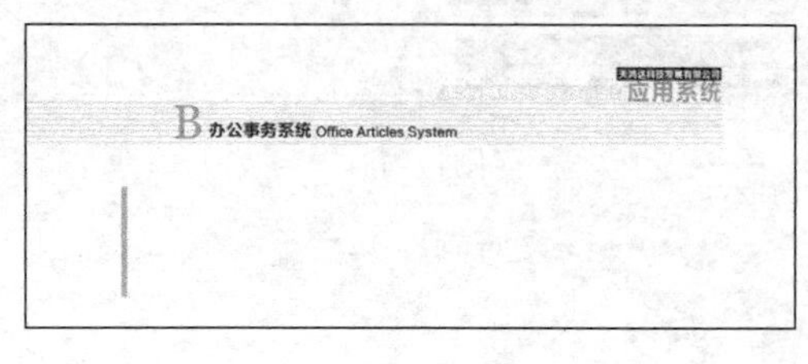

图17–53

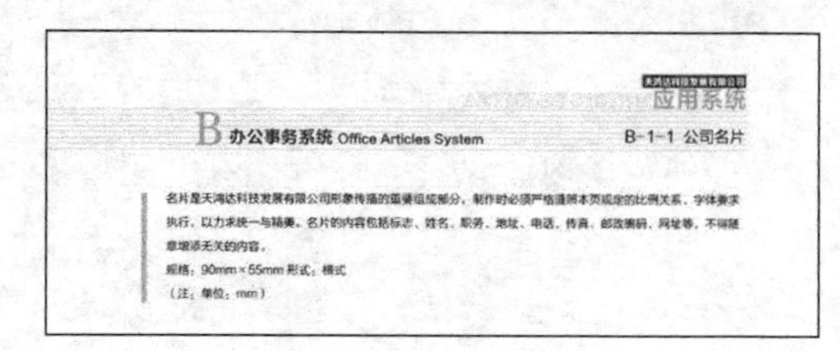

图17–54

（4）选择矩形工具 □，在属性栏中将“填充”颜色设为淡灰色（239、239、239），“描边”颜色设为“无”，在图像窗口中绘制一个矩形，效果如图 17–55 所示，在“图层”控制面板中生成新的形状图层“矩形 8”。按 Ctrl+J 组合键，复制图层，在“图层”控制面板中生成新的图层“矩形 8 拷贝”。选择移动工具 ✣，将图形拖曳到适当的位置，如图 17–56 所示。

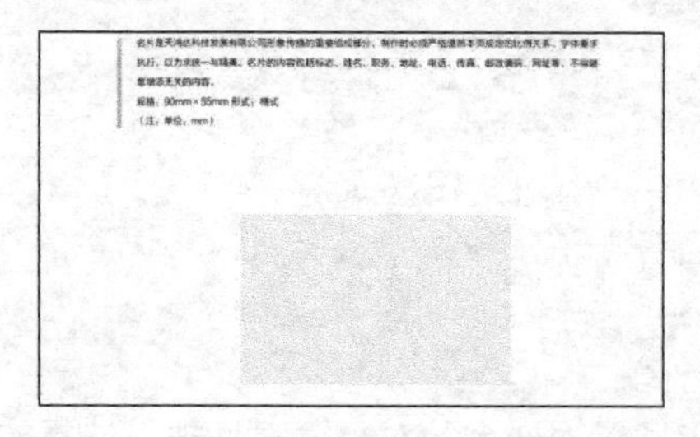

图17–55

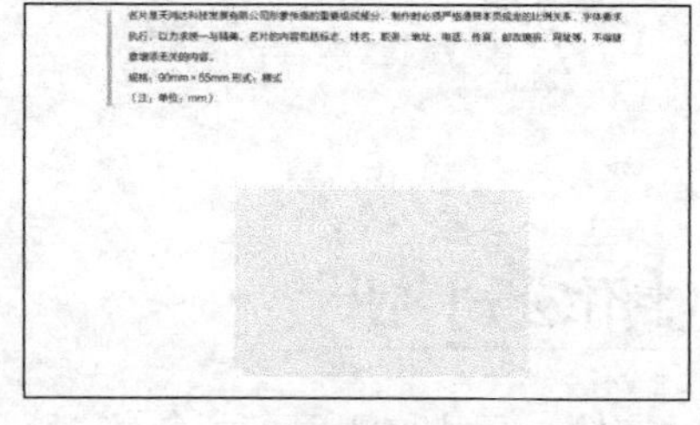

图17–56

（5）选择矩形工具 □，在属性栏中将“填充”颜色设为白色。单击“图层”控制面板下方的“添加图层样式”按钮 fx，在弹出的菜单中选择“描边”命令，弹出对话框，将描边颜色设为灰色（201、202、202），其他选项的设置如图 17–57 所示，单击“确定”按钮，效果如图 17–58 所示。

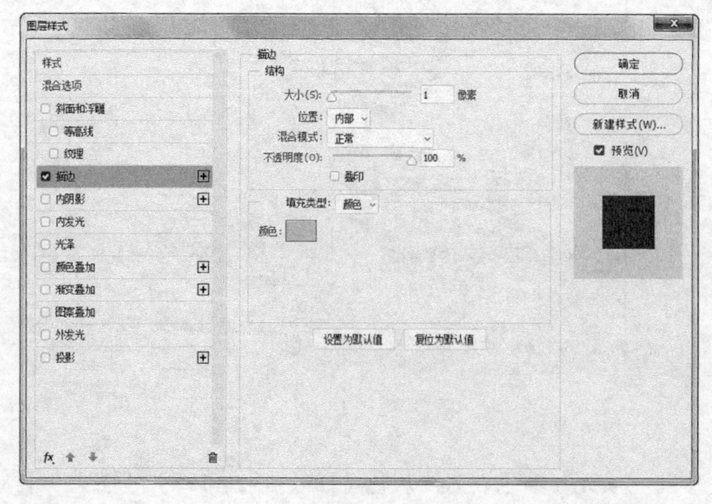

图17–57

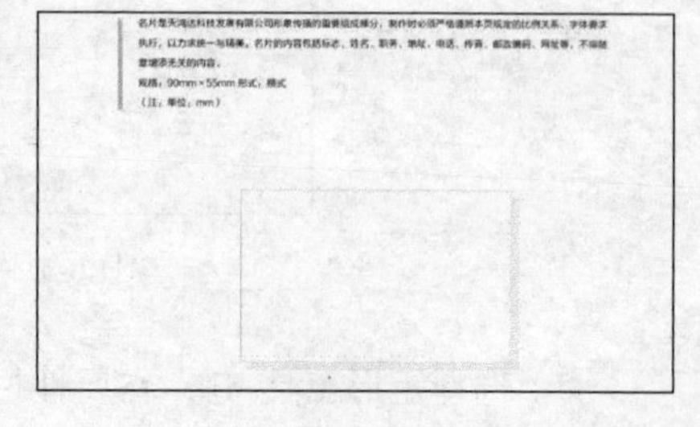

图17–58

（6）按 Ctrl+O 组合键，打开本书学习资源中的“Ch17\ 素材 \ 制作天鸿达科技 VI 手册 \02”文件。选择矩形选框工具 ，在 02 图像窗口中拖曳鼠标绘制选区，如图 17-59 所示。

（7）选择移动工具 ，将选区中的图像拖曳到新建的图像窗口中适当的位置并调整大小，如图 17-60 所示，在“图层”控制面板中生成新的图层并将其命名为“标志”。

图17-59　　图17-60

（8）选择矩形选框工具 ，在 02 图像窗口中拖曳鼠标绘制选区，如图 17-61 所示。选择移动工具 ，将选区中的图像拖曳到新建的图像窗口中适当的位置并调整大小，如图 17-62 所示，在“图层”控制面板中生成新的图层并将其命名为“文字”。

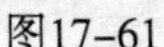
图17-61

图17-62

（9）选择横排文字工具 T，分别输入需要的文字并选取文字，在属性栏中选择合适的字体并设置文字大小，设置文字颜色为黑色，效果如图 17-63 所示，在“图层”控制面板中分别生成新的文字图层。

（10）选择直线工具 ，在属性栏中将“填充”颜色设为无，“描边”颜色设为灰色（220、221、221），“粗细”选项设为 2 像素。按住 Shift 键的同时，在图像窗口中绘制一条直线，效果如图 17-64 所示，在“图层”控制面板中生成新的形状图层“形状 3”。

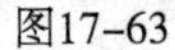
图17-63

图17-64

（11）选择移动工具 ，按住 Alt+Shift 组合键的同时，将直线垂直向下拖曳到适当的位置，复制直线，如图 17-65 所示，在“图层”控制面板中生成新的形状图层“形状 3 拷贝”。按住 Shift 键的同时，在图像窗口中绘制一条竖线，效果如图 17-66 所示，在“图层”控制面板中生成新的形状图层“形状 4”。

图17-65　　图17-66

（12）使用上述方法绘制其他图形，制作出图 17-67 所示的效果，在“图层”控制面板中分别生成新的形状图层。

（13）选择横排文字工具 T.，分别输入需要的文字并选取文字，在属性栏中选择合适的字体并设置文字大小，设置文字颜色为黑色，效果如图 17-68 所示，在“图层”控制面板中分别生成新的文字图层。

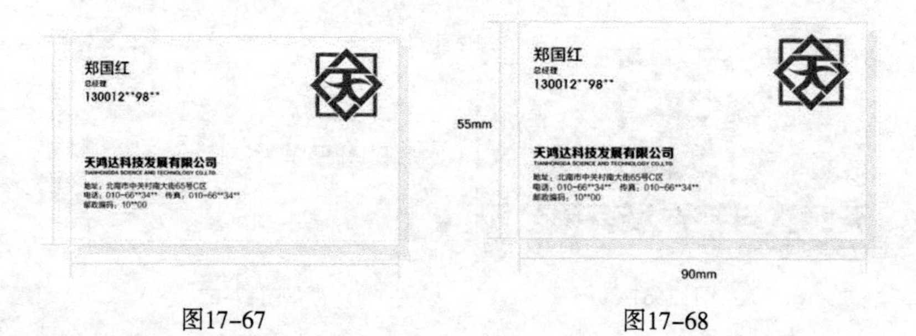

图17-67　　图17-68

（14）在“图层”控制面板中，按住 Shift 键的同时，单击“矩形 8”图层，将需要的图层同时选取。按 Ctrl+G 组合键，群组图层并将其命名为“名片正面”，如图 17-69 所示。

（15）按 Ctrl+J 组合键，复制“名片正面”图层组，在“图层”控制面板中生成新的图层组并将其命名为“名片背面”，如图 17-70 所示。选择移动工具 ✥.，按 Ctrl+T 组合键，图像周围出现变换框，按住 Shift 键的同时，将图像垂直向下拖曳到适当的位置，效果如图 17-71 所示。

图17-69　　图17-70　　图17-71

（16）在“图层”控制面板中，展开“名片背面”图层组，选中“地址：北南市…0**00”文字图层，按住 Shift 键的同时，单击“标志”图层，将需要的图层同时选取，按 Delete 键删除图层，并删除“矩形 8 拷贝”图层的图层样式，如图 17-72 所示，效果如图 17-73 所示。

（17）选择矩形工具 ，在属性栏中将“填充”颜色设为红色（207、0、14），效果如图 17-74 所示。

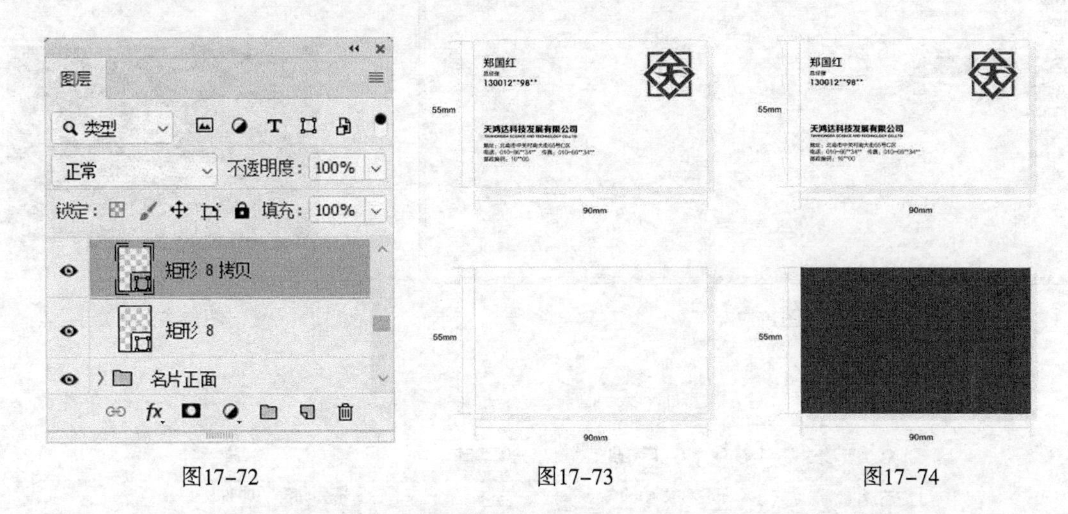

图17-72　　图17-73　　图17-74

（18）在“图层”控制面板中，选中“90mm”文字图层，如图 17-75 所示。选择移动工具 ，将 02 图像窗口中的图像拖曳到新建的图像窗口中适当的位置并调整大小，如图 17-76 所示，在“图层”控制面板中生成新的图层并将其命名为“标志 2”。

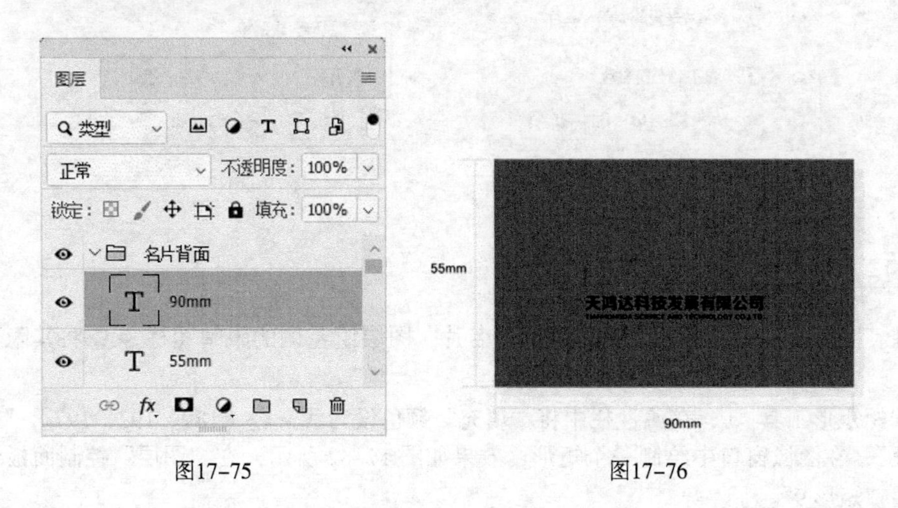

图17-75　　图17-76

（19）单击“图层”控制面板下方的“添加图层样式”按钮 ，在弹出的菜单中选择“颜色叠加”命令，弹出对话框，将叠加颜色设为白色，其他选项的设置如图 17-77 所示，单击“确定”按钮，效果如图 17-78 所示。

（20）在“图层”控制面板中，按住 Shift 键的同时，单击“矩形 8”图层，将需要的图层同时选取。按 Ctrl+G 组合键，群组图层并将其命名为“名片背面”，如图 17-79 所示。按住 Shift 键的同时，单击“矩形 7”图层，将需要的图层同时选取。按 Ctrl+G 组合键，群组图层并将其命名为“公司名片”，如图 17-80 所示。

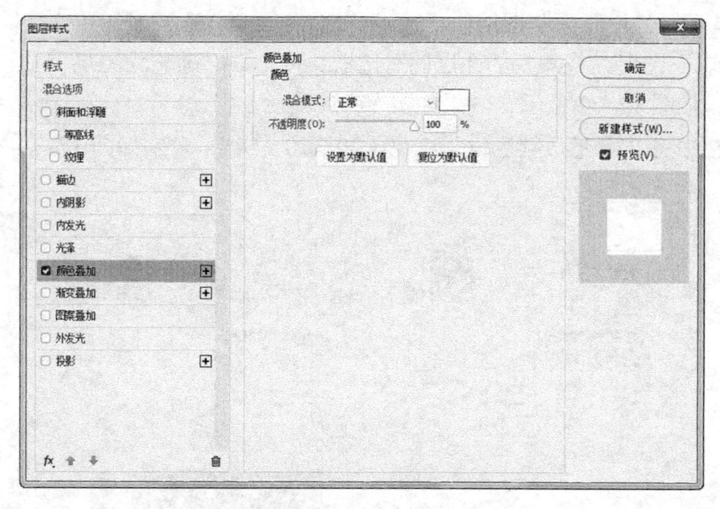

图17–77

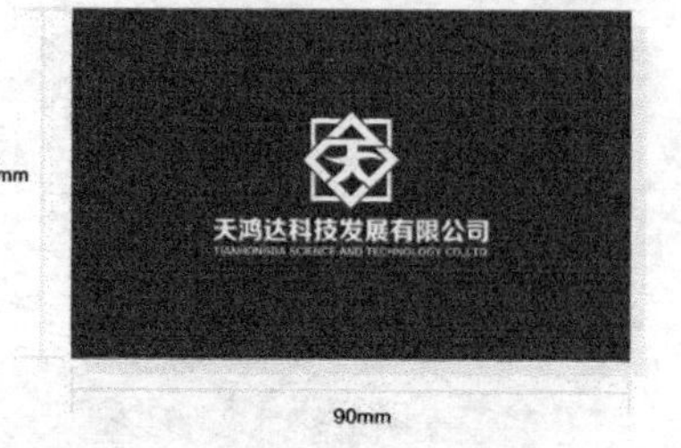

图17–78

图17–79

图17–80

17.1.5　制作信纸

（1）在“图层”控制面板中，单击“公司名片”图层组左侧的眼睛图标 ，将其隐藏，如图17–81 所示。

（2）选择矩形工具 ，在属性栏中将“填充”颜色设为浅灰色（189、192、197），“描边”颜色设为“无”，在图像窗口中绘制一个矩形，效果如图 17–82 所示，在“图层”控制面板中生成新的形状图层“矩形 9”。

（3）选择横排文字工具 T，分别输入需要的文字并选取文字，在属性栏中选择合适的字体并设置文字大小，设置文字颜色为黑色。选中需要的文字，按 Alt+ ↓组合键，调整行距，效果如图 17–83 所示，在“图层”控制面板中分别生成新的文字图层。

（4）选择矩形工具 ，在属性栏中将“填充”颜色设为白色，“描边”颜色设为淡灰色（201、202、202），“描边宽度”选项设为 1 像素，在图像窗口中绘制一个矩形，效果如图 17–84 所示，在“图层”控制面板中生成新的形状图层“矩形 10”。

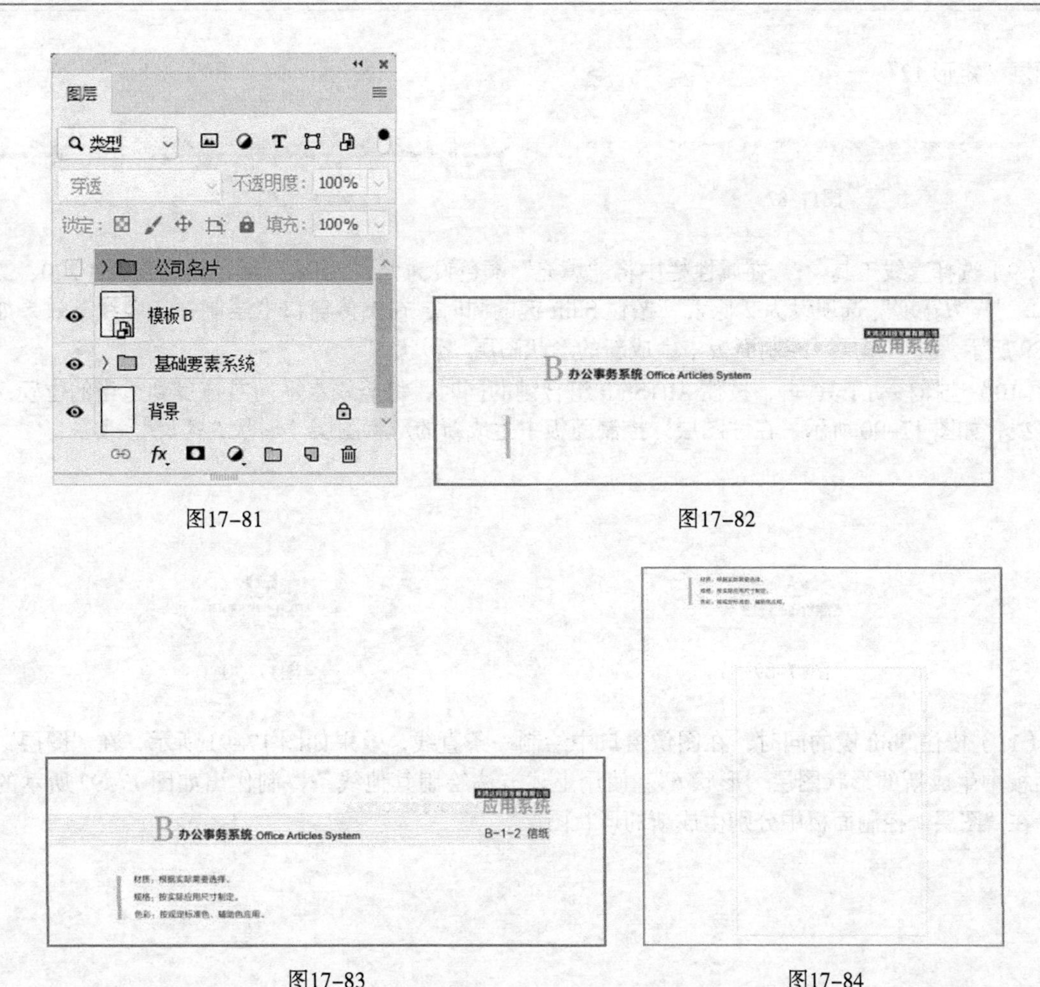

图17-81　图17-82

图17-83　图17-84

（5）选择“文件 > 置入嵌入对象”命令，弹出“置入嵌入的对象”对话框。选择本书学习资源中的“Ch17\素材\制作天鸿达科技 VI 手册\02”文件，单击“置入”按钮，将图片置入图像窗口中，并调整其位置和大小，按 Enter 键确认操作，效果如图 17-85 所示，在“图层”控制面板中生成新的图层并将其命名为“标志”。

（6）选择矩形工具 ，在属性栏中将“填充”颜色设为淡灰色（201、202、202），“描边”颜色设为“无”，在图像窗口中绘制一个矩形，效果如图 17-86 所示，在“图层”控制面板中生成新的形状图层“矩形 11”。

图17-85　图17-86

（7）选择横排文字工具 T.，输入需要的文字并选取文字，在属性栏中选择合适的字体并设置文字大小，设置文字颜色为黑色，效果如图 17-87 所示，在“图层”控制面板中生成新的文字图层。

（8）选择矩形工具 ，在属性栏中将“填充”颜色设为红色（207、0、14），“描边”颜色设为“无”，在图像窗口中绘制一个矩形，效果如图 17-88 所示，在“图层”控制面板中生成新的形状图层“矩形 12”。

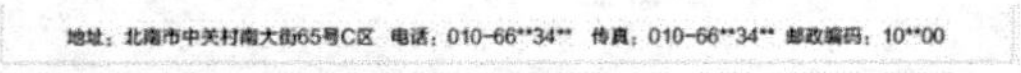

地址：北南市中关村南大街65号C区 电话：010-66**34** 传真：010-66**34** 邮政编码：10**00

图17-87

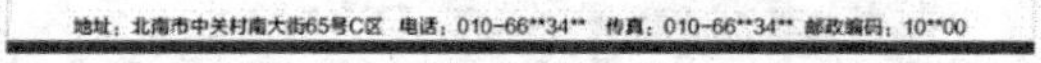

地址：北南市中关村南大街65号C区 电话：010-66**34** 传真：010-66**34** 邮政编码：10**00

图17-88

（9）选择直线工具 ⁄.，在属性栏中将“填充”颜色设为无，“描边”颜色设为灰色（220、221、221），“描边宽度”选项设为 2 像素。按住 Shift 键的同时，在图像窗口中绘制一条竖线，效果如图 17-89 所示，在“图层”控制面板中生成新的形状图层“形状 5”。

（10）选择移动工具 ✥.，按住 Alt+Shift 组合键的同时，将竖线水平向右拖曳到适当的位置，复制竖线，如图 17-90 所示，在“图层”控制面板中生成新的形状图层“形状 5 拷贝”。

图17-89　　图17-90

（11）按住 Shift 键的同时，在图像窗口中绘制一条直线，效果如图 17-91 所示，在“图层”控制面板中生成新的形状图层“形状 6”。使用上述方法绘制其他线条，制作出如图 17-92 所示的效果，在“图层”控制面板中分别生成新的形状图层。

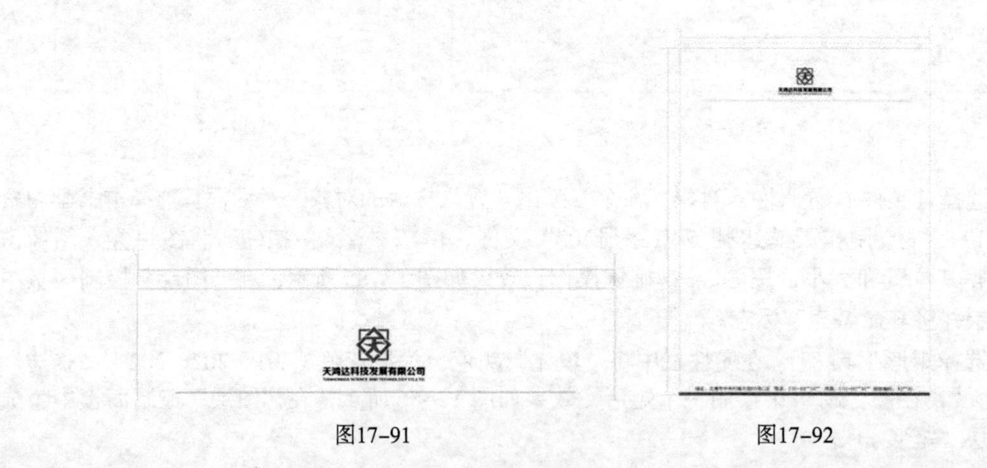

图17-91　　图17-92

（12）选择横排文字工具 T.，分别输入需要的文字并选取文字，在属性栏中选择合适的字体并设置文字大小，设置文字颜色为黑色，效果如图 17-93 所示，在“图层”控制面板中分别生成新的文字图层。

（13）在“图层”控制面板中，按住 Shift 键的同时，单击“矩形 10”图层，将需要的图层同时选取。按 Ctrl+G 组合键，群组图层并将其命名为“A4”，如图 17-94 所示。

（14）按 Ctrl+J 组合键，复制“A4”图层组，在“图层”控制面板中生成新的图层组“A4 拷贝”。按 Ctrl+T 组合键，图像周围出现变换框，拖曳变换框右上角的控制手柄，调整图像的大小及其位置，效果如图 17-95 所示。

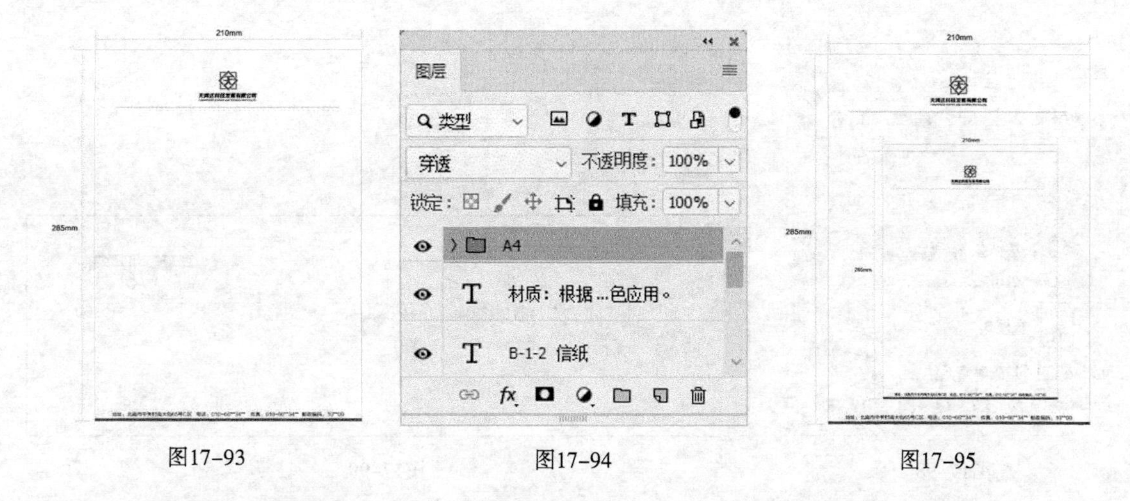

图17-93　　图17-94　　图17-95

（15）在“图层”控制面板中，展开“A4 拷贝”图层组，选中“210mm”文字图层，选择横排文字工具 T，在图像窗口中修改文字。使用相同的方法修改其他文字，效果如图 17-96 所示。

（16）按住 Shift 键的同时，单击“矩形 9”图层，将需要的图层同时选取。按 Ctrl+G 组合键，群组图层并将其命名为“信纸”，如图 17-97 所示。

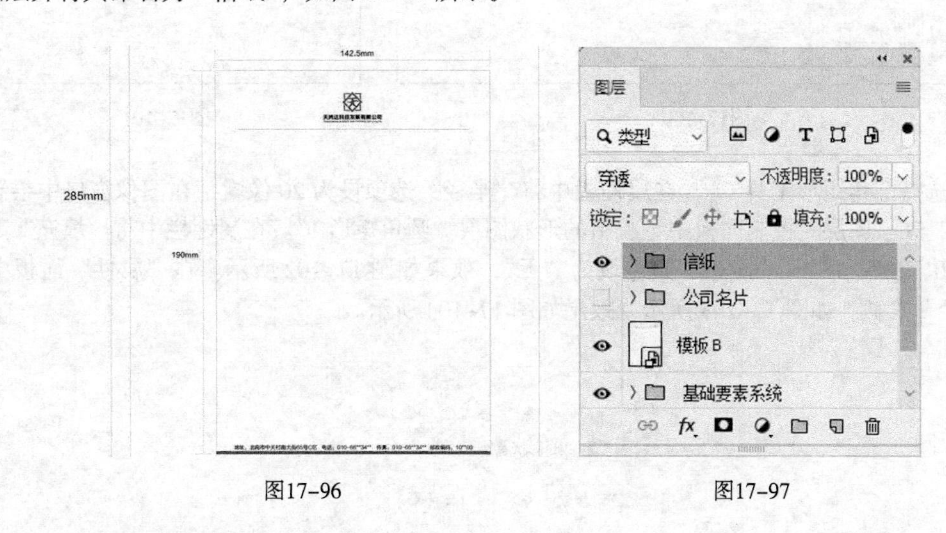

图17-96　　图17-97

17.1.6 制作信封

（1）在“图层”控制面板中，单击“信纸”图层组左侧的眼睛图标，将其隐藏，如图 17-98 所示。

（2）选择矩形工具，在属性栏中将“填充”颜色设为浅灰色（189、192、197），“描边”颜色设为“无”，在图像窗口中绘制一个矩形，效果如图 17-99 所示，在“图层”控制面板中生成新的形状图层“矩形 13”。

（3）选择横排文字工具 T，分别输入需要的文字并选取文字，在属性栏中选择合适的字体并设置文字大小，设置文字颜色为黑色。选中需要的文字，按 Alt+ ↓组合键，调整行距，效果如图 17-100 所示，在“图层”控制面板中分别生成新的文字图层。

（4）选择矩形工具，在属性栏中将“填充”颜色设为白色，“描边”颜色设为淡灰色（201、202、202），“描边宽度”选项设为 1 像素，在图像窗口中绘制一个矩形，效果如图 17-101 所示，在“图层”控制面板中生成新的形状图层“矩形 14”。

图17-98

图17-99

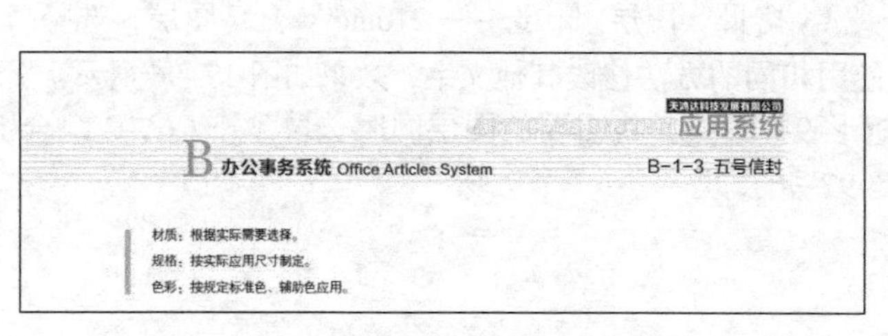

图17-100

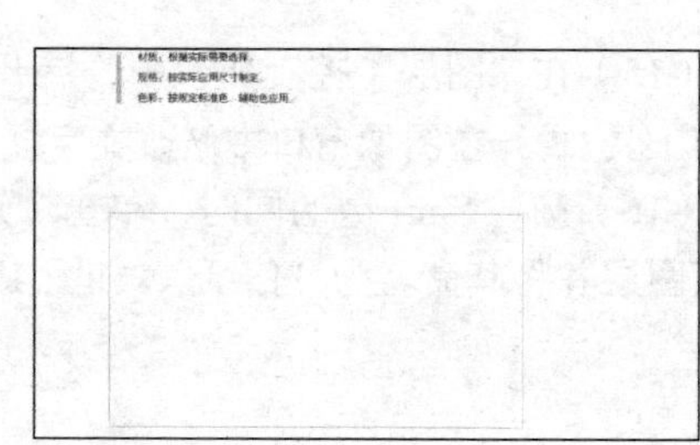

图17-101

（5）选择圆角矩形工具 ，在属性栏中将“半径”选项设为 20 像素，在图像窗口中绘制一个圆角矩形，在“图层”控制面板中生成新的形状图层“圆角矩形 1”。在属性栏中将“填充”颜色设为蓝色（0、105、183），“描边”颜色设为“无”，效果如图 17-102 所示。在“属性”面板中设置“圆角半径”参数，如图 17-103 所示，效果如图 17-104 所示。

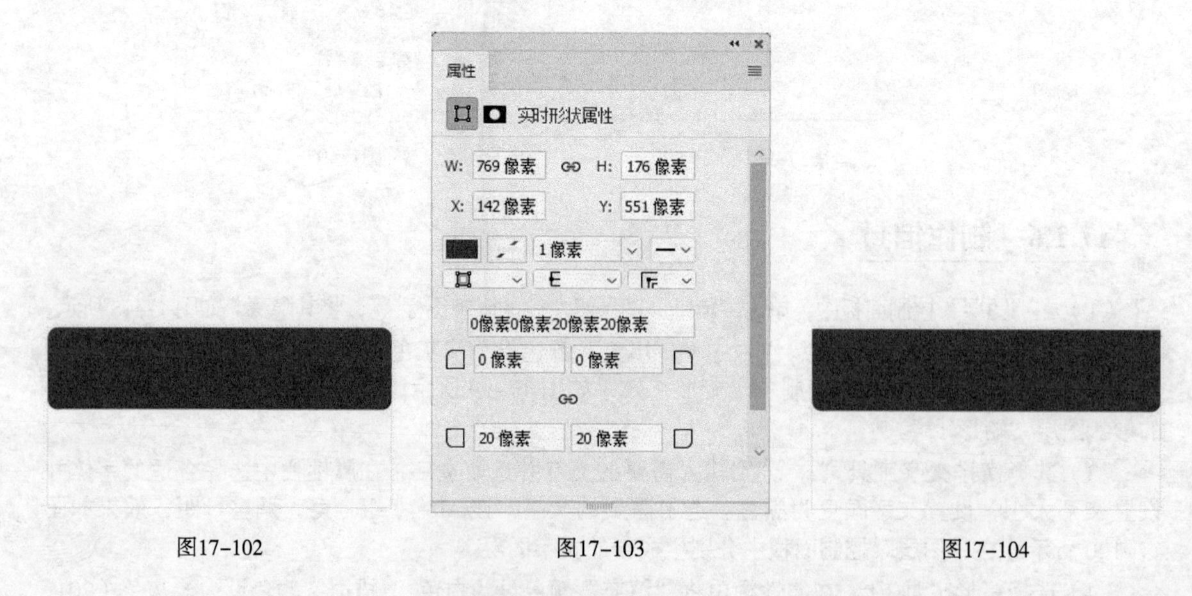

图17-102　　图17-103　　图17-104

（6）选择直接选择工具 ，用圈选的方法选取需要的锚点，将其拖曳到适当的位置，效果如图 17-105 所示。使用相同的方法选取并拖曳右侧的锚点到适当的位置，效果如图 17-106 所示。

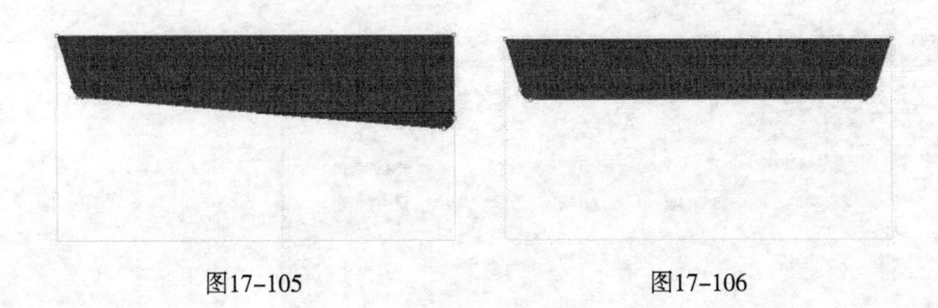

图17-105　　图17-106

（7）选择添加锚点工具，在图形上单击添加锚点，如图 17-107 所示。选择直接选择工具，选取锚点并将其垂直向下拖曳到适当的位置，效果如图 17-108 所示。分别拖曳两侧的控制手柄到适当的位置，效果如图 17-109 所示。

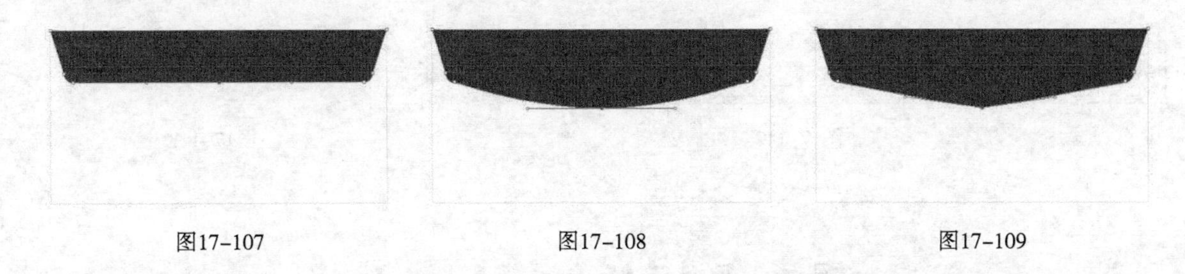

图17-107　　图17-108　　图17-109

（8）选择矩形选框工具，在 02 图像窗口中拖曳鼠标绘制选区，如图 17-110 所示。选择移动工具，将选区中的图像拖曳到新建的图像窗口中的适当位置并调整大小，如图 17-111 所示，在“图层”控制面板中生成新的图层并将其命名为“标志”。

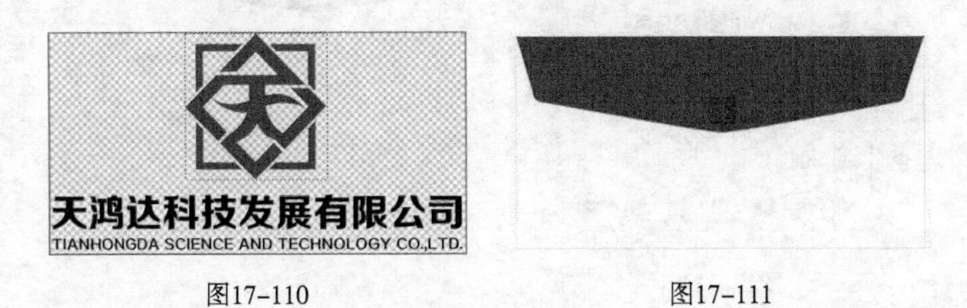

图17-110　　图17-111

（9）单击“图层”控制面板下方的“添加图层样式”按钮，在弹出的菜单中选择“颜色叠加”命令，弹出对话框，将叠加颜色设为白色，其他选项的设置如图 17-112 所示，单击“确定”按钮，效果如图 17-113 所示。

（10）按住 Shift 键的同时，单击“矩形 14”图层，将需要的图层同时选取。按 Ctrl+G 组合键，群组图层并将其命名为“背面”，如图 17-114 所示。

（11）选择矩形工具，在属性栏中将“填充”颜色设为白色，“描边”颜色设为淡灰色（201、202、202），“描边宽度”选项设为 1 像素，在图像窗口中绘制一个矩形，效果如图 17-115 所示，在“图层”控制面板中生成新的形状图层“矩形 15”。

（12）选择矩形选框工具，在 02 图像窗口中拖曳鼠标绘制选区，如图 17-116 所示。选择移动工具，将选区中的图像拖曳到新建的图像窗口中的适当位置并调整大小。按 Ctrl+T 组合键，图像周围出现变换框，将鼠标指针放在变换框的控制手柄外边，指针变为↰状，拖曳鼠标将图像旋转到适当的角度，按 Enter 键确认操作，效果如图 17-117 所示，在“图层”控制面板中生成新的图层并将其命名为“标志 2”。按 Alt+Ctrl+G 组合键，创建剪贴蒙版，效果如图 17-118 所示。

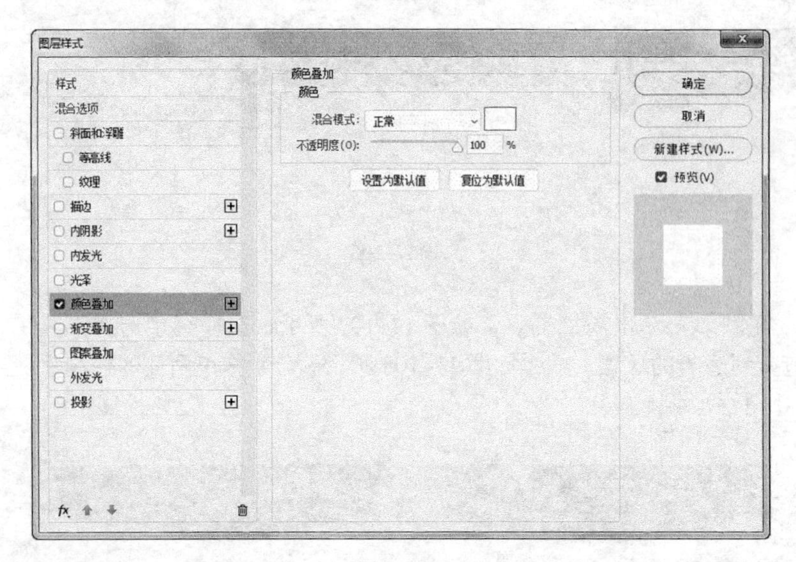

图17-112

图17-113

图17-114

图17-115

图17-116

图17-117

图17-118

（13）单击“图层”控制面板下方的“添加图层样式”按钮 fx，在弹出的菜单中选择“颜色叠加”命令，弹出对话框，将叠加颜色设为淡灰色（239、239、239），其他选项的设置如图 17-119 所示，单击“确定”按钮，效果如图 17-120 所示。

（14）选择直线工具 ╱，在属性栏中将“填充”颜色设为无，“描边”颜色设为灰色（220、221、221），“描边宽度”选项设为 2 像素。按住 Shift 键的同时，在图像窗口中绘制一条直线，效果如图 17-121 所示，在“图层”控制面板中生成新的形状图层“形状 7”。选择移动工具 ✥，按住

Alt+Shift 组合键的同时，将直线垂直向下拖曳到适当的位置，复制直线，如图 17-122 所示，在“图层”控制面板中生成新的形状图层“形状 7 拷贝”。

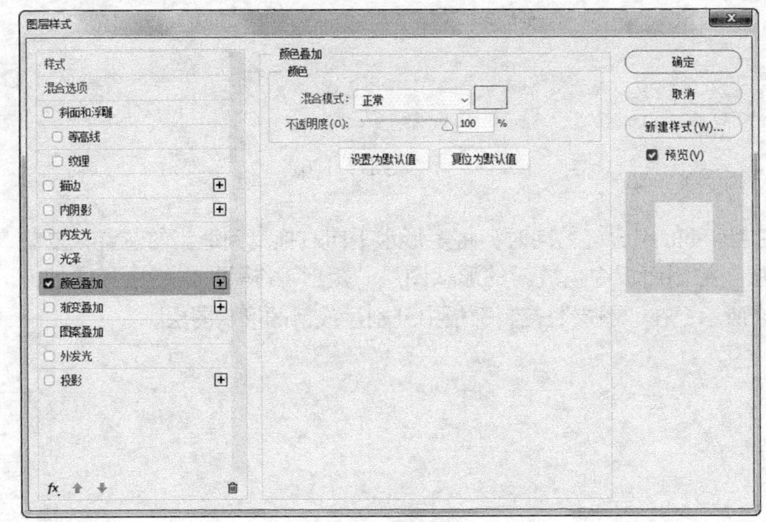

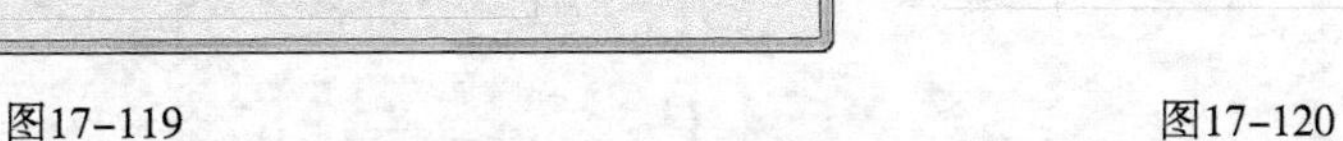

图17-119　　图17-120

图17-121　　图17-122

（15）按住 Shift 键的同时，在图像窗口中绘制一条竖线，效果如图 17-123 所示，在“图层”控制面板中生成新的形状图层“形状 8”。使用上述方法绘制其他线条，制作出如图 17-124 所示的效果，在“图层”控制面板中分别生成新的形状图层。

图17-123　　图17-124

（16）选择横排文字工具 T，分别输入需要的文字并选取文字，在属性栏中选择合适的字体并设置文字大小，设置文字颜色为黑色，效果如图 17-125 所示，在“图层”控制面板中分别生成新的文字图层。

（17）选择矩形工具 □，在属性栏中将“填充”颜色设为无，“描边”颜色设为红色（231、31、25），“描边宽度”选项设为 1 像素。按住 Shift 键的同时，在图像窗口中绘制一个矩形，效果如图 17-126 所示，在“图层”控制面板中生成新的形状图层“矩形 16”。

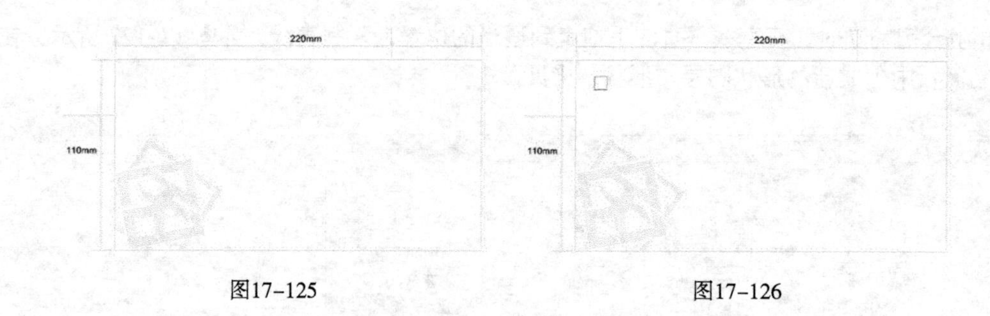

图17-125　　图17-126

（18）选择移动工具 ，按住 Alt+Shift 组合键的同时，将矩形水平向右拖曳到适当的位置，复制矩形，如图 17-127 所示，在“图层”控制面板中生成新的形状图层“矩形 16 拷贝”。使用相同的方法复制多个矩形，效果如图 17-128 所示，在“图层”控制面板中分别生成新的形状图层。

图17-127　　图17-128

（19）选择矩形工具 ，按住 Shift 键的同时，在图像窗口中绘制一个矩形。在属性栏中将“填充”颜色设为无，“描边”颜色设为灰色（192、191、191），“描边宽度”选项设为 1 像素，“设置形状描边类型”选项设为虚线，如图 17-129 所示，效果如图 17-130 所示，在“图层”控制面板中生成新的形状图层“矩形 17”。

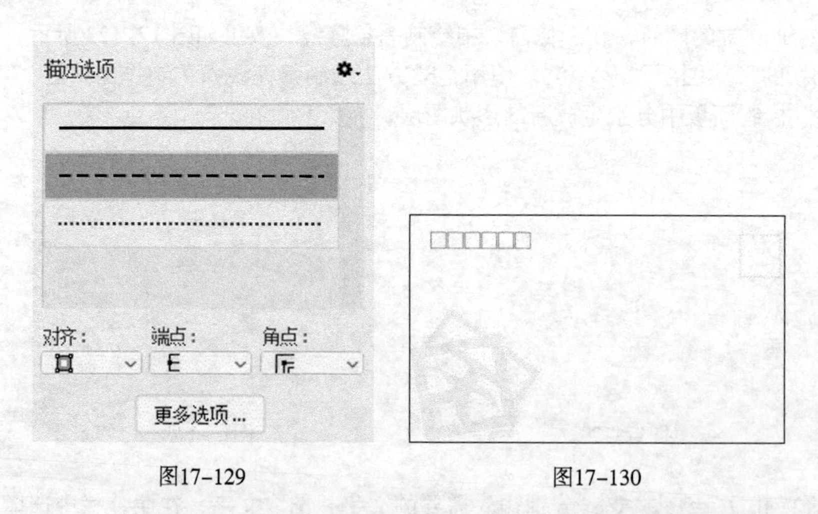

图17-129　　图17-130

（20）选择移动工具 ，按住 Alt+Shift 组合键的同时，将矩形水平向右拖曳到适当的位置，复制矩形，如图 17-131 所示。选择矩形工具 ，在属性栏中将“设置形状描边类型”选项设为直线，如图 17-132 所示，效果如图 17-133 所示，在“图层”控制面板中生成新的形状图层“矩形 17 拷贝”。

（21）选择横排文字工具 T，输入需要的文字并选取文字，在属性栏中选择合适的字体并设置文字大小，设置文字颜色为黑色，按 Alt+ →组合键，调整文字间距，按 Alt+ ↓组合键，调整行距，效果如图 17-134 所示，在“图层”控制面板中生成新的文字图层。

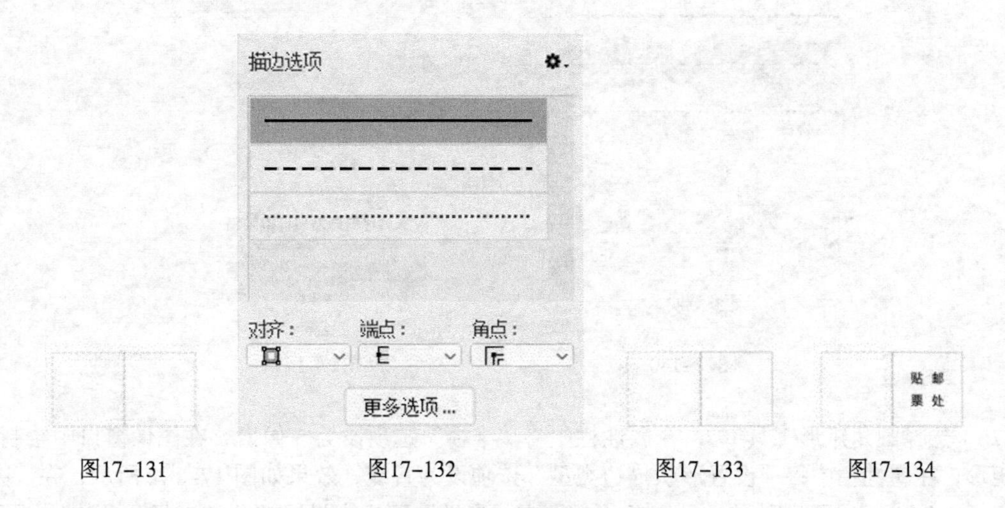

图17-131　图17-132　图17-133　图17-134

（22）选择矩形选框工具 ⬚，在 02 图像窗口中拖曳鼠标绘制选区，如图 17-135 所示。选择移动工具 ✥，将选区中的图像拖曳到新建的图像窗口中的适当位置并调整大小，效果如图 17-136 所示。

图17-135　图17-136

（23）选择矩形工具 □，在属性栏中将“填充”颜色设为黑色，“描边”颜色设为“无”，在图像窗口中绘制一个矩形，效果如图 17-137 所示，在“图层”控制面板中生成新的形状图层“矩形 18”。使用相同的方法再次绘制一个矩形，效果如图 17-138 所示，在“图层”控制面板中生成新的形状图层“矩形 19”。

（24）选择横排文字工具 T，输入需要的文字并选取文字，在属性栏中选择合适的字体并设置文字大小，设置文字颜色为黑色，效果如图 17-139 所示，在“图层”控制面板中生成新的文字图层。

图17-137　图17-138　图17-139

（25）选择矩形工具 □，在属性栏中将“填充”颜色设为无，“描边”颜色设为灰色（192、191、191），“描边宽度”选项设为 1 像素，“设置形状描边类型”选项设为虚线，如图 17-140 所示。在图像窗口中绘制一个矩形，效果如图 17-141 所示，在“图层”控制面板中生成新的形状图层“矩形 20”。

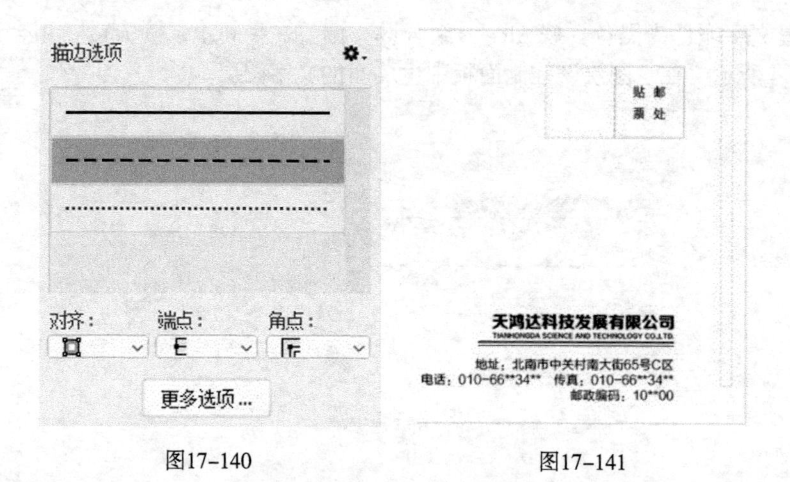

图17-140　　图17-141

（26）选择圆角矩形工具 ，在属性栏中将"半径"选项设为5像素，在图像窗口中绘制一个圆角矩形，在属性栏中将"设置形状描边类型"选项设为直线，效果如图17-142所示，在"图层"控制面板中生成新的形状图层"圆角矩形2"。在"属性"面板中设置"圆角半径"参数，如图17-143所示，效果如图17-144所示。

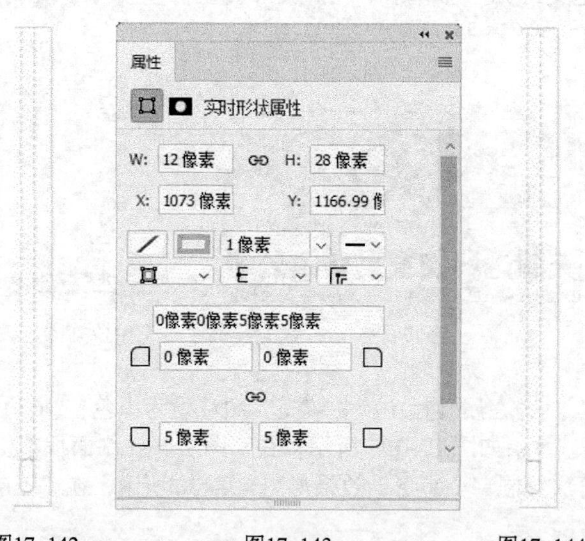

图17-142　　图17-143　　图17-144

（27）选择钢笔工具 ，在图像窗口中适当的位置绘制一个图形，将"填充"颜色设为黑色，"描边"颜色设为"无"，效果如图17-145所示，在"图层"控制面板中生成新的形状图层"形状9"。

（28）选择横排文字工具 T，输入需要的文字并选取文字，在属性栏中选择合适的字体并设置文字大小，设置文字颜色为黑色。按Ctrl+T组合键，图像周围出现变换框，将鼠标指针放在变换框的控制手柄外边，指针变为↰状，拖曳鼠标将图像旋转到适当的角度，按Enter键确认操作，效果如图17-146所示，在"图层"控制面板中生成新的文字图层。

（29）在"图层"控制面板中，按住Shift键的同时，单击"矩形15"图层，将需要的图层同时选取。按Ctrl+G组合键，群组图层并将其命名

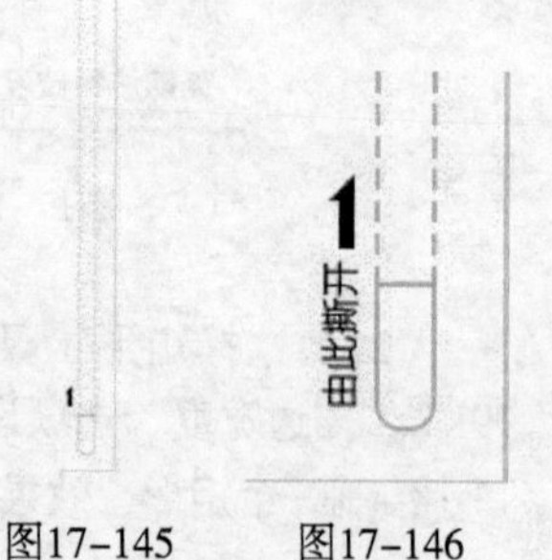

图17-145　　图17-146

为“正面”，如图 17-147 所示。按住 Shift 键的同时，单击“背面”图层组，将需要的图层组同时选取。按 Ctrl+G 组合键，群组图层并将其命名为“信封”，如图 17-148 所示。按住 Shift 键的同时，单击“模板 B”图层，将需要的图层同时选取。按 Ctrl+G 组合键，群组图层并将其命名为“办公事务系统”，如图 17-149 所示。天鸿达科技 VI 手册制作完成。

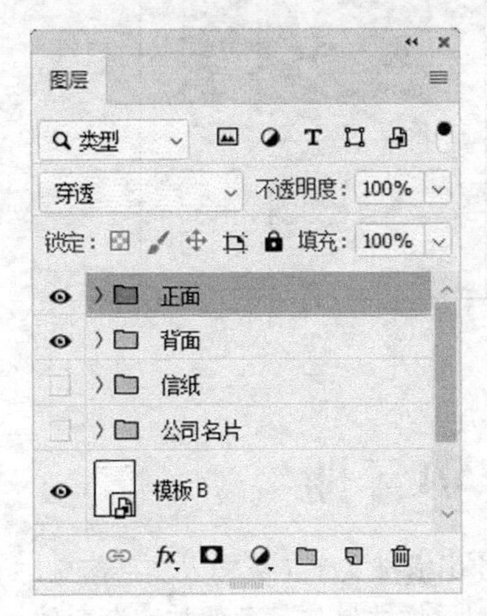

图17-147

图17-148

图17-149

17.2 课堂练习——制作龙祥科技 VI 手册

【练习知识要点】使用“置入嵌入对象”命令置入图片素材，使用横排文字工具输入文字信息，使用矩形工具、圆角矩形工具、直线工具、椭圆工具和钢笔工具绘制图形，使用图层样式制作颜色叠加效果，最终效果如图 17-150 所示。

【效果所在位置】Ch17\效果\制作龙祥科技 VI 手册.psd。

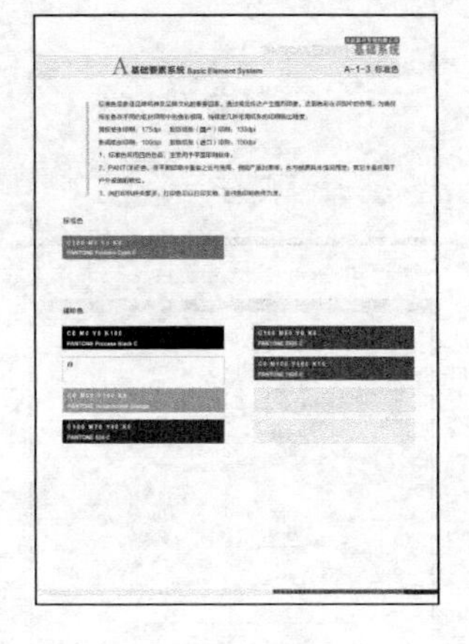

图17-150

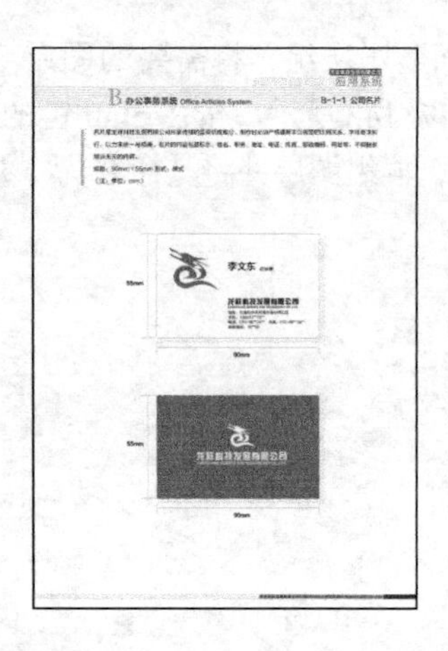
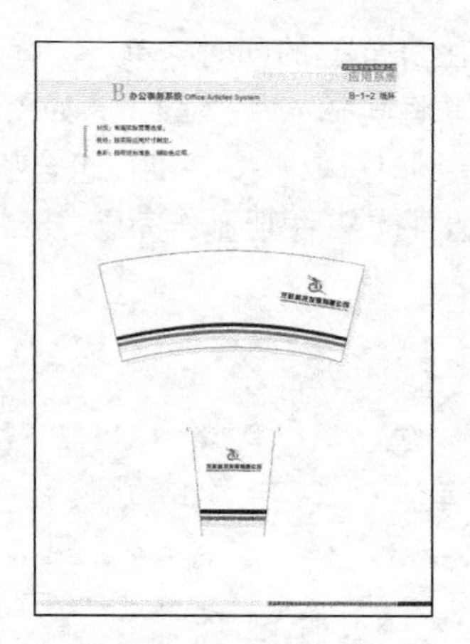
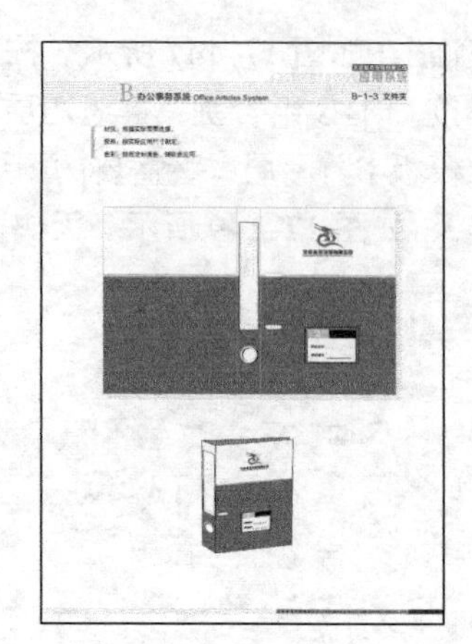

图17-150（续）

17.3 课后习题——制作鲸鱼汉堡企业 VI 手册

【习题知识要点】使用“置入嵌入对象”命令置入图片素材，使用横排文字工具输入文字信息，使用矩形工具、直线工具、椭圆工具和钢笔工具绘制图形，使用图层样式制作颜色叠加和渐变效果，最终效果如图 17-151 所示。

【效果所在位置】Ch17\ 效果 \ 制作鲸鱼汉堡企业 VI 手册.psd。

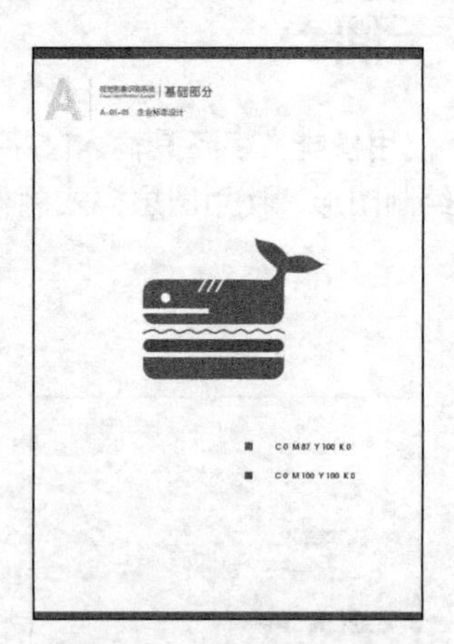

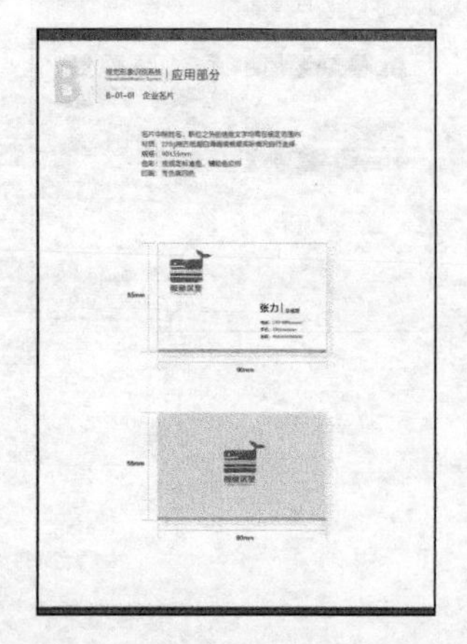
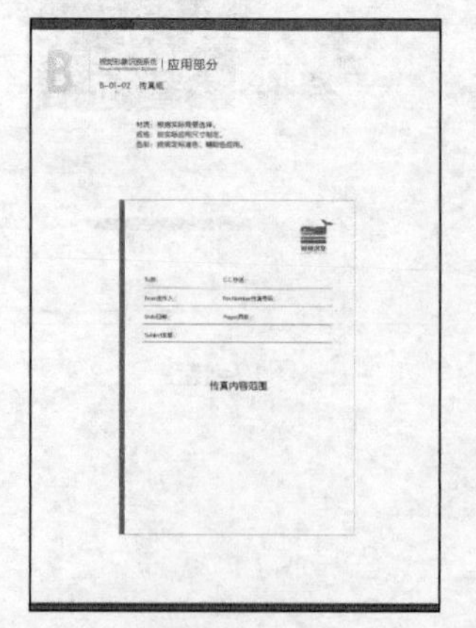
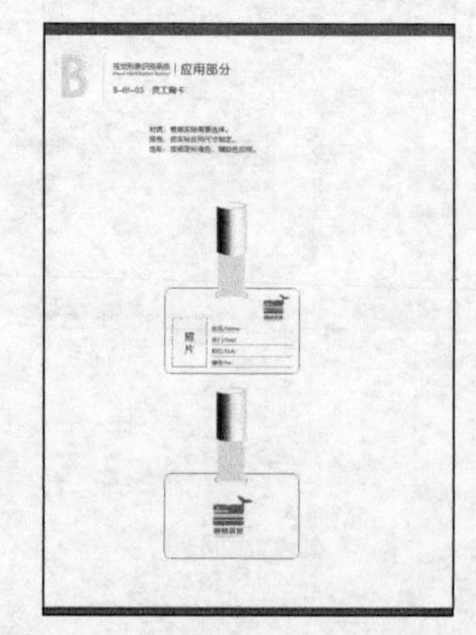

图17-151